Thermographie-Kolloquium 2019

Berichtsband BB 173

Halle, Germany
19 – 20 September 2019

ISBN: 978-1-7138-3710-7

Printed from e-media with permission by:

Curran Associates, Inc.
57 Morehouse Lane
Red Hook, NY 12571

CURRAN ASSOCIATES INC.
proceedings
.com

Some format issues inherent in the e-media version may also appear in this print version.

Deutsche Gesellschaft Fuer Zerstoerungsfreie Pruefung (DGZfP)
Max-Planck-Str. 6
12489 Berlin
Germany

Phone: +49 30 67807-0
Fax: +49 30 67807-109

mail@dgzfp.de

Additional copies of this publication are available from:

Curran Associates, Inc.
57 Morehouse Lane
Red Hook, NY 12571 USA
Phone: 845-758-0400
Fax: 845-758-2633
Email: curran@proceedings.com
Web: www.proceedings.com

TABLE OF CONTENTS

In-situ Thermografie in der additiven Fertigung mittels Laser Pulver Auftragsschweißen

Nils SCHEUSCHNER [1], Simon J. ALTENBURG [1], Anne STRAßE [1],
Andrey GUMENYUK [1], Christiane MAIERHOFER [1]
[1] Bundesanstalt für Materialforschung und –prüfung (BAM), Richard-Willstätter-Straße 11
Kontakt E-Mail: nils.scheuschner@bam.de

Kurzfassung

Im Rahmen des Themenfeld Projektes „Process Monitoring of AM“ (ProMoAM) evaluiert die BAM gegenwärtig die Anwendbarkeit verschiedenster ZfP-Verfahren, darunter die Thermografie, zur Prozessüberwachung in der additiven Fertigung von Metallen in Hinblick auf die Qualitätssicherung der gefertigten Bauteile.

In diesem Beitrag werden SWIR-Thermografiemessungen während des Bauprozesses mittels Laser Pulver Auftragsschweißen (LPA) vorgestellt. Eine Herausforderung im Rahmen dieser Messungen liegt in der Positionierung der SWIR-Kamera, welche entweder fixiert am Schweißarm, also mitbewegt, oder fixiert in der Baukammer, also stationär, erfolgen kann. Beide Varianten sind mit individuellen Vor- und Nachteilen verbunden. Eine stationäre Befestigung der Kamera ermöglicht zwar eine einfachere Zuordnung der Messdaten zu der jeweiligen Position im Bauteil, führt jedoch bei komplexeren Geometrien zwangsläufig zu Problemen durch Abschattungen und zu defokussierten Bereichen. Zur Auswertung von Thermogrammen, welche durch eine mit dem Schweißarm mitbewegte Kamera aufgenommen wurden, sind hingegen für jedes Bild akkurate Positionsdaten der Kamera nötig, um die Messdaten einer Position im Bauteil zuzuordnen. Da die Positionsdaten des Schweißarmes im allgemeinen Fall durch die Anlagensoftware nicht zur Verfügung gestellt werden, muss diese durch zusätzliche Messungen erfasst werden. Hierzu verwenden wir einen an der Kamera befestigten Beschleunigungssensor. Dieser ermöglicht einen zeitlichen Abgleich mit dem vorprogrammierten Verfahrweg des Schweißarmes. Es müssen jedoch noch Messunsicherheiten der Geschwindigkeiten und der Beschleunigungen ermittelt werden. Weiterhin untersuchen wir den Einfluss des empfindlichen Spektralbereiches der IR-Kamera auf die Thermogramme, in dem wir Messungen mit verschiedenen schmalbandigen Bandpassfiltern (25 nm FWHM) in einem Bereich von 1150 nm bis 1550 nm vergleichen.

BAM
Bundesanstalt für Materialforschung und -prüfung

Sicherheit in Technik und Chemie

20.09.2019

IN-SITU THERMOGRAFIE IN DER ADDITIVEN FERTIGUNG MITTELS LASER PULVER AUFTRAGSSCHWEIßEN

Nils Scheuschner, Simon J. Altenburg, Anne Straße, Andrey Gumenyuk und Christiane Maierhofer

THEMENFELD MATERIAL

Überblick

BAM

1. Das Projekt ProMoAM
2. Experimenteller Aufbau
   - Laser Pulver Auftragsschweißen
   - Positionierung der IR Kamera
   - Messtechnik
3. Nachbearbeitung und Auswertung
   - Radiometrisches Model
4. Ergebnisse
5. Zusammenfassung

BAM

TF-Projekt zur Additiven Fertigung - ProMoAM

Prozessmonitoring in der Additiven Fertigung

THEMENFELD
MATERIAL

TF-Projekt zur Additiven Fertigung - ProMoAM
Prozessmonitoring in der Additiven Fertigung

BAM

Fragestellung:

Welche (ZfP-)Verfahren bzw. Verfahrenskombinationen erlauben eine prozessbegleitende Qualitätssicherung in der additiven Fertigung von Metallen?

TF-Projekt zur Additiven Fertigung - ProMoAM Prozessmonitoring in der Additiven Fertigung

BAM

Opt. Tomo-grafie | Thermo-grafie | Laser-Thermo-grafie | Photo-akustik | OES | Wirbel-strom/ GMR | Lami-no-grafie | Rück-streu-ung

Seite 4
20.09.2019
In-situ Thermografie in der additiven Fertigung mittels Laser Pulver Auftragsschweißen - N. Scheuschner et al.

TF-Projekt zur Additiven Fertigung - ProMoAM Prozessmonitoring in der Additiven Fertigung

BAM

Opt. Tomo-grafie | Thermo-grafie | Laser-Thermo-grafie | Photo-akustik | Ultra-schall | OES | Wirbel-strom/ GMR | CT | Lami-no-grafie | Rück-streu-ung

Seite 4
20.09.2019
In-situ Thermografie in der additiven Fertigung mittels Laser Pulver Auftragsschweißen - N. Scheuschner et al.

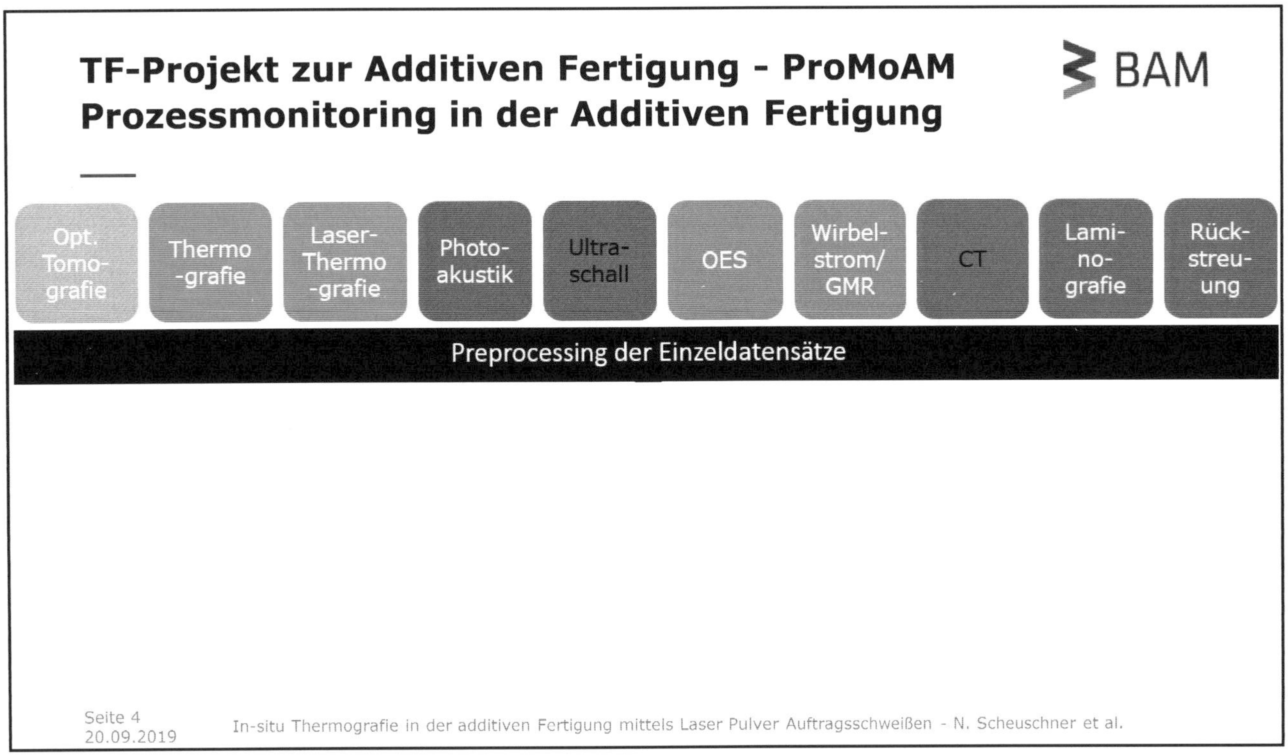
TF-Projekt zur Additiven Fertigung - ProMoAM
Prozessmonitoring in der Additiven Fertigung
BAM
Opt. Tomo-grafie
Thermo -grafie
Laser-Thermo -grafie
Photo-akustik
Ultra-schall
OES
Wirbel-strom/ GMR
CT
Lami-no-grafie
Rück-streu-ung
Preprocessing der Einzeldatensätze
Seite 4
20.09.2019
In-situ Thermografie in der additiven Fertigung mittels Laser Pulver Auftragsschweißen - N. Scheuschner et al.

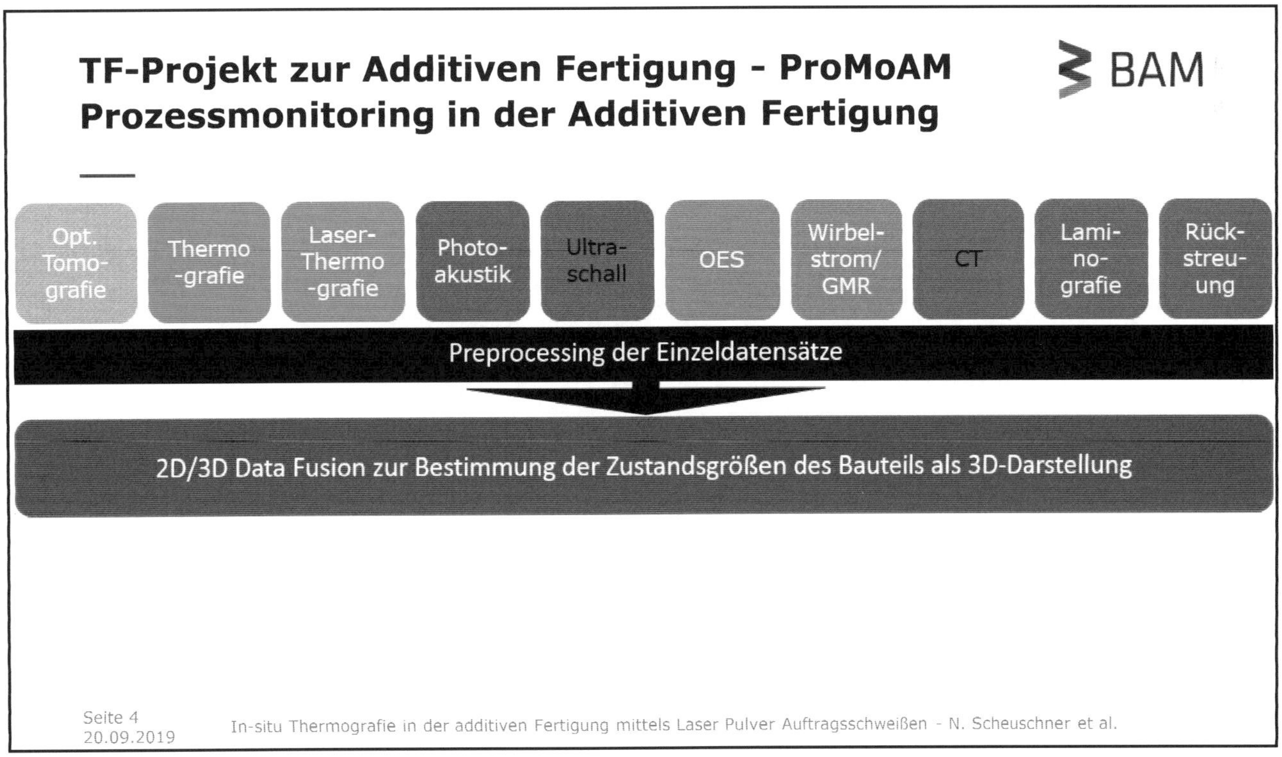
TF-Projekt zur Additiven Fertigung - ProMoAM
Prozessmonitoring in der Additiven Fertigung
BAM
Opt. Tomo-grafie
Thermo -grafie
Laser-Thermo -grafie
Photo-akustik
Ultra-schall
OES
Wirbel-strom/ GMR
CT
Lami-no-grafie
Rück-streu-ung
Preprocessing der Einzeldatensätze
2D/3D Data Fusion zur Bestimmung der Zustandsgrößen des Bauteils als 3D-Darstellung
Seite 4
20.09.2019
In-situ Thermografie in der additiven Fertigung mittels Laser Pulver Auftragsschweißen - N. Scheuschner et al.

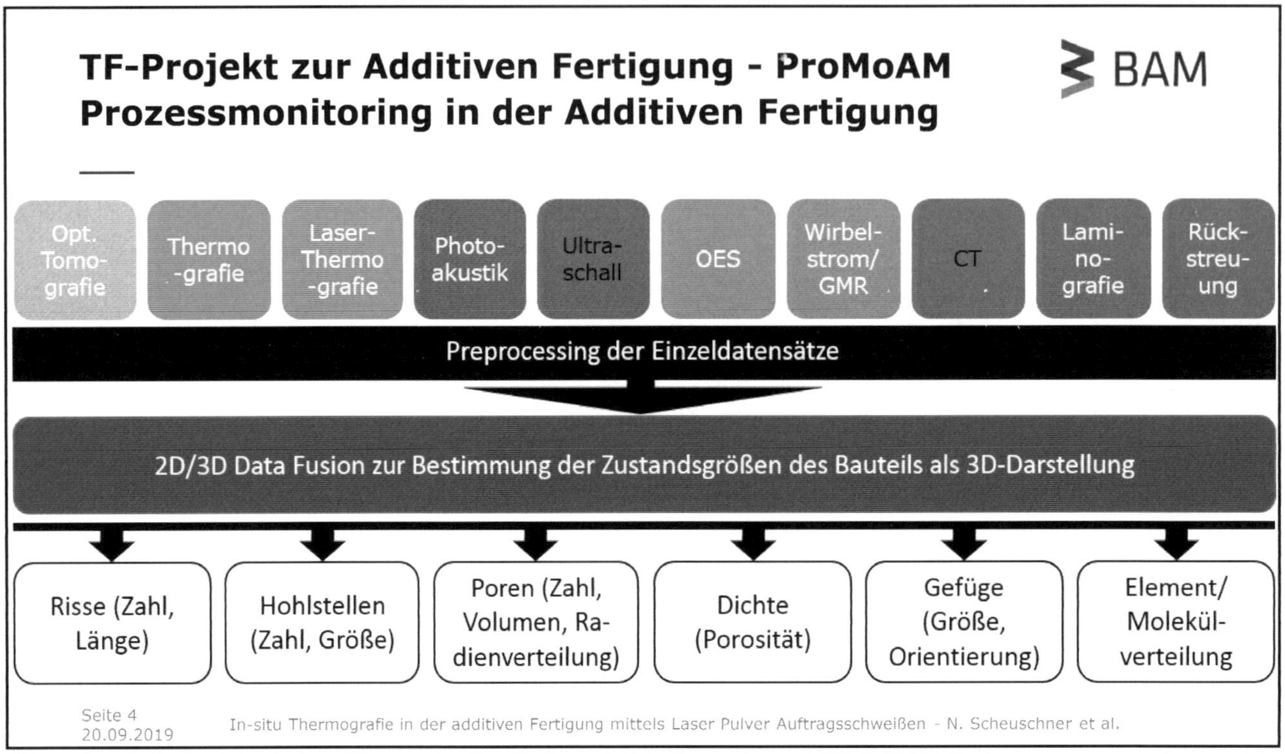
TF-Projekt zur Additiven Fertigung - ProMoAM
Prozessmonitoring in der Additiven Fertigung
BAM
Opt. Tomo-grafie
Thermo-grafie
Laser-Thermo-grafie
Photo-akustik
Ultra-schall
OES
Wirbel-strom/ GMR
CT
Lami-no-grafie
Rück-streu-ung
Preprocessing der Einzeldatensätze
2D/3D Data Fusion zur Bestimmung der Zustandsgrößen des Bauteils als 3D-Darstellung
Risse (Zahl, Länge)
Hohlstellen (Zahl, Größe)
Poren (Zahl, Volumen, Ra-dienverteilung)
Dichte (Porosität)
Gefüge (Größe, Orientierung)
Element/ Molekül-verteilung
Seite 4
20.09.2019
In-situ Thermografie in der additiven Fertigung mittels Laser Pulver Auftragsschweißen - N. Scheuschner et al.

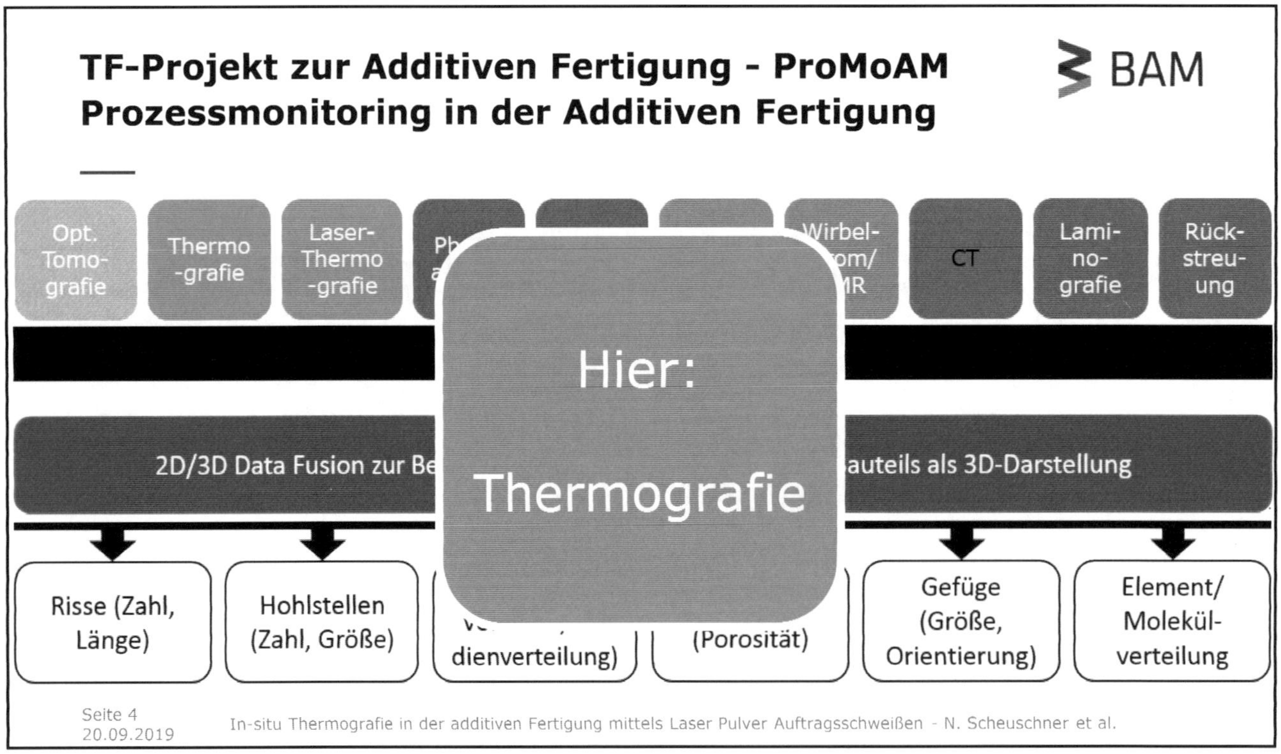
TF-Projekt zur Additiven Fertigung - ProMoAM
Prozessmonitoring in der Additiven Fertigung
BAM
Opt. Tomo-grafie
Thermo-grafie
Laser-Thermo-grafie
CT
Lami-no-grafie
Rück-streu-ung
Hier:
Thermografie
Risse (Zahl, Länge)
Hohlstellen (Zahl, Größe)
dienverteilung)
(Porosität)
Gefüge (Größe, Orientierung)
Element/ Molekül-verteilung
Seite 4
20.09.2019
In-situ Thermografie in der additiven Fertigung mittels Laser Pulver Auftragsschweißen - N. Scheuschner et al.

BAM

Experimenteller Aufbau

THEMENFELD
MATERIAL

BAM

Experimenteller Aufbau

Laser Pulver Auftragsschweißen (LPA)

TruLaser Cell 3000 (Trumpf)
+ TruDisk 16002 (Wellenlänge: 1030 nm)

Pulverförderer: Flowmotion Twin (Medicoat) mit oszillierender Fördervorrichtung

- Bauraum: 800 × 600 × 400 mm³
- 5-Achs-Maschine
- Koaxiale Drei-Strahldüse
- Max. Laserleistung (LPA): 5 kW
- Max. Fokusdurchmesser : 3,8 mm
- Typ. Schweißrate: 20 mm/s

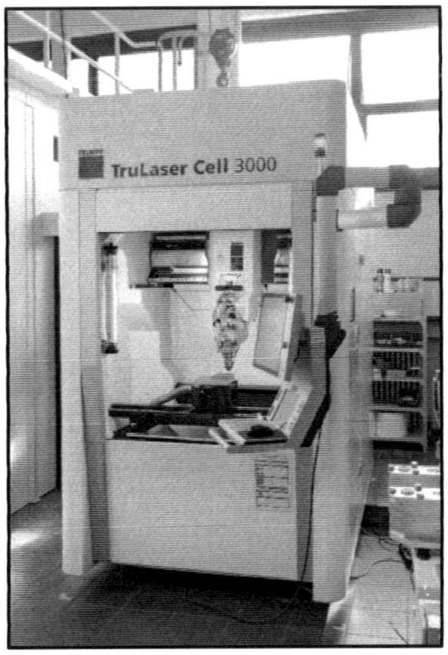

Experimenteller Aufbau
Einbaugeometrie

BAM

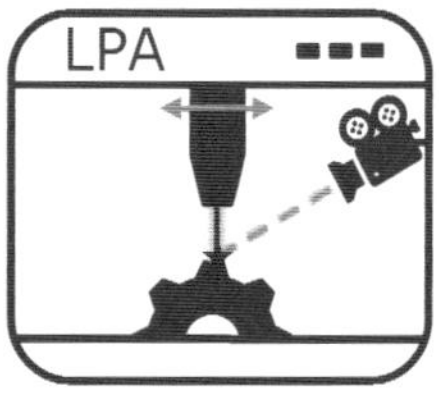

Fixierte Kamera

- Bauteilgröße durch Blickfeld eingeschränkt
- Auflösung bei großem Sichtfeld begrenzt
- Einfache Datenauswertung

- Fester Fokus begrenzt Einsatz

Experimenteller Aufbau
Einbaugeometrie

BAM

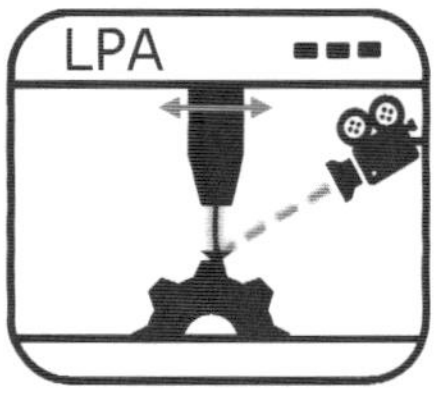

Fixierte Kamera

- Bauteilgröße durch Blickfeld eingeschränkt
- Auflösung bei großem Sichtfeld begrenzt
- Einfache Datenauswertung

- Fester Fokus begrenzt Einsatz

Mitbewegte Kamera

- Beobachtungszeit durch Blickfeld eingeschränkt
- Hohe Auflösung bei kleinem Sichtfeld möglich
- Datenauswertung erfordert bekannten Scanpfad

- Schmelzbad ist immer im Fokus

Experimenteller Aufbau

Messtechnik

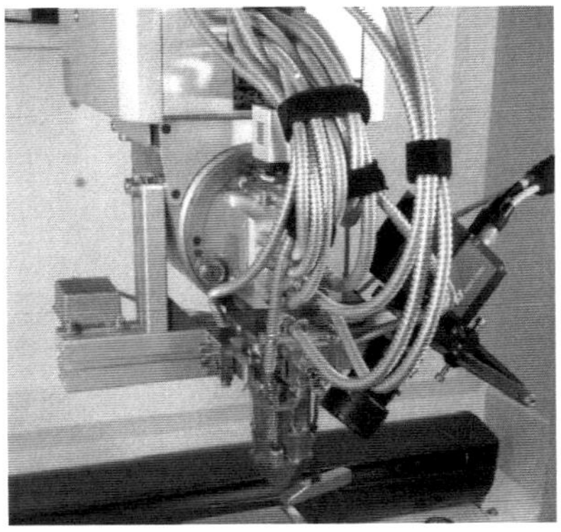

Seite 8
20.09.2019

In-situ Thermografie in der additiven Fertigung mittels Laser Pulver Auftragsschweißen
Scheuschner et al.

Experimenteller Aufbau

Messtechnik

Beschleunigungssensor

- ADXL345
- 800 Hz Abtastrate
- Kosten<100€

Ermöglicht Rekonstruktion des Scanpfades

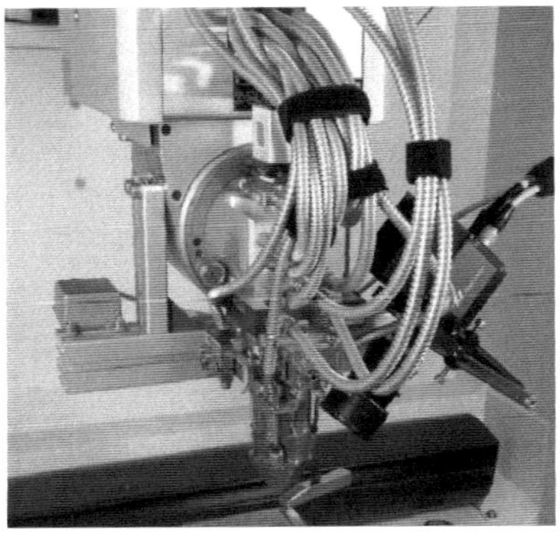

Seite 8
20.09.2019

In-situ Thermografie in der additiven Fertigung mittels Laser Pulver Auftragsschweißen
Scheuschner et al.

Experimenteller Aufbau

Messtechnik

BAM

Beschleunigungssensor

- ADXL345
- 800 Hz Abtastrate
- Kosten<100€

Ermöglicht Rekonstruktion des Scanpfades

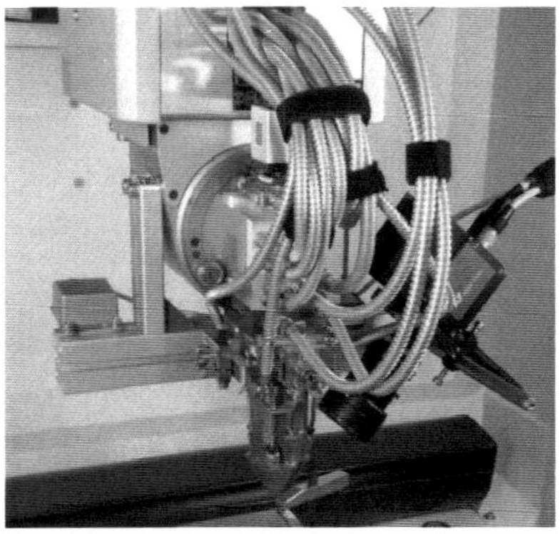

Thermografie-Kamera

- Goldeye CL-033 TEC1
- SWIR Bereich
- Bandpassfilter (25nm FWHM) + ND Filter
- 640x210 px ROI (Teilbild)
- 300 Hz Bildrate
- 200 µs Belichtungszeit

Seite 8
20.09.2019
In-situ Thermografie in der additiven Fertigung mittels Laser Pulver Auftragsschweißen
Scheuschner et al.

THEMENFELD MATERIAL

Experimenteller Aufbau

Messtechnik

BAM

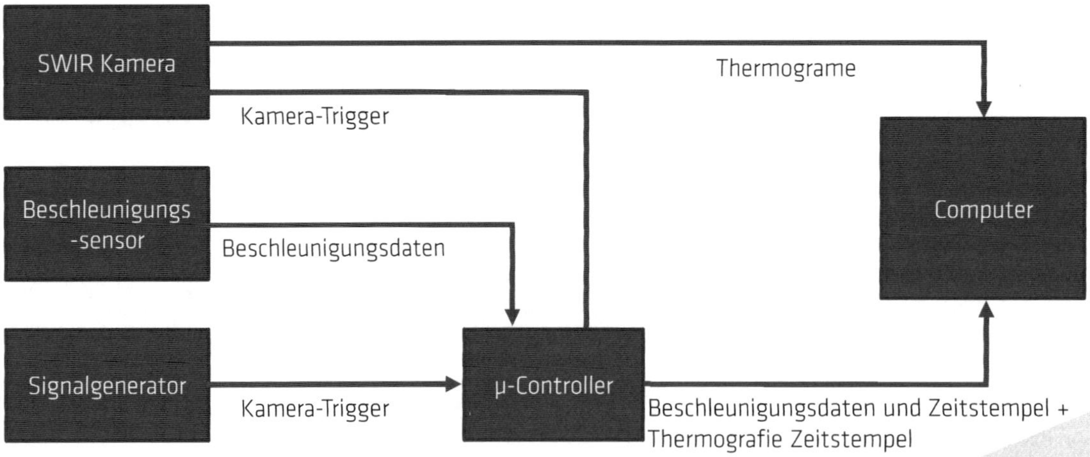

Seite 9
20.09.2019
In-situ Thermografie in der additiven Fertigung mittels Laser Pulver Auftragsschweißen
Scheuschner et al.

THEMENFELD MATERIAL

BAM

Nachbearbeitung und Auswertung

THEMENFELD
MATERIAL

BAM

Nachbearbeitung und Auswertung

Radiometrisches Model

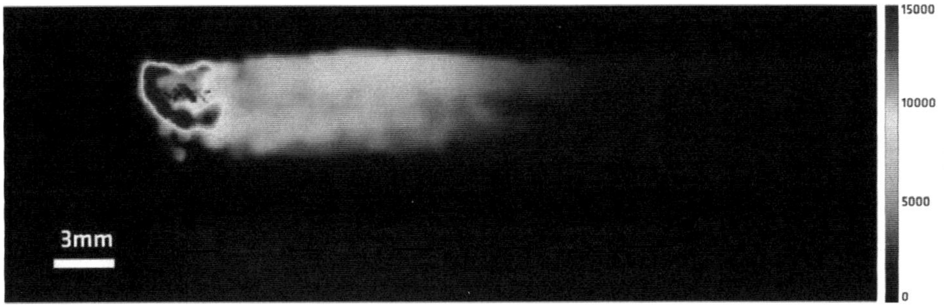

Kamera liefert nur Intensitätswerte!

Seite 11
20.09.2019

In-situ Thermografie in der additiven Fertigung mittels Laser Pulver Auftragsschweißen
Scheuschner et al.

THEMENFELD
MATERIAL

Nachbearbeitung und Auswertung

Radiometrisches Model

BAM

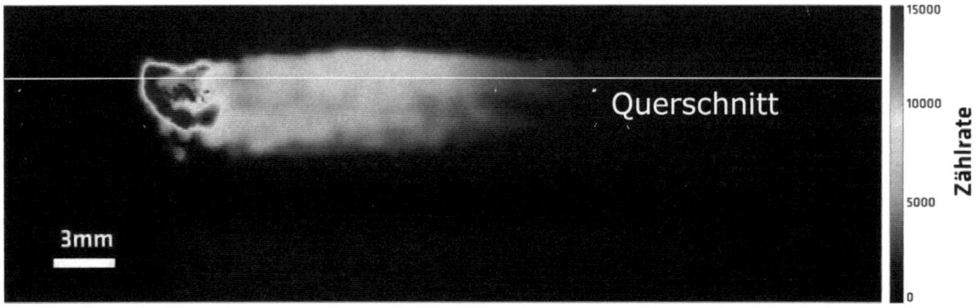

Kamera liefert nur Intensitätswerte!

Seite 11 In-situ Thermografie in der additiven Fertigung mittels Laser Pulver Auftragsschweißen
20.09.2019 Scheuschner et al.

THEMENFELD MATERIAL

Nachbearbeitung und Auswertung

Radiometrisches Model

BAM

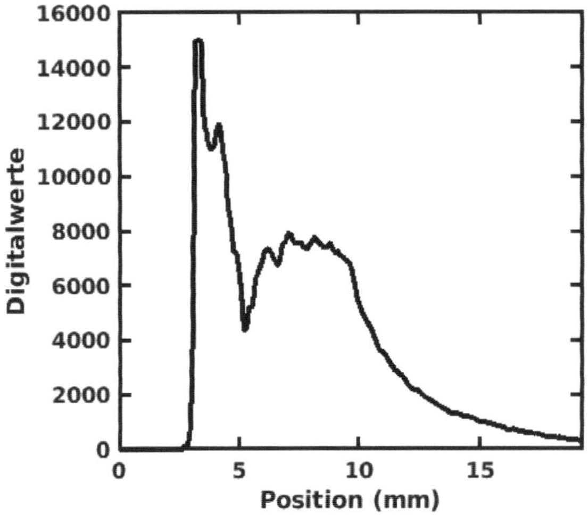

Seite 12 In-situ Thermografie in der additiven Fertigung mittels Laser Pulver Auftragsschweißen
20.09.2019 Scheuschner et al.

THEMENFELD MATERIAL

Nachbearbeitung und Auswertung

Radiometrisches Model

BAM

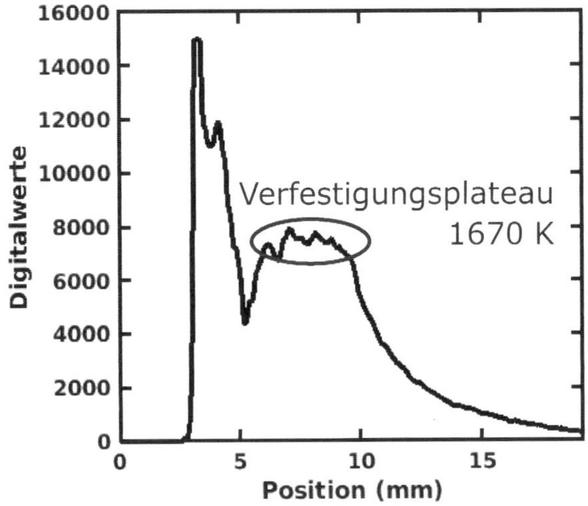

Nachbearbeitung und Auswertung

Radiometrisches Model

BAM

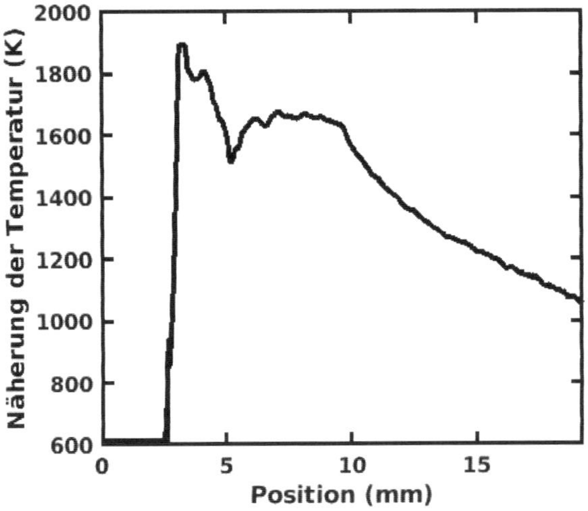

Nachbearbeitung und Auswertung

Radiometrisches Model

BAM

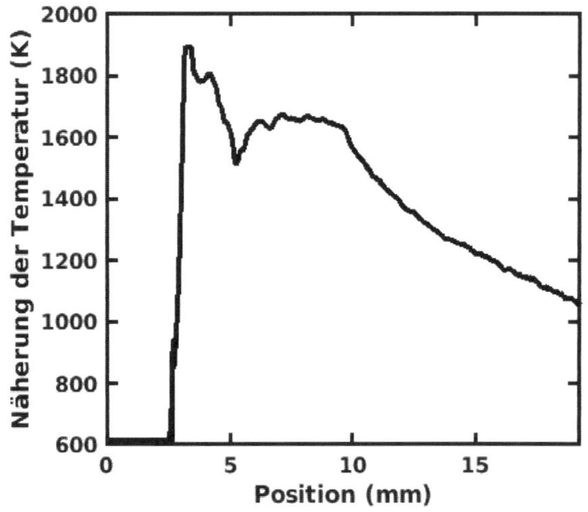

Genäherte Temperaturen für die feste Phase.

Verifiziert durch simultane Testmessungen mit einer MWIR und einer SWIR Kamera

Nachbearbeitung und Auswertung

Beschleunigungssensor

BAM

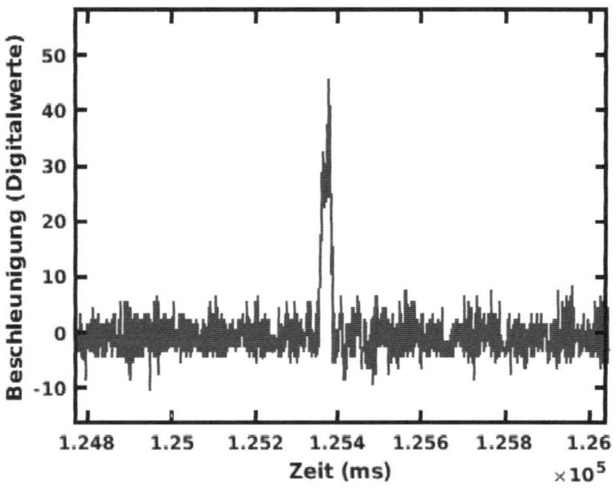

Nachbearbeitung und Auswertung

Beschleunigungssensor

BAM

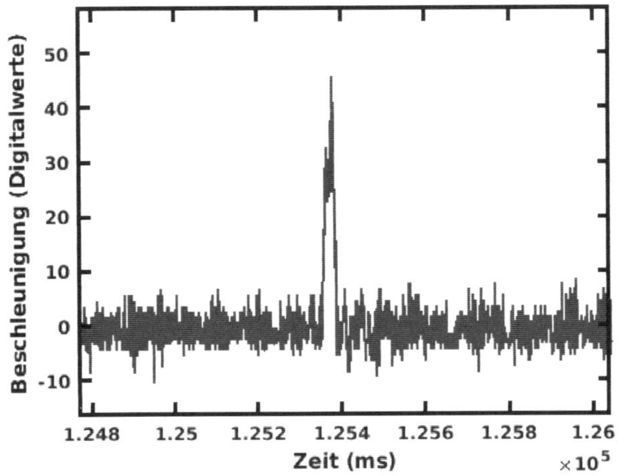

- Der Beschleunigungssensor ermöglicht es sehr akkurat den Start und Stop der Bewegungen zu identifizieren.
- Während des Schweißens bewegt sich der Schweißarm mit sehr konstanter Geschwindigkeit.
- Position des Schmelzbades durch das Weg-Zeit-Gesetz einer gleichförmig geradlinigen Bewegung gegeben.

Seite 13
20.09.2019

In-situ Thermografie in der additiven Fertigung mittels Laser Pulver Auftragsschweißen
Scheuschner et al.

THEMENFELD MATERIAL

BAM

Ergebnisse

THEMENFELD MATERIAL

Ergebnisse

Aufbau einer einspurigen Wandstruktur

Seite 15 In-situ Thermografie in der additiven Fertigung mittels Laser Pulver Auftragsschweißen
20.09.2019 Scheuschner et al.

Ergebnisse

Aufbau einer einspurigen Wandstruktur

LPA:
- Material: 316L-Si
- Korngröße 53-106µm
- Pulverstrom: 15g/min
- Laserleistung: 800 Watt
- Fokusdurchmesser: 1,6 mm
- Vorschub: 0,8m/min
- Lagendicke: 0,3mm
- 10 Lagen
- 155mm Länge

Thermografie:
- 1350nm Bandpassfilter

Seite 15 In-situ Thermografie in der additiven Fertigung mittels Laser Pulver Auftragsschweißen
20.09.2019 Scheuschner et al.

Ergebnisse

Fläche oberhalb 1550K

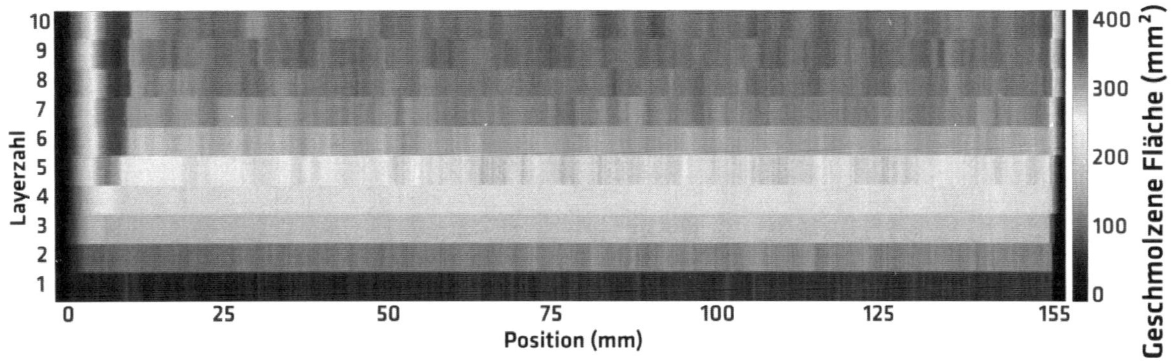

Ergebnisse

Fläche oberhalb 2000K

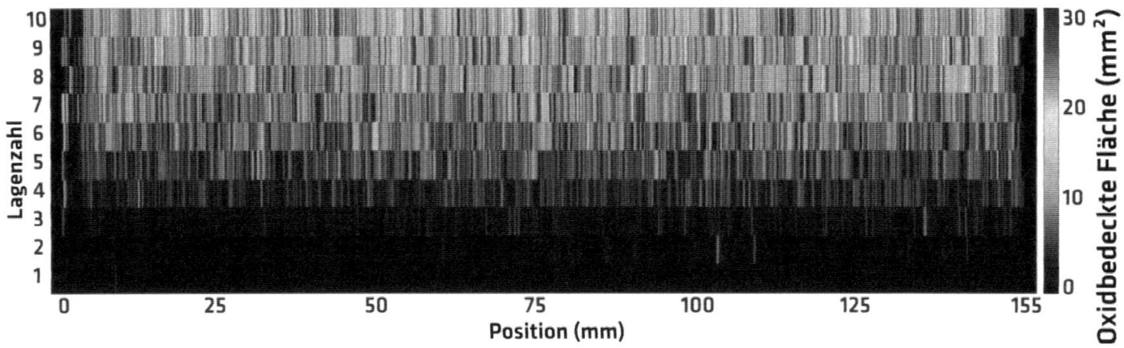

BAM

Zusammenfassung

THEMENFELD
MATERIAL

Zusammenfassung

BAM

BAM-Projekt ProMoAM

Projektziele:

- In-situ-Monitoring verschiedener Metall-AM-Verfahren mit verschiedenen ZfP-Verfahren
- Korrelation der Ergebnisse mit Referenzverfahren
- Datenfusion zur Defekterkennung
- Evaluation geeigneter Verfahren bzw. Verfahrenskombinationen zur in-situ Qualitätssicherung AM-gefertigter Metallbauteile

Zusammenfassung

BAM

BAM-Projekt ProMoAM

Projektziele:

- In-situ-Monitoring verschiedener Metall-AM-Verfahren mit verschiedenen ZfP-Verfahren
- Korrelation der Ergebnisse mit Referenzverfahren
- Datenfusion zur Defekterkennung
- Evaluation geeigneter Verfahren bzw. Verfahrenskombinationen zur in-situ Qualitätssicherung AM-gefertigter Metallbauteile

Thermografie

- Rekonstruktion des Scanpfades mittels eines Beschleunigungssensor.
- LPA kann mittels SWIR Thermografie in-situ überwacht werden, was die Erfassung der Schmelzbadgröße und oxidbedeckter Fläche erlaubt.

Vielen Dank für die Aufmerksamkeit!

Einfluss des Spektralbereichs auf thermografische Messungen an Schweißnähten

Georg TRENSCH [1]
[1] Abteilung Forschung und Entwicklung, SLV Halle GmbH, Halle (Saale)
Kontakt E-Mail: trensch@slv-halle.de

Kurzfassung

Die zerstörungsfreie Werkstoffprüfung als Qualitätssicherungsinstrument spielt in der Schweißtechnik eine bedeutende Rolle. Neben der Möglichkeit, nachgelagerte Prüfungen auf Unregelmäßigkeiten in der Schweißnaht und der Wärmeeinflusszone durchzuführen, liegt eine weitere Stärke in der Fähigkeit, ausgewählte Prüfverfahren auch als Inline-Prüfungen zu realisieren. Die Vorteile der Inline-Prüfung liegen auf der Hand. Die schnellere Reaktionsfähigkeit spart Zeit und auch Material, da bei auftretenden Unregelmäßigkeiten früher in den Fügeprozess eingegriffen werden kann. Ein mögliches Prüfverfahren für die Inline-Prüfung ist die passive Thermografie. Als bildgebendes, kontaktfreies Volumenprüfverfahren eignet es sich gut für die Prozessüberwachung von Schmelz- und Strahlschweißverfahren. Die Erkennung von prozesstypischen Unregelmäßigkeiten, wie z. B. Bindefehler, Poren, Einbrandkerben und Heißrissen kann durch den Einsatz von passiver Thermografie in Echtzeit erfolgen. Da diese Variante der Thermografie die Eigenwärme des geschweißten Materials nutzt, können hier Redundanzen zur schweißtechnischen Prozesskontrolle getroffen werden, um eine erhöhte Messsicherheit zu erhalten. Die unkomplizierte Handhabung in Bezug auf persönliche Schutzmaßnahmen des Personals, sowie Unempfindlichkeit gegen elektromagnetische Strahlung der Messtechnik sind weitere Vorteile des Verfahrens. Je nach Einsatzzweck stehen verschiedene Spektralbereiche zur Auswahl. Dabei richtet sich die Entscheidung für oder gegen einen Spektralbereich u.a. nach den „interessanten“ Temperaturbereichen, dem zu untersuchenden Material und dem Schweißprozess.

Dieser Beitrag zeigt die Unterschiede der Spektralbereiche (NIR = nahes Infrarot, MIR = mittleres Infrarot, FIR = fernes Infrarot) an praktischen Beispielen, dabei wird auf die einzuhaltenden Randbedingungen für die Nutzung von passiver Thermografie eingegangen. Des Weiteren werden mögliche Kombinationen der Schweißprozessüberwachung mit passiver Thermografie vorgestellt.

Einführung

Mit den steigenden Qualitätsanforderungen an Schweißverbindungen wird auch der Wunsch nach einer verbesserten Prozessüberwachung größer. Durch Inline-Kontrollen können Unregelmäßigkeiten schon während des Schweißens erkannt werden. Die Schweißung kann frühzeitig unterbrochen werden, falls es zu Abweichungen kommt. Somit dient die Inline-Prozesskontrolle sowohl als Instrument der Qualitätssicherung als auch der Kostenersparnis. Als Alternative zur Inline-Thermografie sind nachgelagerte zerstörende

bzw. zerstörungsfreie Prüfmethoden bekannt. Die nachgelagerte zerstörungsfreie Prüfung (ZfP) bringt jedoch einen zeitlichen Mehraufwand mit sich, da sie nicht in den Fertigungsprozess eingebunden werden kann. Die zerstörende Prüfung (ZP) wird angewendet, um beispielsweise mechanisch-technologische Eigenschaften zu ermitteln. Sie hat wiederum den Nachteil, dass das Bauteil zerstört wird und sich somit nicht mehr positiv auf die Wertschöpfungskette auswirken kann. Des Weiteren gibt es keine hundertprozentige Sicherheit, dass die folgenden Bauteile mit gleichen Prozessparametern dieselben mechanisch-technologischen Eigenschaften aufweisen, da die ZP lediglich stichprobenartig ausgeführt werden kann.
Die Thermografie bietet sich als Inline-Prozesskontrolle bei Schweißverbindungen an, da die Eigenwärme aus dem Schweißprozess genutzt werden kann. Je nach Temperaturbereich muss die Infrarotkamera (IR-Kamera) an der richtigen Position platziert werden. Nach dieser Randbedingung sollte der Wellenlängenbereich der IR-Kamera ausgewählt werden, da sich das ausgesandte IR-Spektrum der Schweißnaht mit steigender Temperatur zu kürzeren Wellenlängen hin verschiebt (siehe Abbildung 1).

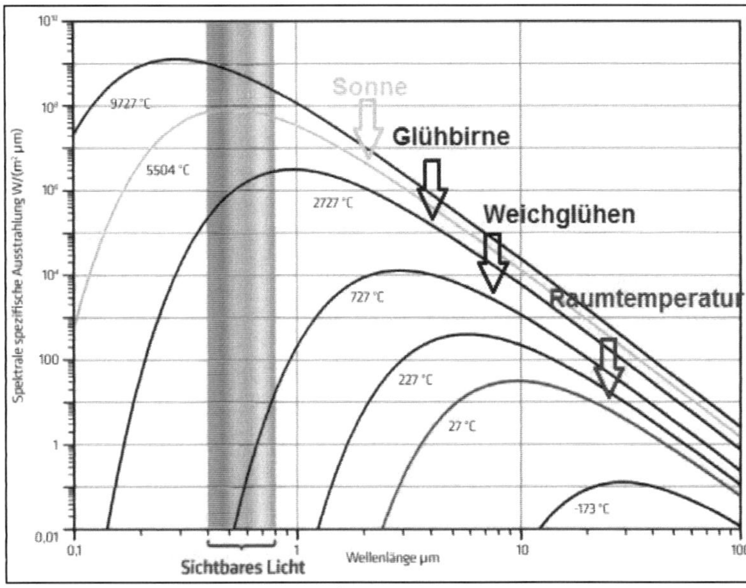

Abbildung 1 – Planck´sches Strahlungsspektrum [1]

Das kontaktlose Volumenprüfverfahren eignet sich gut, um auch schnelle Prozesse in Echtzeit bewerten zu können. Oberflächennahe Unregelmäßigkeiten lassen sich sicher detektieren, bei entsprechend dünnen Wandstärken kann daher von einer vollständigen Erfassung der Schweißnaht ausgegangen werden. In Verbindung mit Schweißprozessüberwachungen wird somit eine umfassende Prozesskontrolle erreicht.

Versuchsaufbau

Vergleich der Spektralbereiche bei IR-Vollbildkameras

In einer ersten Untersuchung wurden zwei IR-Vollbildkameras mit unterschiedlichem Spektralbereichen beim Überwachen eines mehrlagigen MAG-Prozesses eingesetzt. Geschweißt wurde ein S235 mit t = 10 mm als V-Naht im Stumpfstoß. Zum Einsatz kamen die Kameras ImageIR® 8300 der Fa. Infratec GmbH, sowie die PI-640 der Fa. Optris GmbH. Eine Gegenüberstellung der Gerätetechnik folgt in Tabelle 1.

Tabelle 1 – Übersicht der eingesetzten Infrarottechnik

Hersteller	Modell	Spektralbereich	Auflösung	
			geometrisch	thermisch
Infratec GmbH	ImageIR® 8300	2 ... 5,5 µm	640 x 512 px	20 mK
Optris GmbH	PI 640	7,5 ... 13 µm	640 x 480 px	75 mK

Da mit der verwendeten Kameratechnik der mittlere und ferne Infrarotbereich abgedeckt werden kann, wurde zunächst die Detektierbarkeit verschiedener Unregelmäßigkeiten untersucht. Bei höheren Temperaturen wird aktuell auf Kameras mit nahem Infrarot (NIR) zurückgegriffen. Jedoch sind nicht alle Temperaturbereiche für einige Unregelmäßigkeiten relevant. Die verwendeten Kameras sind vielseitig verwendbare Geräte, welche auch für Gebäude-, Elektro-, und Flugthermografie etc. in Anwendung sind. Sie eignen sich daher nur bedingt für Anwendung mit Temperaturen oberhalb von 1200° C. Für diese Untersuchungen wurden Temperaturfenster von 600° C – 1200° C und 200° C – 600° C gewählt. Der Betrachtungswinkel liegt bei ca. 60°. Der Fokus des Blechausschnittes ist in Abbildung 2 dargestellt.

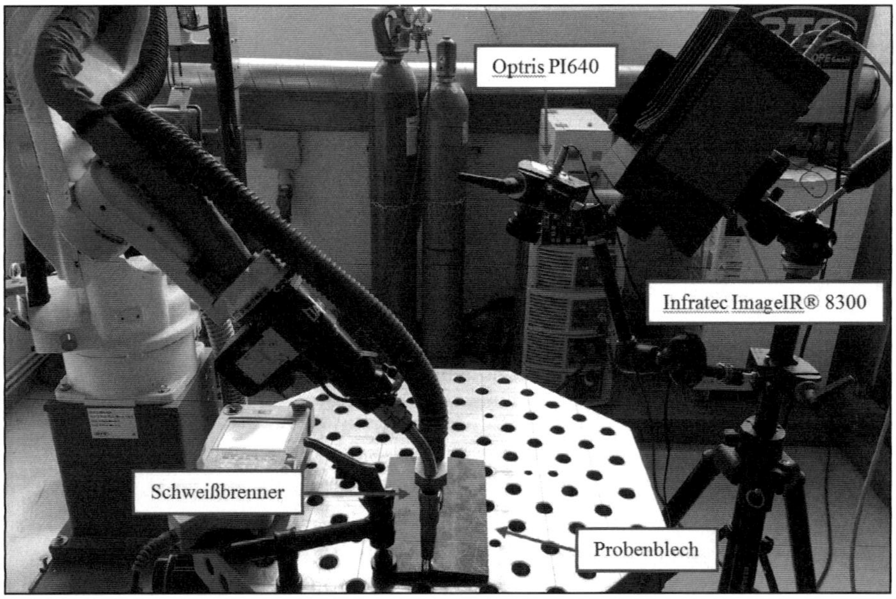

Abbildung 2 – Versuchsaufbau 1: Vollbild-IR-Kameras

Detektion von Unregelmäßigkeiten mit dem Thermoprofilscanner

Als Alternative zu den Universalgeräten wird an der SLV Halle GmbH auch ein Thermoprofilscanner der Fa. HKS Prozesstechnik GmbH genutzt. Im Rahmen einer Masterarbeit wurden Versuche zur Detektion von Unregelmäßigkeiten durchgeführt. Dazu wurden bewusst eingebrachte Testfehler bei einer MAG-Auftragsschweißung untersucht. Der Thermoprofilscanner (TPS) arbeitet im nahen Infrarotbereich (NIR) von 0,78 µm bis 1,4 µm und ist somit besonders für hohe Temperaturen geeignet. Im Gegensatz zu den Vollbildkameras basiert die Strahlungsaufnahme beim TPS nicht auf einem Linsensystem und einer Detektorfläche, sondern auf einer parallelen Anordnung von 22 Sensoren, d. h. dem Prinzip des Zeilenscanners. Der TPS wurde bei den Versuchen über einen Umlenkarm an der Brennerhalterung fixiert und folgte diesem in einem festen Abstand nach Abbildung 3 [2].

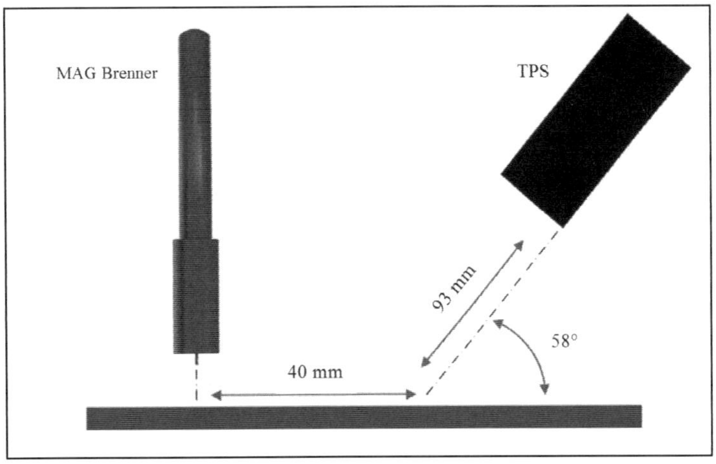

Abbildung 3 – Versuchsaufbau 2: Thermoprofilscanner [2]

Versuchsauswertung

Vergleich der Spektralbereiche bei IR-Vollbildkameras

Als Referenzaufnahme für beide Kamerasysteme wurde eine Schweißverbindung frei von Unregelmäßigkeiten hergestellt, wie in Abbildung 4 zu sehen ist. Prozessbedingt schwimmen hierbei Oxide auf, die an der Oberfläche erstarren. Diese nichtmetallischen Ablagerungen, z. T. aus Siliziumoxid bestehend, haben ein ähnliches Spektralverhalten wie Glas und stellen somit eine Herausforderung an die IR-Messtechnik dar [3].

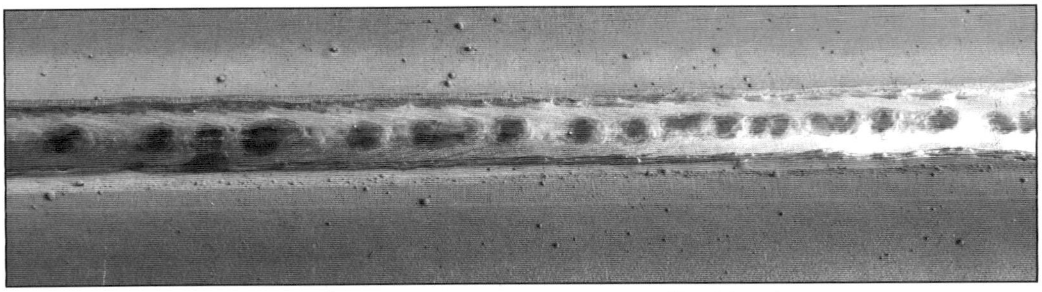

Abbildung 4 – Referenzschweißung (Decklage)

Abbildung 5 zeigt den schmelzflüssigen Bereich unmittelbar hinter dem Lichtbogen als Aufnahmen mit den IR-Kameras. Dieser Bereich wird jedoch sehr unterschiedlich detektiert. Die ImageIR® 8300 mit dem Wellenlängenbereich von 2 µm bis 5,5 µm zeigt eine Temperatur von circa 900° C in diesem Bereich an. Die PI640 wiederum zeigt in diesem Bereich unter 500° C an. Diese Differenz ist auf das Spektralverhalten der Schmelze zurückzuführen. Demnach hat flüssiges Metall in dem Wellenlängenbereich, in der die Optris PI640 arbeitet, einen ungünstigen Emissions- und Transmissionsgrad. Die rot eingefärbten kreisförmigen Bereiche zeigen die aufschwimmende Schlacke an. Die scheinbar hohen Temperaturen können auf Reflektionen des Lichtbogens zurückgeführt werden. Die mittelwellige ImageIR® 8300 zeigt ebenfalls aufschwimmende Schlacken im Thermogramm. Dabei entspricht die gemessene Temperatur der Schmelze ebenfalls nicht der realen Temperatur. Da keine Emissionsgradbetrachtungen durchgeführt wurden, konnten keine absoluten Temperaturen gemessen werden. Der kreisrunde Artefakt im Bild der Optris Kamera ist auf die Absaugung des Schweißbrenners zurückzuführen.

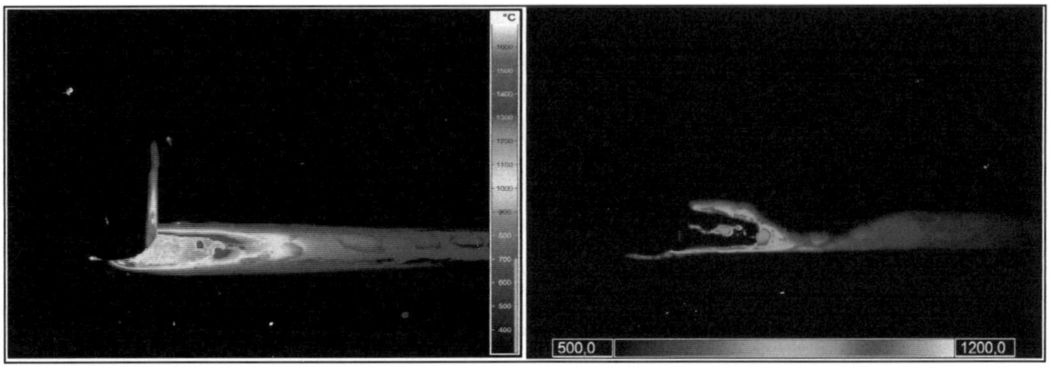

Abbildung 5 – IR-Aufnahmen i.O.-Schweißnaht im Temperaturfenster über 600°C links: ImageIR® 8300, rechts: PI640

Bei Nutzung eines tieferen Temperaturbereichs nach Ende des Schweißvorgangs erscheinen die oberflächlichen Schlacken als homogene, scharf abgegrenzte Bereiche auf dem IR-Bild (siehe Abbildung 6). Durch die konvexe Form der Ablagerungen wurden an den Außenrändern die Temperaturen der nahen Umgebung reflektiert. In dem IR-Bild der PI640 waren nur leichte Silhouetten der Aufschwemmungen sichtbar, da die Randbereiche keine starke Abgrenzung zeigten. Die Aufnahmen wurden etwa 10 Sekunden nach Ende des Schweißvorgangs aufgenommen. Mit Hilfe der Restwärme lassen sich gegebenenfalls oberflächennahe bzw. zur Oberfläche hin geöffnete Unregelmäßigkeiten anzeigen.

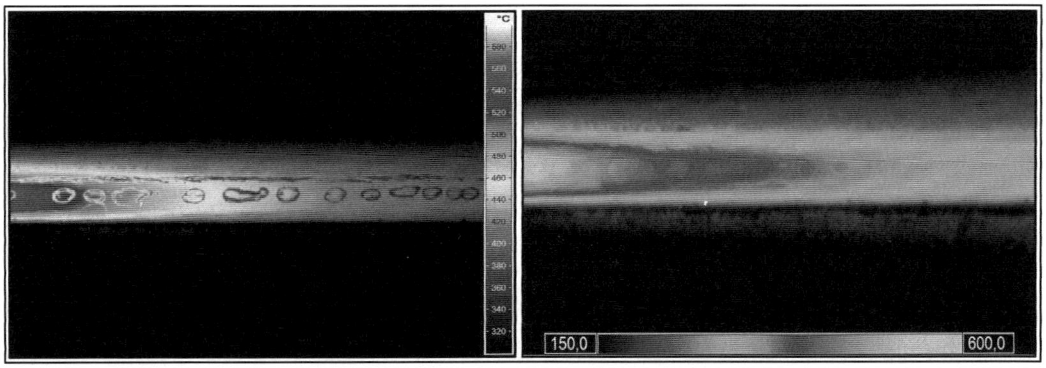

Abbildung 6 – IR-Aufnahmen i.O.-Schweißnaht im Temperaturfenster unter 600°C links: ImageIR® 8300, rechts: PI640

Abbildung 7 zeigt IR-Aufnahmen einer Schweißverbindung mit einem eingebrachten Wolframpartikel, wie sie als Unregelmäßigkeit beim Wolfram-Inertgas-Schweißen (WIG) vorkommen können. Aus Voruntersuchungen ist bekannt, dass Wolframeinschlüsse zu Temperatursenkungen führen können. Durch die niedrigere Wärmekapazität und die höhere Wärmeleitfähigkeit von Wolfram im Vergleich zu Stahl entsteht ein Temperaturgefälle [2]. Der vorliegende Versuchsaufbau ist nicht geeignet, um solche geringen Temperaturänderungen zu erfassen. Eine weitere Möglichkeit der Detektion zeigte sich beim Betrachten der IR-Aufnahme der ImageIR® 8300. Sobald der Lichtbogen den Wolframpartikel erfasste, kam es zu einer Verpuffung unter Bildung einer heißen Gaswolke. Es besteht die Möglichkeit, Messfelder in den Bereich der Wärmeeinflusszone (WEZ) zu legen und an dieser Position einen Temperaturanstieg festzustellen. Die IR-Aufnahme der PI640 zeigte keine Gaswolke beim Überschweißen des Wolframpartikels. Es kam lediglich zu einem schwachen Leuchten im nahen Umfeld des Schweißbrenners.

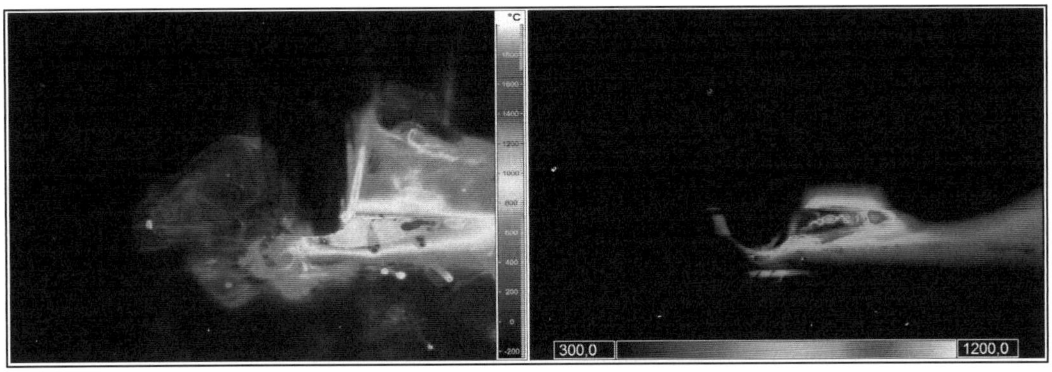

Abbildung 7 – IR-Aufnahmen mit Wolframpartikel in der Schweißnaht
links: ImageIR® 8300, rechts: PI640

Eine weitere Möglichkeit, Unregelmäßigkeiten im Schweißgut zu generieren, wurde durch das Einbringen von Kupfer in das Schweißgut simuliert. Da Kupfer einen geringeren Schmelzpunkt als das Schweißgut auf Eisenbasis besitzt, kommt es in diesem Fall zu keinem festen Einschluss. Es ist zu erwarten, dass sich das Kupfer mit der Schmelze aufmischt, intermetallische Phasen bildet und somit möglicherweise Heißrisse entstehen. Dieses Szenario kann sich einstellen, wenn Badsicherungen aus Kupfer verwendet werden und diese durch einen unzureichend vorbereiteten Stoß angeschmolzen werden. Wie in Abbildung 8 auf beiden IR-Aufnahmen zu sehen ist, mischte sich das aufgeschmolzene Kupfer mit dem schmelzflüssigen Schweißgut. Die deutliche Tropfenbildung der Schlacke nahm ab und es bildeten sich große Mischbereiche.

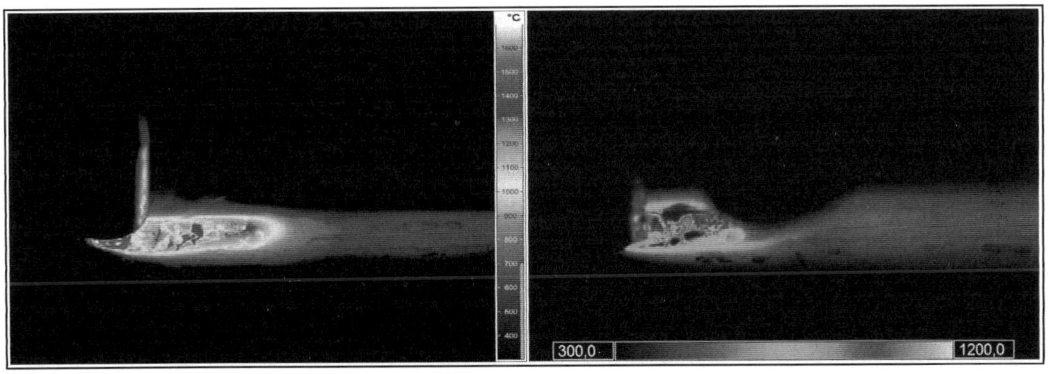

Abbildung 8 – IR-Aufnahmen mit Kupferpartikel in der Schweißnaht
links: ImageIR® 8300, rechts: PI640

Bei Betrachtung dieser Stelle in einem anderen Temperaturbereich, ist eine Rissdetektion im IR-Bild möglich. In Abbildung 9 wird das Realbild (links) der IR-Aufnahme der ImageIR® 8300 (rechts) gegenübergestellt. Der Temperaturbereich beträgt hier 350° C – 550° C. Da die Risse zur Oberfläche hin geöffnete Materialtrennungen sind, kann die Wärmestrahlung aus dem Inneren der Schweißnaht austreten. Diese Wärmestrahlung wird von der IR-Kamera detektiert und als Bereiche höherer Temperatur dargestellt.

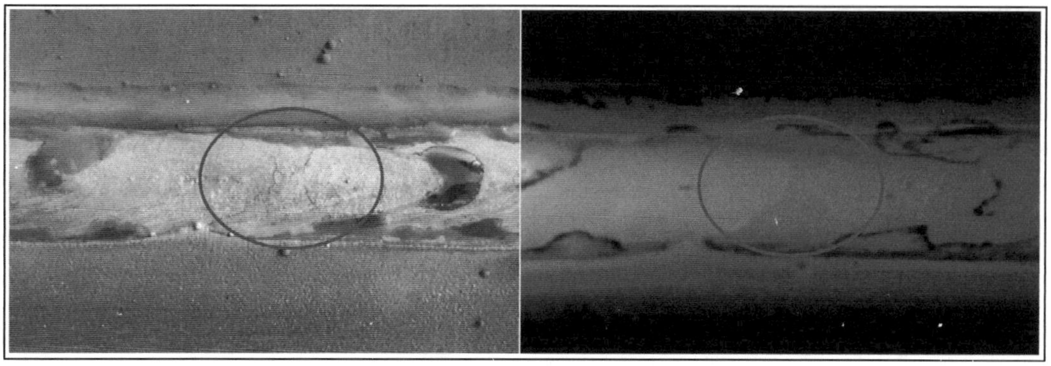

Abbildung 9 – Rissdetektion beim MAG-Schweißen

Detektion von Unregelmäßigkeiten mit dem Thermoprofilscanner

Beim TPS als Zeilenkamera wird kontinuierlich ein Querschnitt der Naht aufgenommen und entsprechend einer Software zu einem Thermogramm aus Einzelbildern zusammengesetzt. Dabei zeigt das Thermogramm keine Gesamtübersicht der Naht, sondern die jeweilige Zeile beim Zeitpunkt der Erfassung. Somit sollte bei einer fehlerfreien Schweißung die Temperaturverteilung gleichmäßig sein. Bedingt durch den gleichen zeitlichen Abstand der Erfassung der Einzelbilder zum Energieeintrag durch den Schweißbrenner, sollte die Temperatur also konstant auf einem Niveau bleiben. Ist dies nicht der Fall, kann vom Vorhandensein einer Unregelmäßigkeit ausgegangen werden. Im Folgenden wird eine „fehlerfreie" Schweißnaht als Referenz-Messung dargestellt (siehe Abbildung 10).

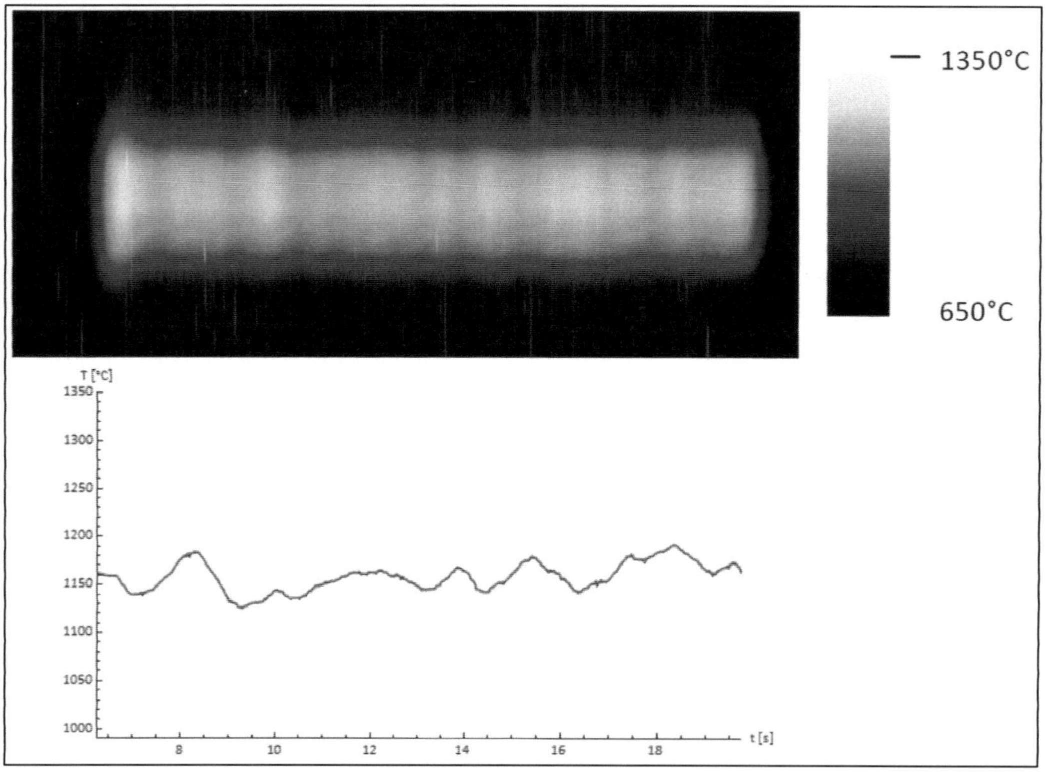

Abbildung 10 – TPS Aufnahme einer Referenz-Schweißung, Medianfilter über 19 Elemente [2]

Der Graph im Temperatur-Zeit-Diagramm verläuft konstant in einem Bereich von 1150° C ± 50° C. Die zulässige Temperaturabweichung muss durch Referenzproben ermittelt werden. Die im Prozess entstehenden Schweißspritzer wurden vom IR-System erfasst, konnten aber durch den Einsatz eines Medianfilters über 19 Elemente herausgefiltert werden, um das Messergebnis nicht zu verfälschen. Im folgenden Versuch wurde das Probenblech so präpariert, dass sich mehrere Temperatureinbrüche zeigten. Es wurden drei Bohrungen mit einem Durchmesser von 2 mm und einer Tiefe von 4 mm eingebracht. Diese wurden mit Wasser, mit Feinöl sowie mit Keramikkugeln aufgefüllt.

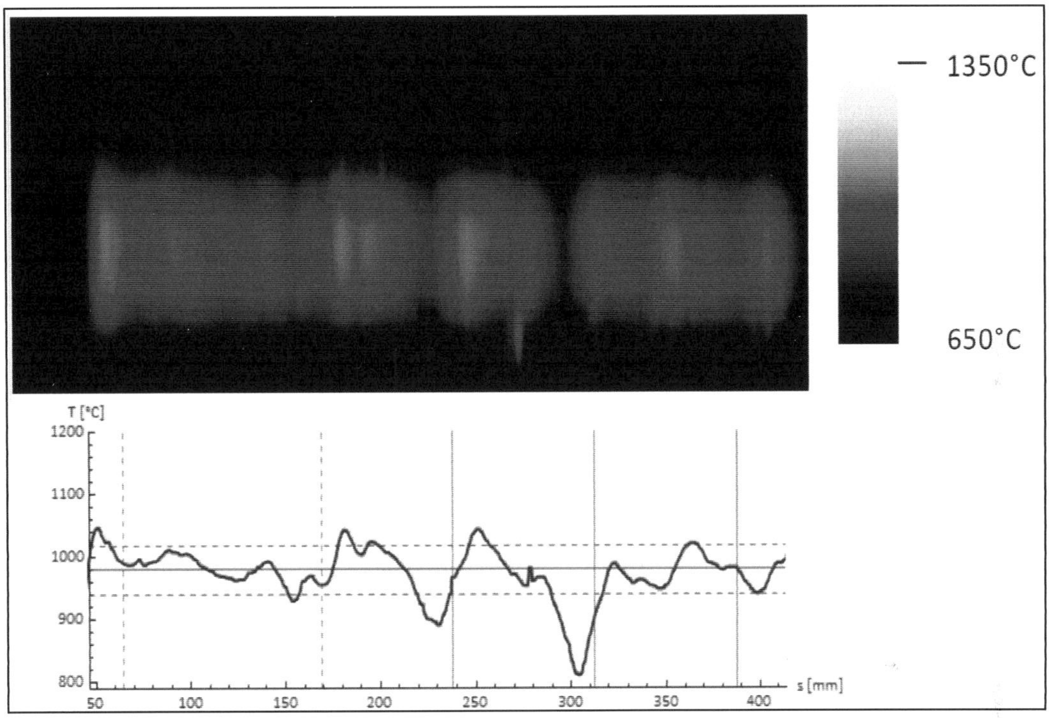

Abbildung 11 – TPS Aufnahme mit Testfehlern, Medianfilter über 19 Elemente [2]

Neben dem Mittelwert von 980° C wurden obere und untere Grenzwerte in das Diagramm eingefügt. Sobald die Messkurve nun diese Grenzen über- bzw. unterschreitet, liegt ein „fehlerverdächtiger" Bereich vor. Die drei Bohrungen waren gut an den Temperatureinbrüchen bei 150 mm, 235 mm und 300 mm zu erkennen. Es wurde ebenfalls deutlich, dass die Feinöl und die Keramikfüllung einen größeren Einfluss auf die Schweißnaht haben, als die mit Wasser gefüllte Bohrung.

Zusammenfassung der Ergebnisse

Die Untersuchungen zeigten das Verhalten verschiedener Infrarotkameras als Prüfmittel für die Qualitätssicherung von MAG geschweißten Blechen aus unlegiertem Baustahl. Es standen zwei IR-Vollbildkameras sowie ein Thermoprofilscanner zur Verfügung, sodass alle gängigen Spektralbereiche untersucht werden konnten. Es konnte bestätigt werden, dass die Spektralbereiche der IR-Kameras einen erheblichen Einfluss auf das optische Erscheinungsbild der Schweißnaht haben. Je nach Prüfaufgabe kann so auf einen passenden Kameratyp zurückgegriffen werden. Die IR-Kameras im mittleren und fernen Infrarotbereich sind am besten für schon erstarrte Schweißnähte und Temperaturen unter 1200° C geeignet. Mit dem TPS ist es auch möglich, bei deutlich höheren Temperaturen zu prüfen. Der TPS ist in der Lage innere und äußere Unregelmäßigkeiten, sowie geometrische

Abweichungen zu detektieren. Jedoch ist er auf Grund der Linienscanner-Technologie für komplizierte Nahtgeometrien nur bedingt geeignet. Je nach der geometrischen Auflösung der Vollbildkamera kann auch eine kontaktfreie Rissprüfung ohne Hilfsstoffe durchgeführt werden. Des Weiteren ist die Detektion von schweißnahttypischen Unregelmäßigkeiten bedingt möglich. Je nach Blechdicke kann das gesamte Volumen der Schweißnaht erfasst und somit gegebenenfalls auch wurzelseitige Unregelmäßigkeiten (z. B. Wurzelkerben) sichtbar gemacht werden. Durch den Einsatz von Spektralfiltern sowie einer mathematischen Verarbeitung der Rohdaten kann das Messergebnis auf den jeweiligen Einsatzfall optimiert werden [2]. Ein weiterhin bestehendes Problem ist die Verschlackung beim MAG-Schweißprozess. Es ist mit den IR-Vollbildkameras im mittleren und fernen Infrarotbereich nicht möglich, diese nichtmetallischen Ablagerungen zu „durchschauen" [4]. Weiterhin ist zu beachten, dass sich unter den Ablagerungen detektierpflichtige Unregelmäßigkeiten verbergen und somit nicht vollständig erfasst werden könnten. Es war im Untersuchungsumfang nicht vorgesehen, absolute Temperaturen zu ermitteln. Alle Temperaturabgaben sind möglicherweise mit einem Messfehler behaftet und daher unverbindlich.

Referenzen

[1] Internet: https://de.wikipedia.org/wiki/Thermografie#/media/Datei:Blackbody Spectrum_loglog_de.svg, Zugriff: 26.07.2019

[2] Kammel, P.: *Einsatz der Infrarot-Thermografie als prozessintegriertes ZfP-Verfahren beim Schmelzschweißen von Stahl.* Masterarbeit, SLV Halle GmbH, 2015

[3] Killing, R.: *Über die Ursache für das Zerplatzen von Tropfen beim Metall-Aktivgasschweißen un- und niedrig legierter Stähle.* Schweißen und Schneiden, Band 55, Heft 8, S. 445-447, 2003

[4] Vorein, E.; Jüttner, S. et al.: *Einsatz der passiven Thermografie für die Bewertung der Güte metallschutzgasgeschweißter Feinblechverbindungen.* Berichtsband Thermografie –Kolloqium 2015, Vortrag 5, 2015

Passive Thermografie mittels ThermoProfilScanner in der automatisierten Qualitätssicherung

Patrick KAMMEL [1], Volker SCHAUDER [1]
[1] HKS Prozesstechnik GmbH, Halle (Saale)
Kontakt E-Mail: patrick.kammel@hks-prozesstechnik.de

Kurzfassung

In der automatisierten Fertigung geschweißter und gelöteter Bauteile werden hohe Taktraten erreicht. Um diese in hoher Stückzahl produzierten Teile vollständig im Qualitätssicherungsprozess zu prüfen, eignen sich insbesondere Inline-Werkzeuge, die die Schweiß- beziehungsweise Lötnaht unmittelbar in der Fertigungsanlage prüfen, ohne die Taktzeit zu erhöhen.

Abhängig vom Fügeprozess und der Bauteilgeometrie stehen der Qualitätssicherung verschiedene Prüfsysteme zur Verfügung, wobei nur wenige ZfP-Verfahren für eine Prozessintegration geeignet sind.

Die passive Thermografie lässt sich als zerstörungsfreies Verfahren bei einer Vielzahl an Fügeverfahren mit zumeist geringem Integrationsaufwand überall dort integrieren, wo ein freier Blick durch das Messsystem auf die Naht gegeben ist.

Neben den Vorteilen einer Inline-Prüfung verfügt die passive Thermografie verfahrensspezifische Vorteile in der Detektion von Unregelmäßigkeiten und Prozessabweichungen. Im Vortrag werden die allgemeinen Vorteile des Prüfverfahrens erläutert und anschließend an zwei Praxisbeispielen die Möglichkeiten und der Nutzen der passiven Thermografie als Inline-Verfahren vorgestellt.

Die umfasst zum einen lasergeschweißte Gehäuse von Airbag-Gasgeneratoren, bei denen die Detektion spezifischer Fehlertypen von drei Inline-System (passive Thermografie, Plasmaanalyse und Lasertriangulation) gegenübergestellt werden.

Zum anderen wird die Qualitätskontrolle an HFI-geschweißten Rohren in einer endlos Rohrschweißanlage präsentiert. Bei diesem Widerstandsschweißverfahren mit Schweißgeschwindigkeiten bis zu 180 m/min kommt standardmäßig die Wirbelstromprüfung zum Einsatz, die bei Detektion der kritischen sogenannten „kalten Nähte“ (engl. cold welds) verfahrensbedingt an ihre Grenzen stößt. Mittels passiver Thermografie können diese Fehlstellen durch Änderungen im Energieeintrag oder Wärmefluss detektiert werden.

Thermographie-Kolloquium 2019
19. – 20.09.2019

Passive Thermografie mittels ThermoProfilScanner in der automatisierten Qualitätssicherung

HKS Prozesstechnik GmbH | Dr. Volker SCHAUDER | Patrick KAMMEL | Thermographie-Kolloquium 2019

Gliederung:

- Kurzvorstellung HKS Prozesstechnik
- Kurzvorstellung ThermoProfilScanner
- Passive Thermografie als ZfP-Verfahren
- Vor- und Nachteile der thermografischen Inline-Prüfung
- Anwendungsbeispiele aus der Praxis
  - Inline-Prüfung lasergeschweißter Airbag-Gasgeneratoren
  - Schweißen von Stahlrohren in einer kontinuierlichen HFI-Rohrstraße

HKS Prozesstechnik GmbH | Dr. Volker SCHAUDER | Patrick KAMMEL | Thermographie-Kolloquium 2019

Kurzvorstellung HKS Prozesstechnik:

- Entwicklung und Fertigung von Schweißmesstechnik seit über 25 Jahren in Halle (Saale)
- HKS zählt international zu den Marktführern auf dem Gebiet der Schweißmesstechnik
- Kunden vorwiegend in der Automobilindustrie inklusive der Zulieferer sowie Hersteller geschweißter Rohre
- seit Mai 2017 ist HKS Teil der ESAB Gruppe

HKS PROZESSTECHNIK AN ESAB BRAND

HKS Prozesstechnik GmbH | Dr. Volker SCHAUDER | Patrick KAMMEL | Thermographie-Kolloquium 2019

Kurzvorstellung ThermoProfilScanner:

- Passives Thermografie-System TPS:
  - Zeilenkamera für Schweißumgebungen
  - Aufnahmefrequenz bis 400 Hz
  - Temperaturmessbereich circa 600 – 1500°C
  - 189 realisierte Systeme seit 2007

System ermöglicht passive Thermografie in Löt- und Schweißanwendungen

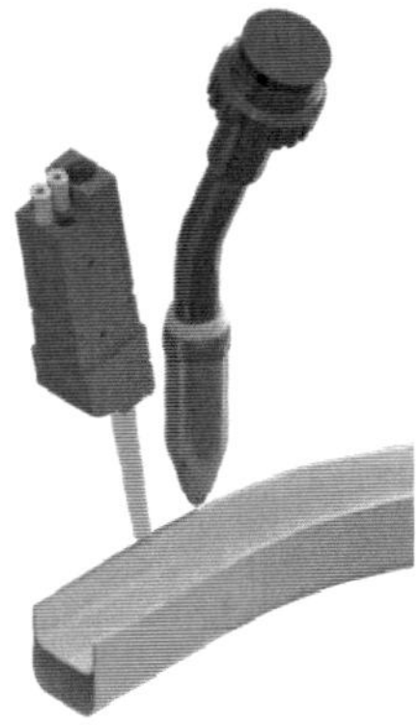

HKS PROZESSTECHNIK AN ESAB BRAND

HKS Prozesstechnik GmbH | Dr. Volker SCHAUDER | Patrick KAMMEL | Thermographie-Kolloquium 2019

Passive Thermografie als ZfP-Verfahren:

- Zerstörungsfreie, volumetrische Prüfung basierend auf dem Wärmefluss in das Grundmaterial

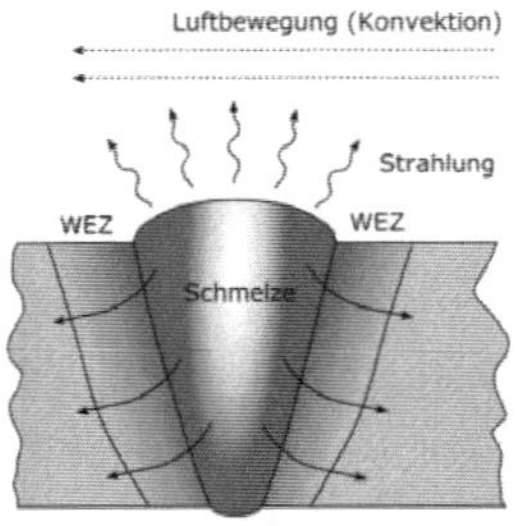

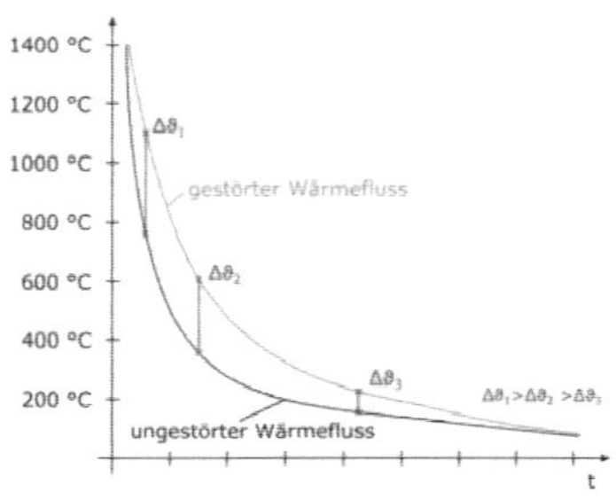

HKS PROZESSTECHNIK AN ESAB BRAND

Vor- und Nachteile der thermografischen Inline-Prüfung:

+ Anwendung unabhängig vom Fügeprozess
+ 100% Überwachung der Bauteile mit geringem Integrationsaufwand
+ unveränderte Taktzeit
+ Kein zusätzlicher Prüfplatz / keine zusätzliche Prüfanlage
+ Frühzeitige Problemerkennung → Reduzierung von Ausschuss
+ Blick in die Fertigung / Detektion spezieller Fehler
+ Detektion der Ursachen von Schweißnahtunregelmäßigkeiten
− Keine Wiederholung der Prüfung möglich
− Derzeitig fehlende produktspezifische Normen

HKS PROZESSTECHNIK AN ESAB BRAND

Praxisbeispiel Schweißen von Gasgeneratoren:

- Gasgenerator für Seitenairbag mit verschiedenen Kammern
- Drei lasergeschweißte Orbitalnähte pro Bauteil
- Schweißleistung 3 kW, Geschwindigkeit 6 m/min

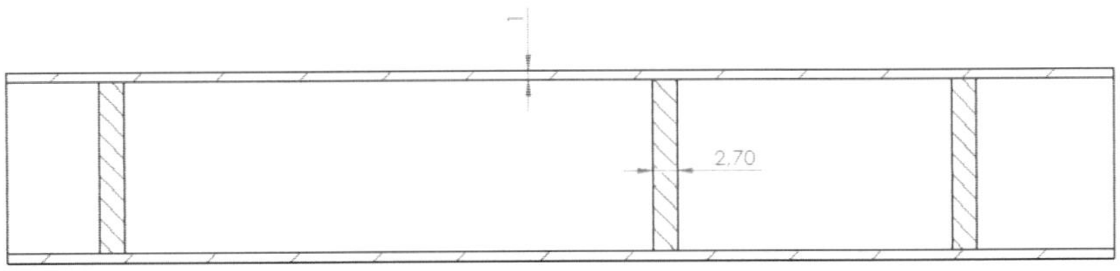

Praxisbeispiel Schweißen von Gasgeneratoren:

		Inline System		
		Lasertriangulation	Plasmaanalyse	passive Thermografie
SN-Unregelmäßigkeiten	Offene Ungänzen	✓	●	✓
	SN Überhöhung & Unterwölbung	✓	●	✓
	Nahtversatz	✓	✗	✓
	WEZ Breite	●	✗	✓
	Spritzer	✓	✗	●
	Innere Ungänzen	✗	●	✓
	Einbrandtiefe	✗	●	●

✓ detektiert ✗ nicht detektiert ● bedingt detektiert

Praxisbeispiel Schweißen von Stahlrohren:

- Verzinkten Stahlrohre für IBC Flüssigkeitstanks Intermediate Bulk Container
- Rohrstraße mit Endlosfertigung
- D_a 19 mm D_i 17,2 mm
- Schweißgeschwindigkeit 160 m/min

HKS PROZESSTECHNIK

HKS Prozesstechnik GmbH | Dr. Volker SCHAUDER | Patrick KAMMEL | Thermographie-Kolloquium 2019

Praxisbeispiel Schweißen von Stahlrohren:

- Veränderte Wandstärke ohne Anpassung der Schweißleistung

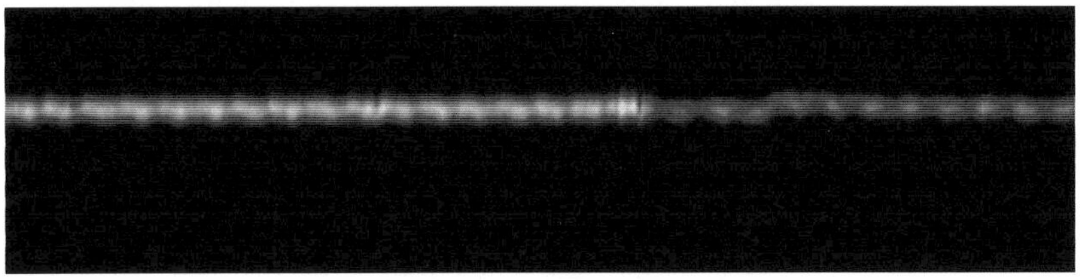

HKS PROZESSTECHNIK

HKS Prozesstechnik GmbH | Dr. Volker SCHAUDER | Patrick KAMMEL | Thermographie-Kolloquium 2019

Praxisbeispiel Schweißen von Stahlrohren:

- Defekte Nahtstelle durch Bankantenbeschädigung

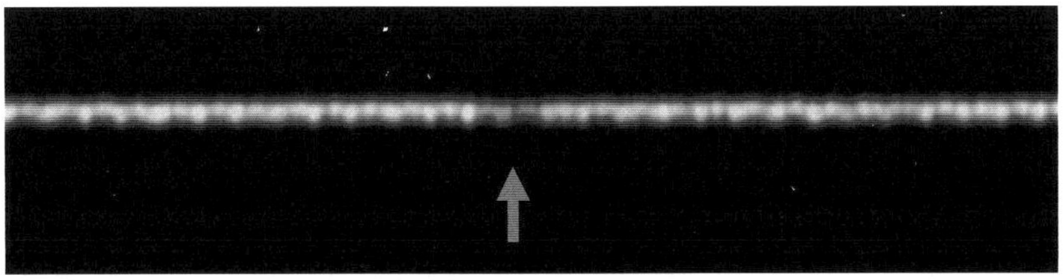

650 °C ▬ 920 °C

Praxisbeispiel Schweißen von Stahlrohren:

- Detektion von „kalten Nähten“ durch Datenauswertung
  z.B. Temperatur, Wärmefeldbreite, Symmetrie, ...

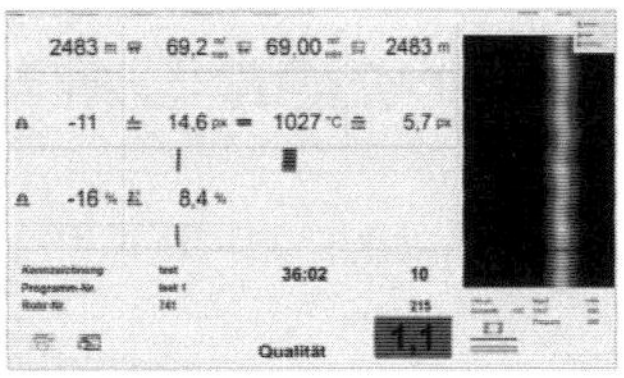

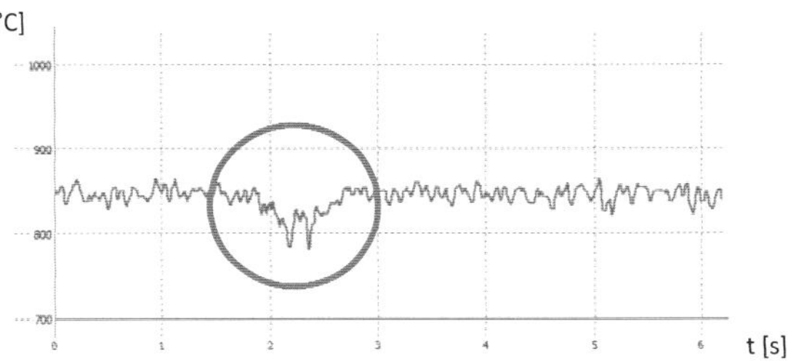

Praxisbeispiel Schweißen von Stahlrohren:

- Stumpfes Schneidplättchen am Schaber führt zum Schlagen des Rohrs

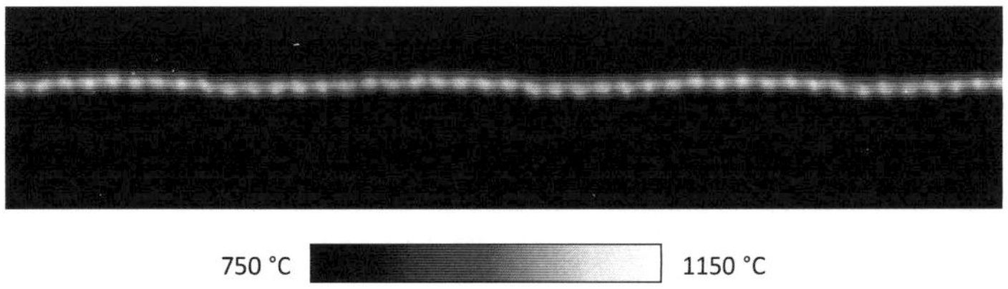

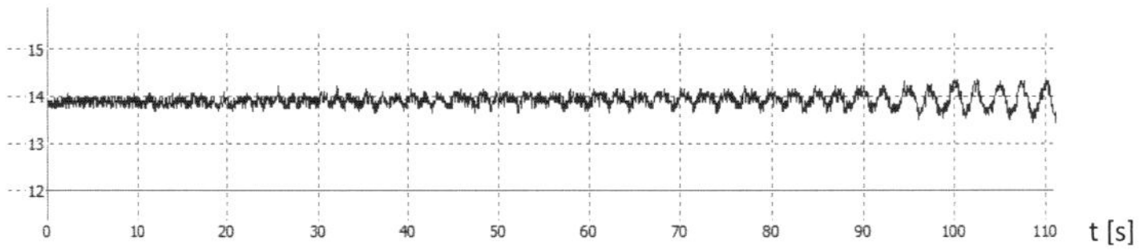

Vielen Dank für Ihre Aufmerksamkeit.

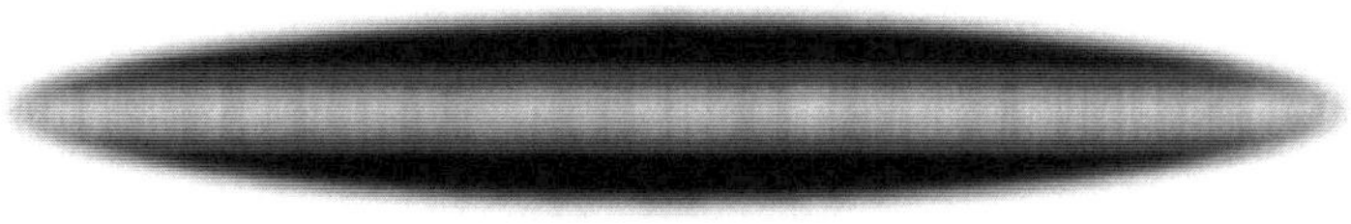

Kehlnähte – Vergleichende Möglichkeiten der zerstörungsfreien Prüfung (VT, PT, MT, UT, RT und passive Thermografie)

Henry SCHNEIDER [1], Torsten KOKOT [1]
[1] SLV Halle GmbH, Halle

Kontakt E-Mail: henry.schneider@slv-halle.de

Kurzfassung

In den letzten Jahren eroberte sich die Thermografie, insbesondere die passive Thermografie, einige Felder der zerstörungsfreien Werkstoffprüfung. Bei der passiven Thermografie wird die im Prüfstück vorhandene Prozesswärme genutzt, um aus den Abkühlvorgängen Rückschlüsse auf entstehende Unregelmäßigkeiten zu erhalten.

Für dieses Verfahren erschließen sich kontinuierlich neue Anwendungsfelder, bei denen erste Versuche die hohe Aussagesicherheit verdeutlichen. Ein Anwendungsgebiet - bei der die passive Thermografie die Aussagefähigkeit erhöhen könnte - ist die Kehlnahtprüfung von Schweißverbindungen. Bei diesen können mithilfe der Oberflächenprüfverfahren VT, MT und PT nur Aussagen zu den Unregelmäßigkeiten getroffen werden, die sich auf bzw. nahe unter der Decklage befinden. Das Schweißvolumen der Kehlnaht und vor allem die Wurzelseite bleiben hingegen gänzlich ungeprüft. Die Ultraschallprüfung könnte als Volumenprüfverfahren zwar zur Anwendung kommen, aber durch die kaum bestehende Möglichkeit, dass Bindefehler oder Risse senkrecht angeschallt werden, ist die Nachweiswahrscheinlichkeit hierfür äußerst gering. Der Röntgenprüfung als weiteres Volumenprüfverfahren sind hier ebenfalls enge Grenzen gesetzt. In vielen Fällen ist die beidseitige Zugänglichkeit zudem nicht gegeben. Für die geometrische Anordnung der Strahlenquelle und des Röntgenfilms stehen wenige Kombinationen zur Verfügung. Hinzu kommt, dass somit nahezu nie Fehler in ihrer größten Ausdehnung durchstrahlt werden. Durch die sich kontinuierlich ändernde Materialdicke ist ohnehin nur ein kleiner Bereich auswertbar.

Für den Nachweis der entstehenden Unregelmäßigkeiten bis zu einer Tiefe von max. 5 mm könnte die passive Thermografie ein zusätzliches zerstörungsfreies Prüfverfahren darstellen. Hierzu führt die SLV Halle verstärkt Versuche durch, um bei der Beurteilung des Schweißnahtvolumens von Kehlnähten weitere Aussagesicherheit zu erlangen. Der Vortrag soll verdeutlichen entstehende Fehler zu erkennen.

pathe – SLV – Wagner

SLV HALLE

19.-20.09.2019 in der SLV Halle
Thermografie-Kolloquium 2019

Kehlnähte – Vergleichende Möglichkeiten der zerstörungsfreien Prüfung (VT, PT, MT, UT, RT und passive Thermografie)

Dipl.-Ing. (FH) Henry Schneider
SLV Halle GmbH

M. Eng. Torsten Kokot
SLV Halle GmbH

Was ist eine Kehlnaht?
Bei einer Kehlnahtverbindung stehen die zu verbindenden Bauteile in einem (meist rechten) Winkel zueinander. Die Schweißnaht hat dabei die Form eines gleichseitigen Dreiecks. Die Teile werden (in der Regel) nicht angefast.

Einseitig geschweißte Kehlnaht
Werkstoff: Stahl
Befund: in Ordnung

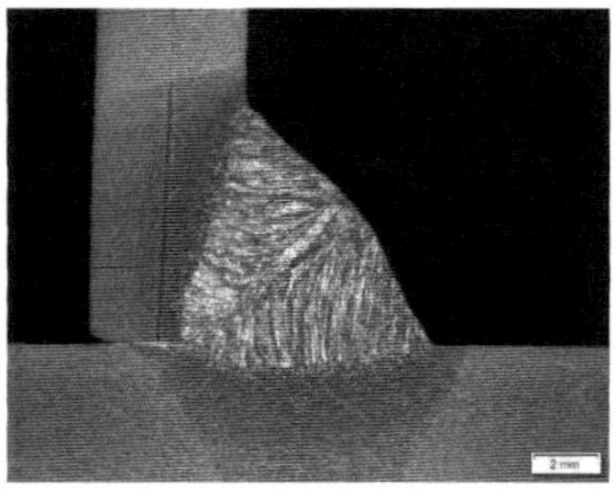

Einseitig geschweißte Kehlnaht
Werkstoff: Aluminium
Befund: Ungenügender Wurzeleinbrand

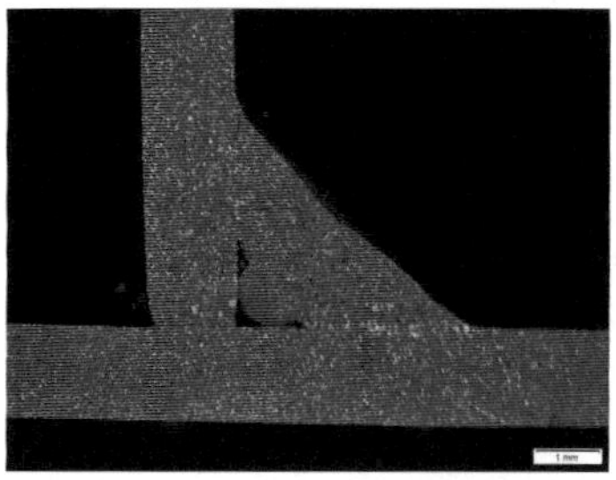

Kehlnähte – Vergleichende Möglichkeiten
Prüfgerechte Gestaltung für erforderliche ZfP

DVS SLV HALLE

Unter einer **prüfgerechten Gestaltung** einer Schweißkonstruktion ist die konstruktive Umsetzung eines geschweißten Bauteils oder einer geschweißten Baugruppe mit **Rücksichtnahme auf die für die erforderlichen zerstörungsfreien Prüfungen benötigten allgemeinen Bedingungen und räumlichen Gegebenheiten** zu verstehen.

Die 3 Haupteinflussgrößen der **Prüfbarkeit**:

Der **Werkstoff** bestimmt die *Prüfeignung*.

Das **Prüfverfahren** beeinflusst die *Prüfmöglichkeit*.

Die **Konstruktion** wirkt sich maßgebend auf die *Prüfsicherheit* aus.

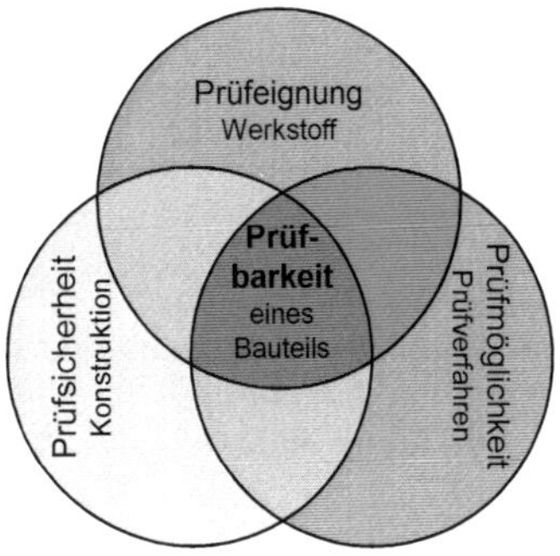

Kehlnähte – Vergleichende Möglichkeiten
Einführung

DVS SLV HALLE

Wo finden Kehlnähte Anwendung?

- Stahlbau
- Kranbau
- Druckbehälterbau
- Maschinenbau etc.

Warum sollen Kehlnähte zerstörungsfrei geprüft werden?

- Gewährleistung, dass Teile sicher und dauerhaft miteinander verbunden sind
- Vermeidung von technischen und personellen Schadensfällen

Warum ist es schwierig, das Volumen von Kehlnähten zu beurteilen?

- Wegen der Unzugänglichkeit der Wurzelseite (VT, PT, MT, UT, RT, TT)
- Wegen der stark schwankenden Materialdicke (RT)
- Wegen ungünstiger Einschallbedingungen (UT)

Kehlnähte – Vergleichende Möglichkeiten
ZfP-Prüfbarkeit der Kehlnahtbereiche

Für die Schweißnahtprüfung sind für die klassischen ZfP-Prüfverfahren Normen vorhanden.

Aufgrund der verschiedenen Prüfbedingungen wird bei Kehlnähten bisher nur die Sichtprüfung und die Magnetpulverprüfung (auch Eindringprüfung) angewendet.

Die ZfP-Prüfbarkeit der einzelnen Bereiche ist…

- Decklage: …**sehr gut**
- Decklagennahe Lage: …**bedingt**
- Wurzelseite: …**bedingt**

Es ist wünschenswert, wenn mit <u>einem</u> ZfP-Prüfverfahren eine Aussage über die Schweißnahtqualität getroffen werden kann.

Ideal wäre, wenn diese Aussage kurz nach dem Schweißprozess vorliegt, <u>ohne</u> dass nachfolgende separate Prüfverfahren zur Anwendung kommen.

Möglicherweise eignet sich hierfür die passive Thermografie.

Kehlnähte – Vergleichende Möglichkeiten
Sichtprüfung (VT)

Für die Bewertung der Sichtprüfung von Schweißverbindungen ist ein umfangreiches Normenwerk vorhanden.

DIN EN 5817 → Sichtprüfung von Schweißverbindungen aus Stahl, Nickel, Titan und

DIN EN 10042 → Sichtprüfung von Schweißverbindungen aus Aluminium

- Decklage: **Prüfbar**
- Decklagennahe Lage: **Unprüfbar**
- Wurzel: **Unprüfbar**

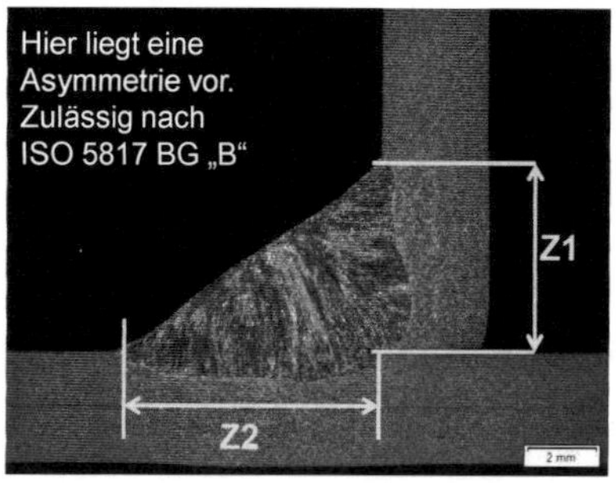

<u>Mögliche Unregelmäßigkeiten sind:</u>
- Risse
- Bindefehler
- Oberflächenpore
- Einbrandkerben
- Spritzer
- Asymmetrie

Kehlnähte – Vergleichende Möglichkeiten Magnetpulverprüfung (MT)

DVS SLV HALLE

Die Bewertung von Magnetpulverprüfungen ist ebenfalls in Normen geregelt.
DIN EN ISO 23278 → Magnetpulverprüfung von Schweißverbindungen aus Stahl.
Diese Prüfmethode lässt sich nur an magnetisierbaren Werkstoffen anwenden.

- Decklage: **Prüfbar**
- Decklagennahe Lage: **Unprüfbar**
- Wurzel: **Unprüfbar**

Aufgesetzte Magnetjoche

Magnetische Feldlinien

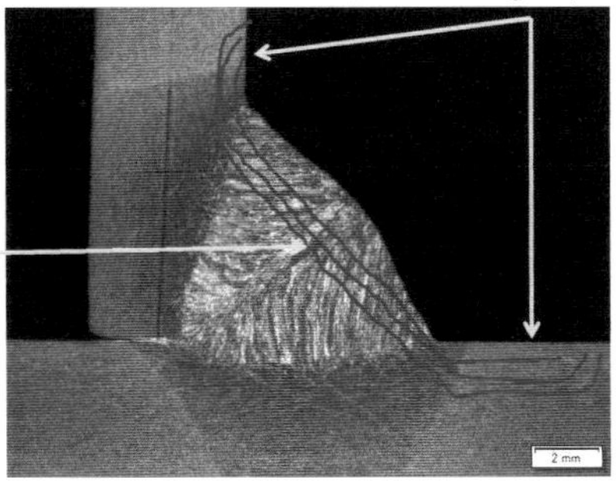

Kooperationspartner der DVS 7

Kehlnähte – Vergleichende Möglichkeiten Eindringprüfung (PT)

DVS SLV HALLE

Die Bewertung der Eindringprüfung ist ebenfalls in Normen geregelt.
DIN EN ISO 23277 → Eindringprüfung von Schweißverbindungen aus Stahl.
Dieses Prüfverfahren lässt sich an quasi allen Werkstoffen anwenden, es ist aber ein zeitlich aufwändiges Prüfverfahren.

- Decklage: **Prüfbar**
- Decklagennahe Lage: **Unprüfbar**
- Wurzel: **Unprüfbar**

Nur die zur Oberfläche geöffneten Unregelmäßigkeiten sind nachweisbar

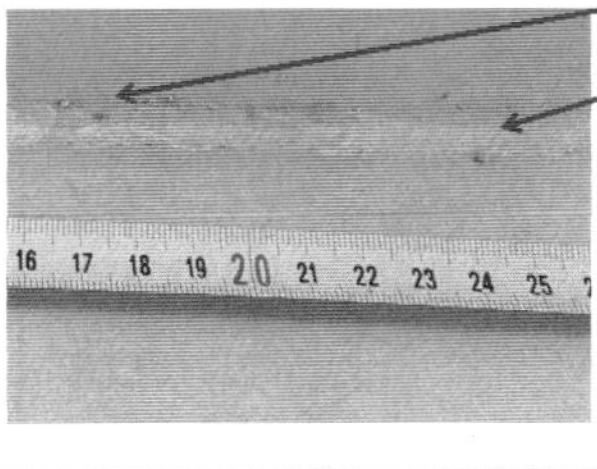

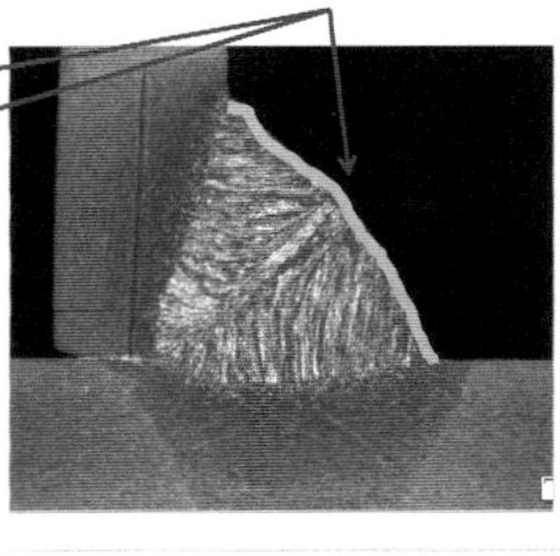

Kooperationspartner der DVS 8

Kehlnähte – Vergleichende Möglichkeiten Ultraschallprüfung (UT)

DVS SLV HALLE

Für die Bewertung von Schweißnähten, die mit der konventionellen Ultraschallprüfung geprüft wurden, existieren mehrere Normen.
→ z. Bsp.: DIN EN ISO 11666 → Magnetpulverprüfung von Schweißverbindungen aus Stahl

- Decklagennahe Lage: **Bedingt prüfbar**
- Wurzel: **Bedingt prüfbar**

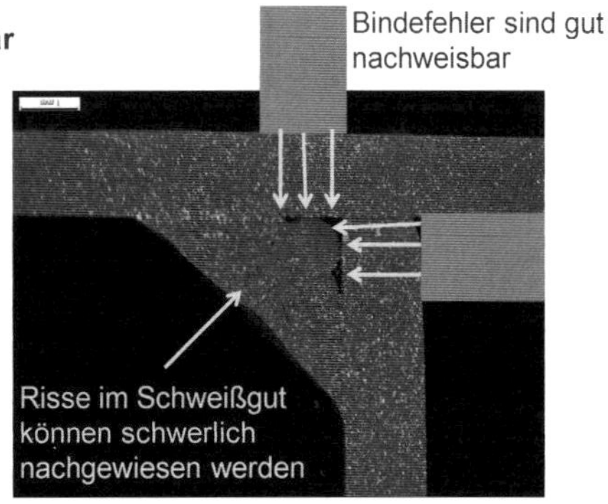

Kehlnähte – Vergleichende Möglichkeiten Phased Array-Prüfung (PAUT)

DVS SLV HALLE

Für die Bewertung von Schweißnähten existiert seit 2017 eine ISO-Norm.
DIN EN ISO 19285 → Phased Array-Prüfung von Schweißnähten aus Stahl

- Decklagennahe Lage: **Bedingt prüfbar**
- Wurzel: **Bedingt prüfbar**

Möglichkeit, das Schallfeld an die Prüfaufgabe anzupassen → Erhöhung der Nachweiswahrscheinlichkeit gegenüber der klassischen Ultraschallprüfung.

In der Skizze: Lineare Einschallung im festen Winkel.

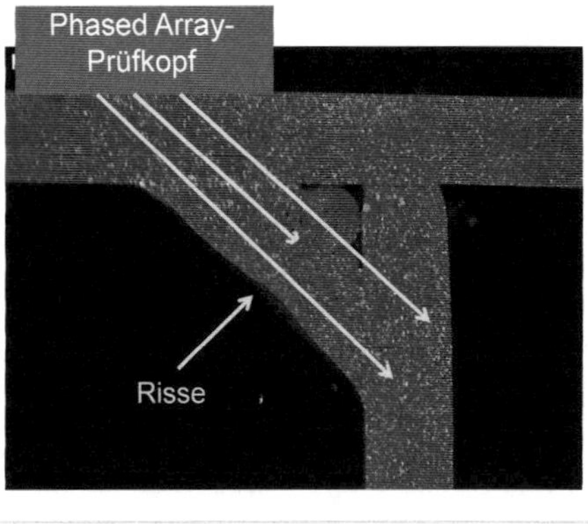

Kehlnähte – Vergleichende Möglichkeiten
Durchstrahlungsprüfung (RT) inklusive Radiografie

DVS SLV HALLE

Die Bewertung von Durchstrahlungsprüfungen ist in Normen geregelt.
DIN EN ISO 10675-1 → Durchstrahlungsprüfung von Schweißnähten aus Stahl

- Decklagennahe Lage: **Bedingt prüfbar**
- Wurzel: **Bedingt prüfbar**
  - Unzugänglichkeit der Schweißnaht
  - Richtungsabhängigkeit Strahlungsquelle-Ungänze-Film nicht immer gegeben
  - Kontinuierlich ändernde Materialdicke → Schwärzung Film nie optimal
  - Wanddickenausgleich nur bedingt einsetzbar
  - Kein planares Anlegen der Filme

Die digitale Radiografie verbessert die Detektierbarkeit etwas.

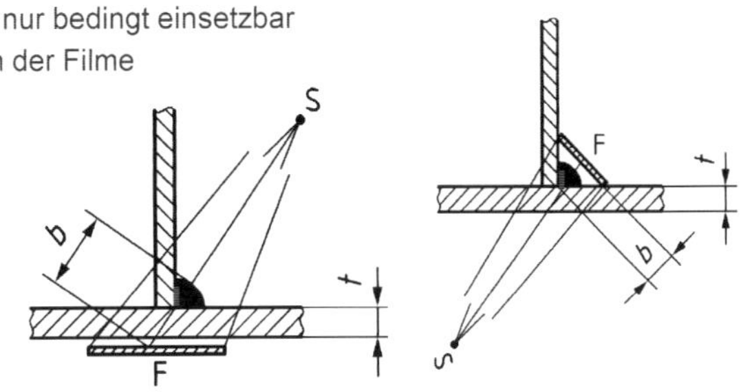

Kehlnähte – Vergleichende Möglichkeiten
Passive Thermografie

DVS SLV HALLE

Die Bewertung von passiven Thermografieprüfungen ist nicht in Normen geregelt.
Gemäß den ersten Versuchen ist davon auszugehen, dass Kehlnähte mit einem geringen a-Maß mittels passiver Thermografie beurteilbar sind.
Es müssen Kriterien aufgestellt werden, die eine sichere Beurteilung ermöglichen.

Welche Unregelmäßigkeiten sind erfassbar?

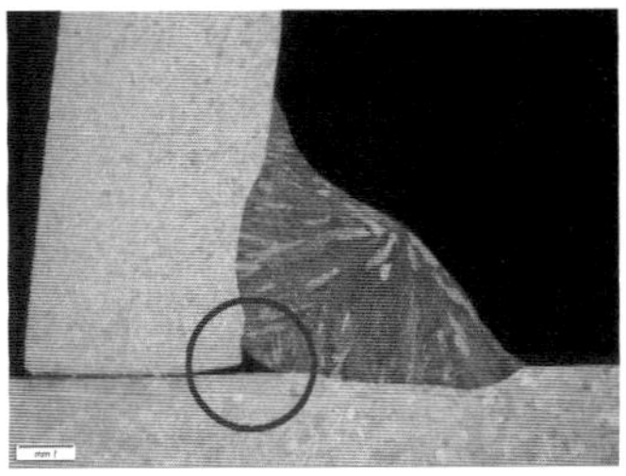

Ungenügende Durchschweißung
→ Nicht mit der passiven Thermografie nachweisbar

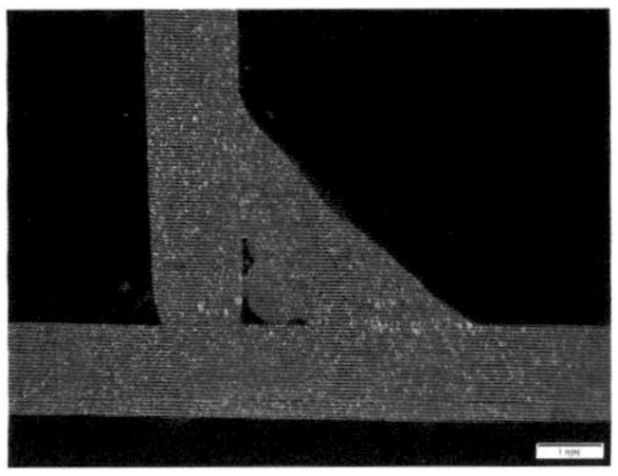

Bindefehler
→ Möglicherweise mit der passiven Thermografie nachweisbar

Kehlnähte – Vergleichende Möglichkeiten
Festlegung von Bewertungskriterien

SLV HALLE

Vorteil der passiven Thermografie: Berührungsloses zeitnahes Erfassen, Verarbeiten und Abbilden der registrierten elektromagnetischen Strahlung der herzustellenden Kehlnaht.

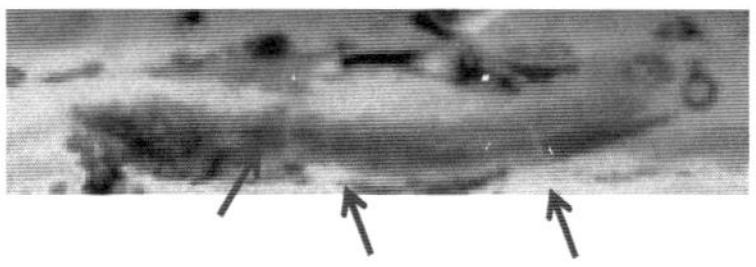

Rissbildung an der Oberfläche, aufgenommen im mittleren Infrarotbereich

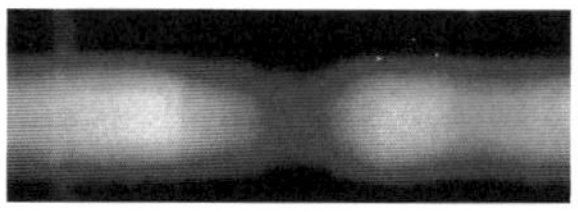

Entstehende Pore unterhalb der Oberfläche, aufgenommen im mittleren Infrarotbereich

Ausgehend von Versuchen mit unterschiedlichen Wellenlängenbereichen (mittlerer und ferner Infrarotbereich) sollen Bewertungskriterien festgelegt werden.

Kehlnähte – Vergleichende Möglichkeiten
Zusammenfassung

SLV HALLE

In der folgenden Tabelle sind die Möglichkeiten der Nachweisbarkeit von Fehlern mit den klassischen Prüfverfahren tabellarisch dargestellt.

	VT	PT	MT	UT	PA	RT
Decklage	Prüfbar	Prüfbar	Prüfbar	---	---	---
Decklagen-nahe Lage	Unprüf-bar	Unprüf-bar	Unprüf-bar	Bedingt prüfbar	Bedingt prüfbar	Bedingt prüfbar
Wurzel	Unprüf bar	Unprüf-bar	Unprüf-bar	Bedingt prüfbar	Bedingt prüfbar	Bedingt prüfbar

Wir möchten versuchen, die passive Thermografie soweit zu qualifizieren, um mit diesem Prüfverfahren eine Aussage über die Qualität von kleinen Kehlnähten zeitnah zu erhalten.

Kehlnähte – Vergleichende Möglichkeiten

SLV HALLE

Vielen Dank
für
Ihre Aufmerksamkeit.

Kooperationspartner der DVS

15

Fehlerdetektion von magnetimpulsgeschweißten Verbindungen mittels induktionsangeregter Thermografie

Eugen PRINTS [1], Igor KRYUKOV [1], Eugen SCHUMACHER [1], Stefan BÖHM [1]
[1] Universität Kassel, Fachgebiet Trennende und Fügende Fertigungsverfahren, Kassel
Kontakt E-Mail: e.prints@uni-kassel.de

Kurzfassung. Der Fahrzeugleichtbau im Transportwesen gewinnt in den vergangenen Jahren stetig an Bedeutung, wodurch die Herstellung von Hybridverbindungen, insbesondere Aluminium-Stahl, in den Vordergrund rückt. Konventionelle Schmelzschweißverfahren stoßen beim Erzeugen einer hochfesten, stoffschlüssigen Mischverbindung aufgrund der metallurgischen Unverträglichkeit der Fügepartner an ihre Grenzen. Eine Alternative zur Realisierung dieser Verbindungen bietet das Magnetimpulsschweißen, wobei die Verschweißung immer im Überlapp durch Beschleunigung der Fügepartner mittels eines elektrisch induzierten Magnetfeldes erfolgt. Das Verfahren zeichnet sich durch eine sehr kurze Prozessdauer, eine minimale Erwärmung der Fügepartner und eine besondere Eignung für artfremde Schweißverbindungen aus.

Zur Beurteilung der Qualität einer Verbindung spielt die Größe der Verbindungsfläche eine entscheidende Rolle sowie Unregelmäßigkeiten innerhalb der Schweißnaht, welche die wirksame Schweißnahtfläche und somit die maximal ertragbare Zugbelastung der Verbindung reduzieren. Die dem Überlappstoß geschuldete erschwerte Zugänglichkeit führt dazu, dass primär zerstörende Prüfansätze zur Charakterisierung und Qualitätsbeurteilung eingesetzt werden.

Vor diesem Hintergrund werden die Möglichkeiten der aktiven Thermografie zur zerstörungsfreien Erkennung von Schweißnahtunregelmäßigkeiten und zur Beurteilung der Qualität einer magnetimpulsgeschweißten Verbindung am Beispiel einer Aluminiumlegierung *EN AW 6016* mit einem Dualphasenstahl *DP 800* vorgestellt. Hierzu wurden die kritischen Unregelmäßigkeiten, wie Fremdstoffeinschluss und unvollständige Bindung definiert und während des Schweißvorgangs reproduzierbar eingebracht. Mittels induktionsangeregter Thermografie kann erstmals die wirksame Fügefläche, die in Korrelation zur maximal ertragbaren Zugbelastung steht, erfolgreich zerstörungsfrei visualisiert und darüber hinaus zwischen fehlerfreien und fehlerbehafteten Schweißnähten unterschieden werden.

1. Einführung

Die Integration der metallischen Mischverbindungen, insbesondere von Aluminium und Stahl, in die Leichtbaukonzepte des Transportwesens spielen im aktuellen Kontext der gesetzlichen Auflagen zur Reduktion der Kohlenstoffdioxid-Emissionen und steigenden Energiekosten eine immer größere Rolle. Eine hochfeste stoffschlüssige Verbindung ist jedoch mit den konventionellen Schmelzschweißverfahren (z. B. Laserstrahlschweißen) durch die metallurgischen Unterschiede der Fügepartner nicht realisierbar, folglich überwiegen in der Anwendung die mechanischen Fügeverfahren und das Kleben. Dies wird wiederum von spezifischen Nachteilen begleitet, wie der zusätzlichen Oberflächenvorbehandlung beim Kleben und der partiellen Zerstörung der Struktur z. B. beim Clinchen. [1]

In Folge dessen rückt das bereits seit den 1960er Jahren bekannte Magnetimpulsschweißverfahren angesichts seines enormen Potenzials hinsichtlich der Verschweißung von metallischen Hybridstrukturen wieder in den Fokus. Die Verwendung hoher magnetischer Kräfte zur Erzeugung einer Verbindung zwischen Metallen wurde das erste Mal, in Form der Anmeldung eines Patentes von Dmitry Nikolaevich Lysenko, in den Vereinigten Staaten von Amerika 1970 publiziert. Hierbei wurden Verbindungen von sowohl rotationssymmetrischen Rohrprofielen als auch von Blechen beschrieben. Die Temperaturen liegen während des Schweißvorgangs unter der Schmelztemperatur der jeweiligen Fügepartner, wodurch die Erhaltung der mechanischen Eigenschaften gewährleistet wird. [2, 3]

Seit den 1980er Jahren intensivieren sich die Forschungsarbeiten zum Magnetimpulsschweißen mit dem Ziel, die physikalischen Vorgänge des Prozesses zu verstehen und die verbindungsentscheidenden Parameter festzustellen, um das hohe Potenzial des Verfahrens für die industrielle Anwendung ausschöpfen zu können. [1]

In dieser Veröffentlichung werden die Ergebnisse einer Untersuchung zur Eignung der induktionsangeregten Thermografie als zerstörungsfreies Prüfverfahren für eine *100%*-ige Qualitätskontrolle von magnetimpulsgeschweißten Flacherzeugnissen präsentiert. Hierzu wurden prozessrelevante Unregelmäßigkeiten definiert, Methoden zu deren reproduzierbaren Einbringung in die geeignete Probengeometrie erarbeitet und Thermografieuntersuchungen durchgeführt. Hierdurch soll zum einen die Fehlerdetektion realisiert und zum anderen die automatisierte Bestimmung der Schweißnahtfläche ermöglicht werden.

2. Magnetimpulsschweißen (MIS)

Das Magnetimpulsschweißen gehört zu den Schockschweißverfahren und ist vom Prozessablauf dem weitaus bekannteren Fügeverfahren, dem Explosionsschweißen, am nächsten. Die Energie zur Herstellung einer stoffschlüssigen Verbindung steht in Form der Bewegungsenergie einer der Fügepartner zur Verfügung. In diesem Fall wird vom asymmetrischen Aufschlag gesprochen, wobei der bewegte Fügepartner als Flyer und der statische als Target bezeichnet werden.

Der Ablauf des Fügeprozesses ist in Abb. 1 schematisch dargestellt. Der bewegte Fügepartner, der elektrisch leitfähig sein muss, wird über der Spule positioniert. Daraufhin wird mit Hilfe von GFK-Plättchen ein zuvor definierter Beschleunigungsabstand eingestellt. Das Target wird ausgerichtet und die Gesamtanordnung durch den Niederhalter fest eingespannt. Durch die Entladung von Kondensatorbänken der MIS-Anlage wird der Spulensteg schlagartig mit einem Strom - je nach Anwendung - bis zu *480 kA* durchflossen. Das den Spulensteg umgebene elektromagnetische Feld induziert im Flyer Wirbelströme, die wiederum ein weiteres elektromagnetisches Feld erzeugen, das in seiner Wirkung dem ursprünglichen EM-Feld entgegengesetzt ist. Hierdurch wird ein starker magnetischer Druck erzeugt, der den Flyer unter plastischen Deformation in Richtung Target beschleunigt. Der Niederhalter hat lediglich die Funktion die Wucht des Aufpralls aufzunehmen. Als Resultat des Prozessablaufs entsteht eine Fügefläche, die geometrisch betrachtet einer Ellipse ähnelt.

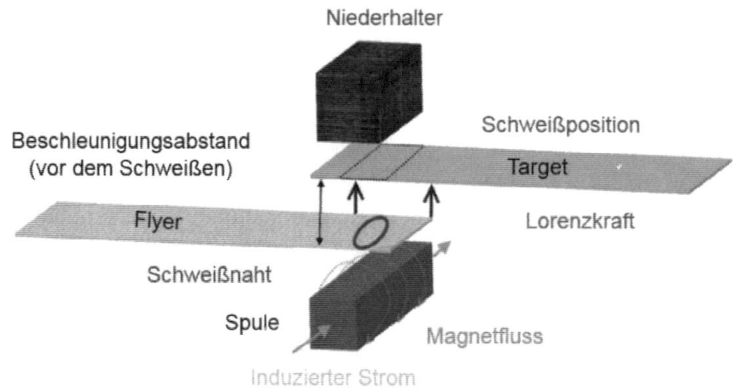

Abb. 1. Schematische Darstellung eines MIS-Vorgangs [4]

Die inhomogene Verteilung des magnetischen Drucks verursacht eine komplexe Abrollbewegung des Flyers an der Targetoberfläche. Eine schematische Darstellung des Abrollvorgangs ist in Abb. 2 (links) und Bezeichnungen der relevanten Größen (rechts) vorgestellt. Der Kollisionspunkt bewegt sich von der Mitte nach Außen - je nach verwendeten Entladeenergie - mit einer Geschwindigkeit von ca. *200 m/s,* wodurch ein kumulativer Jet entsteht, dem sowohl die reinigende Wirkung als auch eine Aktivierung der Grenzschichten von jeweiligen Fügepartner zugesprochen wird [5]. Eine stoffschlüssige Verbindung kann nur in einem bestimmten Prozessfenster, das die verbindungsrelevanten Parameter quantifiziert, erreicht werden. In Kombination mit einem während der Abrollbewegung veränderlichen Kollisionswinkel ergibt sich die für den MIS-Vorgang charakteristische ellipsenförmige Schweißnahtgeometrie [6].

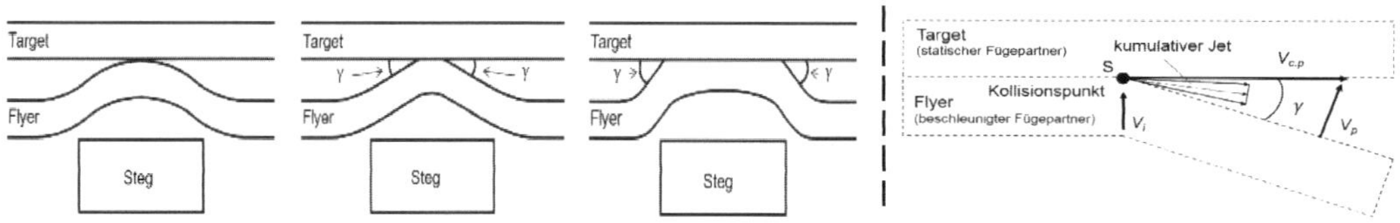

Abb. 2. Flyerabrollbewegung: Ablauf - links [7], Entstehung des Jets - rechts [6]

Das MIS ist aufgrund der Fähigkeit zur Herstellung von sowohl artgleichen als auch artfremden Metallverbindungen und der extrem kurzen Prozesszeiten der Größenordnung von *20 μs* für die industriellen Fertigungsprozesse, insbesondere im Bereich des Leichtbaus, sehr gefragt. Die Prozesstemperatur liegt weit unter der Schmelztemperatur der Fügepartner, wodurch eine temperaturbedingte Änderung der Gefügestruktur vermieden wird und die mechanischen Eigenschaften der jeweiligen Verbindungspartner erhalten bleiben [2]. Dank dieser Eigenschaften kann mit Hilfe von Magnetimpulsschweißtechnologie eine qualitativ hochwertige Schweißverbindung von anspruchsvollen artfremden Materialkombinationen wie z. B. Aluminiumlegierung *EN AW 6016* mit einem Dualphasenstahl *DP 800* hergestellt werden, wodurch das Verfahren insbesondere für Automobilindustrie prädestiniert ist.

Nicht zuletzt zeichnet sich das Magnetimpulsschweißen positiv hinsichtlich der Wirtschaftlichkeit aus, da aufgrund extrem kurzer Prozesszeiten die Realisierung hoher Taktzeiten in einem industriellen Einsatz möglich ist.

3. Definition der kritischen Unregelmäßigkeiten

Im Vergleich zu den konventionellen Schweißverfahren ist das Magnetimpulsschweißen noch relativ jung. Es existieren keine gesetzlichen Vorschriften oder Normen mit deren Hilfe die Qualität der Flacherzeugnisse einheitlich beurteilt werden kann. Erschwerend kommt noch die Stoßart hinzu, die bei Magnetimpulsschweißen aufgrund des physikalischen Wirkprinzips zwangsweise vorausgesetzt wird. Die Bleche können nur im Überlappstoß miteinander verbunden werden, sodass die Sichtprüfung der Fügeverbindung nach dem Schweißvorgang erheblich erschwert wird.

Eine umfangreiche Aufzählung und Beschreibung von geometrischen Unregelmäßigkeiten an metallischen Werkstoffen, die bei verschiedenen Schweißprozessen auftreten können wurden von der Internationalen Organisation für Normung erarbeitet und als *DIN EN ISO 6520* veröffentlicht. Dabei wird in Teil 1 und 2 zwischen den Schmelz- und Pressschweißverfahren unterschieden. Bei einer Verschweißung mit Hilfe der Magnetimpulstechnologie fehlt die von außen zugeführte Wärme als Prozessparameter. Die Flyerdeformation und die Zunahme seiner kinetischen Energie erfolgt unmittelbar durch den verursachten magnetischen Druck. Aus diesem Grund wurden verfahrensspezifischen Unregelmäßigkeiten bei dem MIS-Vorgang in Anlehnung an *DIN EN ISO 6520 - 2* in Form eines Fehlerkataloges zusammengefasst. Zur Charakterisierung der Imperfektionen wurde die Schweißnahtgeometrie analysiert, auftretende Schweißnahtunregelmäßigkeiten nach Norm katalogisiert und relevante Schnitteben für die metallografische Untersuchungen definiert. Für die Einbringung der Unregelmäßigkeiten wurden sowohl die Prozessparameter wie Entladeenergie (E) und die Größe des Beschleunigungsabstands (d) variiert als auch unterschiedliche Materialkombinationen betrachtet (siehe Abb. 3).

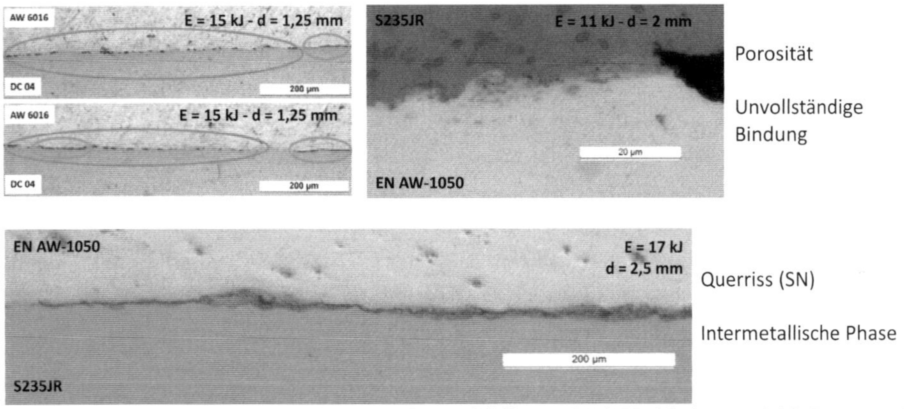

Abb. 3. Darstellung verschiedener Querschliffe von MIS-Verbindungen (niO-Parameter)

Der erarbeitete Fehlerkatalog besteht aus vier Spalten, in den folgende Angaben notiert werden. Zunächst wird die Art der Unregelmäßigkeit durch die Zuordnung zu einer der sechs Hauptgruppen sowie der Vergabe einer unverkennbaren alphanumerischen Bezeichnung eindeutig definiert. Es folgt eine schematische Darstellung der Lage von beschriebenen Imperfektion bezüglich der Schweißnahtfläche in zwei Schnittebenen. Abschließend wird eine Abbildung der untersuchten Querschliffprobe mit der hergestellten Unregelmäßigkeit gezeigt. Ein Ausschnitt aus dem in Anlehnung an die *DIN EN ISO 6520 - 2* erarbeiteten Fehlerkatalog ist in Abb. 4 dargestellt.

Gruppe	Benennung / Nummer (Beispiel)	Darstellung / Schnittebenen		Beispiel
		B-B	A-A	
P2 – Hohlräume	Kugelförmiger Gaseinschluss (P2011)	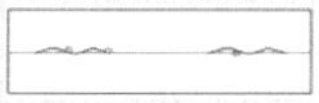	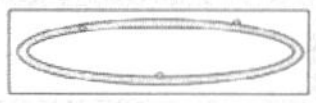	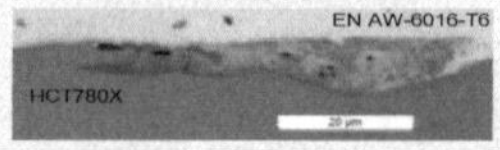
	Gleichmäßige Porosität (P2012)	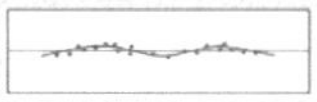		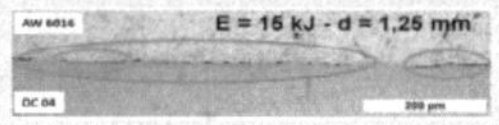
	Porennest (P2013)		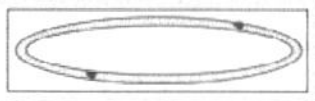	
	Schlauchpore (P2016)	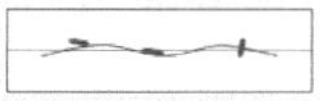	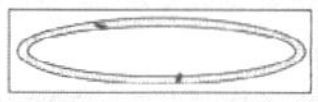	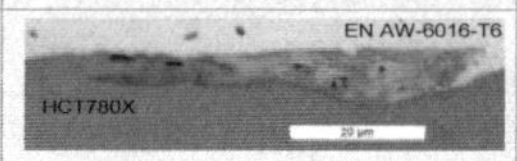

Abb. 4. Auszug aus dem erarbeiteten Fehlerkatalog für die Magnetimpulsschweißtechnologie

Der erarbeitete Fehlerkatalog bündelt die anhand zahlreicher Untersuchungen gesammelte Erfahrung von Fachleuten auf dem Gebiet der Magnetimpulstechnologie und soll bei der Anwendung des Schweißverfahrens als Richtlinie zur Beurteilung der Qualität einer MIS-Verbindung dienen.

4. Verbindungsqualität und Visualisierung der Fügefläche

Die Magnetimpulstechnologie weist aufgrund seiner Vorteile ein hohes Potenzial auf. Das Sicherstellen einer fehlerfreien Verbindung kann durch die Wahl geeigneter Prozessparameter gewährleistet werden. Die Überprüfung erfolgt laut Stand der Technik nur auf zerstörende weise, z. B. durch Scherzugprüfung. Ein großer Nachteil des Verfahrens hinsichtlich der Qualitätssicherung ist der enorm hohe zeitliche Aufwand bei empirischer Feststellung des Prozessfensters für die zu verschweißende Materialkombination und Wandstärke der Fügepartner aufgrund starker Abhängigkeit einzelner Prozessparameter.

Im Rahmen dieser Arbeit wurde die Eignung der induktionsangeregten Thermografie zur Fehlerdetektion bei magnetimpulsgeschweißten Verbindungen untersucht. Durch die Verwendung eines zerstörungsfreien Prüfverfahrens zur Beurteilung der Verbindungsqualität kann der Nachteil der Magnetimpulstechnologie ausgeglichen werden. Zum Erreichen einer hohen Reproduzierbarkeit wurde zunächst eine geeignete Probengeometrie gewählt und ein Prüfstand für die Thermografieuntersuchungen entwickelt (siehe Abb. 5).

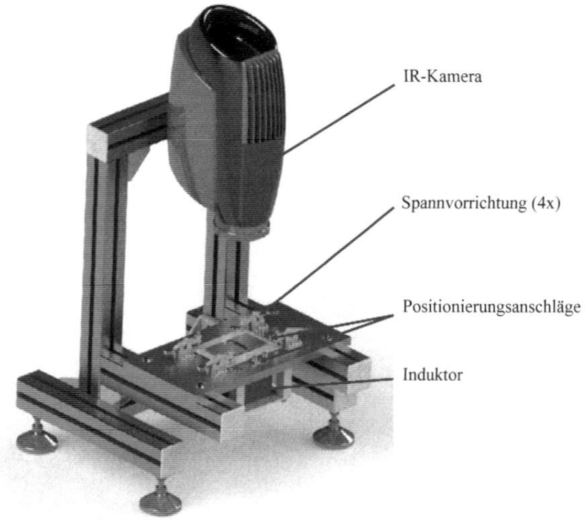

Abb. 5. Thermografieprüfstand mit IR-Kamera, Induktor, Prüfkörper und Spannvorrichtung

Die am Fachgebiet tff der Universität Kassel eingesetzte Standardprobengeometrie für die MIS-Untersuchungen wurde für das Durchführen der Scherzugprüfung ausgewählt. Aufgrund des auftretenden Edgeeffektes bei der induktiven Erwärmung des Targets wurde für die Versuchsdurchführung an dem Thermografieprüfstand die Breite des Targets gegenüber der Standardgeometrie verdoppelt. Zum Erhöhen der Positioniergenauigkeit der MIS-Proben wurden 90° versetzt zwei Anschläge eingebaut, eine Spannvorrichtung aus vier Kniehebeln sichert den Versuchskörper gegen unbeabsichtigte Bewegung während der Untersuchung. Mit Hilfe des Prüfstands kann eine hohe Reproduzierbeikeit bei der Thermografieuntersuchung erreicht werden.

In Anlehnung an den erstellten Fehlerkatalog wurden die kritischen Unregelmäßigkeiten, wie Oberflächenbeschädigungen, Verunreinigungen mit Öl und Fett oder auch Einfluss abweichender Schweißprozessparameter, die bei einer industriellen Anwendung vorkommen können, ausgewählt und Methoden zu deren reproduzierbaren Einbringung erarbeitet. Nach einer Messstudie zur Findung optimaler Anregungsparameter für die Thermografieuntersuchung wurden die hergestellten Proben auf dem Prüfstand analysiert.

Mit Hilfe der induktionsangeregten Thermografie konnten anhand der Phasendarstellung durch die Gegenüberstellung mit einer Referenzprobe alle eingebrachten Unregelmäßigkeiten eindeutig identifiziert werden. Die Phasenverläufe der untersuchten künstlich erzeugten Imperfektionen weisen unverkennbare Merkmale auf. Die Ergebnisse der Thermografieauswertung wurden anschließend nach der zerstörenden Prüfung durch die makroskopischen Aufnahmen der Schweißnahtgeometriehen dazugehörender Proben validiert. Einige Beispiele der Phasenauswertung sind in Abb. 6 vorgestellt.

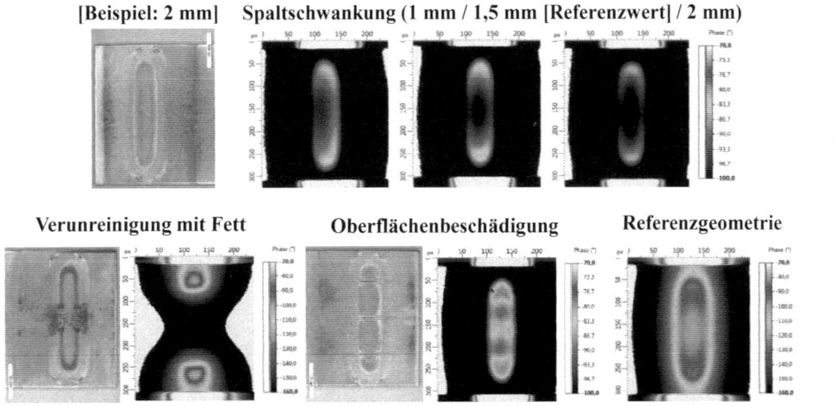

Abb. 6. Auswertung und Validierung der eingebrachten Unregelmäßigkeiten mittels induktionsangeregter Puls-Phasen-Thermografie

Mit Hilfe der aktiven Thermografie kann somit eine Unterscheidung zwischen fehlerfreien und fehlerbehafteten Proben getroffen werden, wodurch ihre Eignung als zerstörungsfreie Prüfverfahren für eine *100%*-Kontrolle beim MIS möglich ist. Doch wo sind die Grenzen des Verfahrens? Im Rahmen dieser Arbeit wurde die Methodik ausgearbeitet, mit deren Hilfe mittels induktionsangeregten Thermografie eine Aussage über die Festigkeit der Schweißverbindung getroffen werden kann. Anhand der Variation von Entladeenergie der MIS-Anlage bei der Probenherstellung mit anschließender Durchführung von Scherzugprüfung wurde als erstes die Korrelation der maximal ertragbaren Zugkraft und der wirksamen Fügefläche der Schweißverbindung nachgewiesen (siehe Abb. 7). Zur Beurteilung der Abhängigkeit dieser Größen wurde der Korrelationskoeffizient nach Pearson hinzugezogen. Entsprechend dem Wert von *0,93* kann von einem starken linearen

Zusammenhang zwischen der Scherzugkraft und der Fügefläche bei einer magnetimpulsgeschweißten Verbindung gesprochen werden.

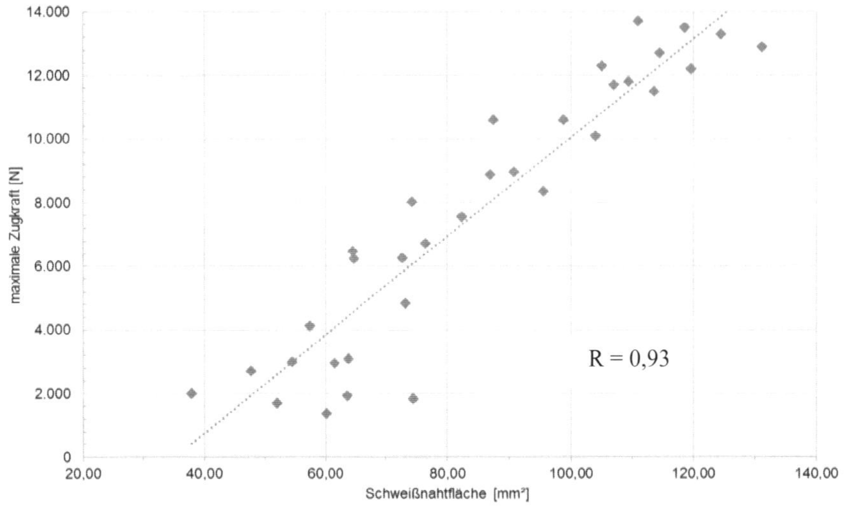

Abb. 7. Korrelationsdiagramm der Schweißnahtfläche und der ertragbaren Zugkraft beim Magnetimpulsschweißen (EN AW 6016 / DP 800)

Ist ein Zusammenhang zwischen der ertragbaren Belastung einer Schweißverbindung und der Fügefläche nachgewiesen, so kann über das Ermitteln der Schweißfläche die Quantifizierung der Verbindungsfestigkeit vorgenommen werden. Im Fachgebiet tff der Universität Kassel konnte bestätigt werden, dass die wirksame Schweißnahtfläche einer magnetimpulsgeschweißten Verbindung in Folge der Induktionserwärmung des Targets mit Hilfe einer IR-Kamera flyerseitig visualisiert werden kann. Die Transmissionsanordnung ermöglicht die zeitabhängige Betrachtung und Aufnahme der Wärmetransportvorgänge zwischen den Fügepartnern. Ein Beispiel des Wärmedurchgangs durch die Schweißverbindung ist in Abb. 8 dargestellt.

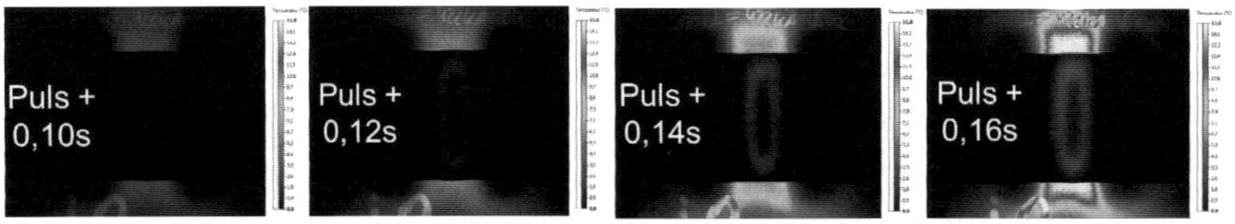

Abb. 8. Thermografieaufnahme des Wärmetransports durch die Schweißnaht einer MIS-Verbindung

Durch eine Abstimmung der Anregungsparameter für die Induktionserwärmung, der Aufnahmefrequenz der IR-Kamera und die Auswahl der Skalierung des Thermogramms, welche anhand der Validierung mit den unter dem Makroskop erfassten Schweißnahtflächen erfolgt, konnte die Fügefläche mit Hilfe der Thermografie quantifiziert werden. Zur Erhöhung der Reproduzierbarkeit bei Flächenbestimmung wurden Algorithmen entwickelt, die sowohl bei der Auswertung von Thermografie- als auch von Makroskopieaufnahmen unter Verwendung von Methoden der Bildverarbeitung die Schweißnahtfläche automatisch bestimmen können. Hierdurch wird der Einfluss durch subjektive Wahrnehmung eines Menschen bei der Auswertung eliminiert.

Grundlegende Abläufe bei der automatisierten Flächenanalyse der Thermografie- und der Makroskopieaufnahmen sind ähnlich. Als erstes wird die Originaldarstellung auf den relevanten Bereich, die sogenannte Region Of Interest, eingegrenzt. Folgend wird die Darstellung in ein Grauwertbild umgewandelt. Das Umwandeln der Abbildung in eine

Grauwertdarstellung ermöglich mit Hilfe der Schwellwertverfahren die automatische Erkennung der Schweißnahtgeometrie. Die Berechnung der Schweißnahtfläche erfolgt nach der Binarisierung des Bildes, hierbei wird die in der Ausgangsdarstellung klar erkennbare Flyerbreite als geometrische Referenz verwendet. In Abb. 9 ist die erörterte Vorgehensweise schematisch dargestellt.

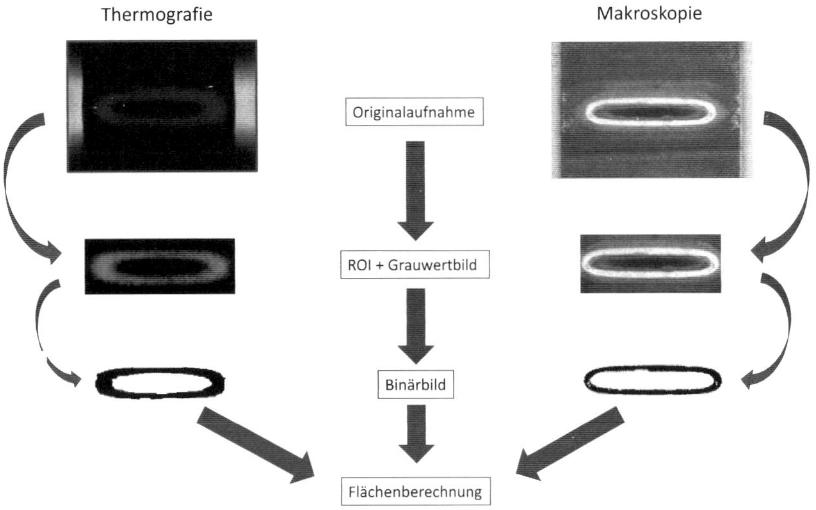

Abb. 9. Ablauf der automatisierten Flächenberechnung

Die aktive Thermografie weist ein großes Potential in Bezug auf die Realisierung einer *100%*-igen Qualitätssicherung bei magnetimpulsgeschweißten Verbindungen auf. Aufgrund der benötigten kurzen Prüfzeiten - *0,1 s* Pulsdauer mit anschließender *0,15 s* Messzeit zur Detektion der Schweißnahtfläche - ist das zerstörungsfreie Prüfverfahren für die Integration in eine Produktionslinie geeignet. Mit Hilfe von Kantendetektionsmethoden können Höhen- und Breitenverhältnisse der Schweißfläche quantifiziert werden (siehe Abb. 10) und nach der Definition bestimmter Fehlermerkmale, beispielsweise unsymmetrische Ausprägung der Ellipse, zahlreiche Unregelmäßigkeiten automatisch erkannt werden.

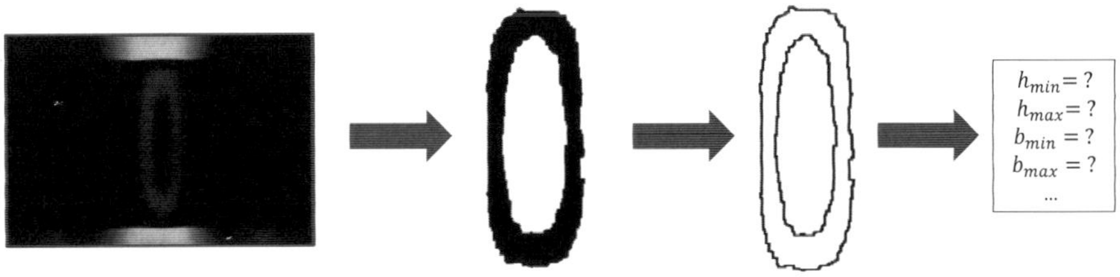

Abb. 10. Automatisierungspotential durch die Methoden der Bildverarbeitung

5. Zusammenfassung

Im Rahmen dieser Arbeit wurde die Eignung der induktionsangeregten Thermografie als ein zerstörungsfreies Prüfverfahren für die durch Magnetimpulstechnologie geschweißten Fügeverbindungen untersucht. Hierzu wurden die kritischen Unregelmäßigkeiten definiert, geeignete Probengeometrie festgelegt sowie ein Prüfstand entwickelt und die Funktionalität des Prüfsystems nachgewiesen.

Der erarbeitete Fehlerkatalog vereint die Erfahrung von Fachleuten und kann dem Anwender unabhängig von der Prüfmethode als Richtlinie zu Beurteilung der Qualität von Magnetimpulsschweißungen dienen. Anhand der hergestellten Proben konnte gezeigt werden, dass mit Hilfe der Puls-Phasen-Thermografie eine eindeutige Unterscheidung zwischen fehlerfreien und fehlerbehafteten Fügeverbindung getroffen werden kann.

Die Korrelation der wirksamen Schweißnahtfläche und der maximal ertragbaren Zugkraft beim Magnetimpulsschweißen wurde durch zerstörende Prüfung gezeigt. Die Fügefläche konnte erstmals mit Hilfe der aktiven Thermografie visualisiert werden, wodurch eine Aussage über die Belastbarkeit der MIS-Verbindung möglich ist. Die durchgeführten Untersuchungen zeigen enormes Potential für die Verwendung der Thermografie in Kombination mit der innovativen Magnetimpulstechnologie auf.

Danksagung

Das IGF-Vorhaben Nr. 19214 N / FOSTA P 1092 der Forschungsvereinigung Stahlanwendung e.V. (Fosta), Sohnstraße 65, 40237 Düsseldorf, wurde über die AiF im Rahmen des Programms zur Förderung der industriellen Gemeinschaftsforschung (IGF) vom Bundesministerium für Wirtschaft und Energie aufgrund eines Beschlusses des Deutschen Bundestages gefördert. Für diese Förderung sei gedankt. Weiterhin gilt unser Dank dem projektbegleitenden Ausschuss für die konstruktive Unterstützung während der Projektbearbeitung und den Projektpartnern.

Referenzen

[1] Kapil, A.; Sharma, A.: Magnetic Pulse Welding: An efficient and environmentally friendly multi-material joining technique. In: Journal of Cleaner Production (2015)

[2] Raoelison, R. N.; Buiron, N.; Rachik, M.; Haye, D.; Franz, G.; Habak, M.: Study of the elaboration of a practical weldability window in magnetic pulse welding. In: Journal of Materials Processing Technology (2013), Nr. 8, S. 1348–1354

[3] Lysenko, D. N.; Ermolaev, V. V.; Dudin, A. A.: Method of pressure welding: Patent US 3520049 (1970)

[4] Rebensdorf, A.; Kümper, S.; Grünwald, W.; Böhm, S.: Einsatz der Magnetimpulstechnologie (MPT) zum Fügen von hochfesten Stahl-Aluminium-Verbindungen im Dünnblechbereich. In: DVS-Congress. Leipzig (2016)

[5] Crossland, B.: Explosive welding of metals and its application. Oxford: Clarendon, 1982

[6] Rebensdorf, A.; Böhm S.; Fehlbier, M.: Charakterisierung der Verbindungseigenschaften beim Magnetimpulsschweißen unter Berücksichtigung kinematischer und physikalischer Prozessgrößen. Aachen : Shaker, 2017

[7] Watanabe, M.; Kumai, S.; Hagimoto, G.; Zhang, Q.; Nakayama, K.: Interfacial Microstructure of Aluminum/Metallic Glass Lap Joints Fabricated by Magnetic Pulse Welding. In: Materials Transactions 50 (2009), Nr. 6, S. 1279–1285

Induktionsthermografie als Werkzeug zur automatisierten Bauteilprüfung in Laserschweißprozessen

Christian SRAJBR [1]
[1] edevis GmbH, Stuttgart
Kontakt E-Mail: christian.srajbr@edevis.de

Kurzfassung. Laserschweißprozesse werden heute in einer Vielzahl von Fertigungsprozessen von Komponenten in der Automobilindustrie eingesetzt. Da diese Prozesse in der Regel vollautomatisiert implementiert werden, müssen auch geeignete automatisierbare Qualitätsüberwachungswerkzeuge zur Verfügung stehen, um auftretende Fehlstellen (Risse, Löcher, Poren, Durchschweißungsfehler) in den Laserschweißverbindungen rechtzeitig und im Serientakt zu detektieren.

Die Induktionsthermografie bietet sich hierfür an, da diese innerhalb kürzester Prüfzeiten hohe Fehlerkontraste erzeugt und somit geringe Anforderungen an die Bildaufnahme und -Verarbeitung stellt. Es können somit relativ einfache IR-Kameras und robuste Algorithmen zur selbstständigen Fehlererkennung genutzt werden. Zusammen mit der zuverlässigen und verschleißfreien Induktionstechnik ergeben sich industrietaugliche Prüfsysteme die sich vollständig in die Fertigungskette integrieren lassen.

Präsentiert werden die generellen Möglichkeiten und Grenzen der Prüftechnik sowie aktuelle Umsetzungen im Fertigungsumfeld der Automobilindustrie.

1. Einführung

Laserschweißprozesse sind aus heutigen Fertigungsprozessen der Automobilindustrie, aber auch anderen Industriebranchen, nicht mehr wegzudenken. Mit diesem Schweißprozess ist es möglich auch dünnwandige Metallbauteile schnell, hochfest und mit geringen bzw. sehr lokalen Materialveränderungen zu verbinden. Durch den hohen Automatisierungsgrad und den geringen Platzbedarf, können diese Schweißprozesse direkt in effiziente und vollautomatisierte Fertigungsstraßen integriert werden. Der hohe Automatisierungsgrad bringt jedoch auch Risiken für den Fertigungsprozess mit. Schwankungen der Prozessgrößen und/oder der Halbzeugqualität lassen sich nur sehr schwer vollumfänglich abstellen bzw. überwachen. So können zum Beispiel Abweichungen der Laserstrahlgüte (z. B. durch verschmutzte Schutzäser), Fügespaltabweichungen (durch Formtoleranzen der Halbzeuge) oder Beschichtungsdickenabweichungen (z. B. Zinkbeschichtungen) die Schweißverbindungsqualität stark beeinflussen.

Neben Methoden der Prozessüberwachung kommen daher bei kritischen Bauteilen in der Regel zusätzlich Sichtkontrollen und auch stichprobenhafte zerstörende Prüfungen (Meißeltest oder Schliffbilder) zum Einsatz. Diese durch Prüfwerker ausgeführten Kontrollen sind jedoch mit hohem Zeit- und Kostenaufwand verbunden und müssen im Zuge der stetig geforderten Rationalisierungen für eine Steigerung der Produktivität durch automatisierbare Prozesse ersetzt werden. Ein Prüfverfahren zur Qualitätssicherung von Laserschweißprozessen sollte in der Lage sein, sämtliche fertigungsrelevanten Fehlstellen zu detektieren, vergleichbare Prüfgeschwindigkeiten (normiert über die Nahtlänge) zum Laservorschub haben, unempfindlich gegen äußere Störgrößen sein und möglichst zeitnah im Anschluss an den Fügeprozess prüfen zu können.

Ein vielversprechender Ansatz zur Lösung der Aufgabe ist die Verwendung der aktiven Thermografie mit induktiver Anregung. Neben der berührungslosen Wirkungsweise ist die robuste Fehlererkennung auch bei unebenen Oberflächen für die Anwendung besonders hilfreich. In Forschungsarbeiten wurde die grundsätzliche Eignung der Technik zur Detektion von Oberflächenrissen und inneren Fehlstellen von Laserschweißnähten nachgewiesen [1], [3]. Eine steigende Zahl von industriellen Anwendungen belegt darüber hinaus das große Potential und die technische Reife dieser Technologie.

In den nachfolgenden Abschnitten werden die Funktionsweise der beiden Varianten der Induktionsthermografie – der Rissmethode und der Wärmeflussmethode – erläutert sowie deren Möglichkeiten anhand konkreter Umsetzungen der Prüfung von Laserschweißverbindungen beschrieben.

2. Fehlstellen von Laserschweißverbindungen

Laserstrahlschweißprozesse werden in der modernen Fertigung vollständig automatisiert durchgeführt. Die Halbzeuge werden durch Spannzeuge fixiert und in Steppnähten oder durchgängigen Nähten durch den Laserstrahl geschweißt. [7]

Das relevante Maß für die Belastbarkeit und somit der Qualität einer Laserschweißnaht ist der Anbindungsquerschnitt der Schweißnaht [8].

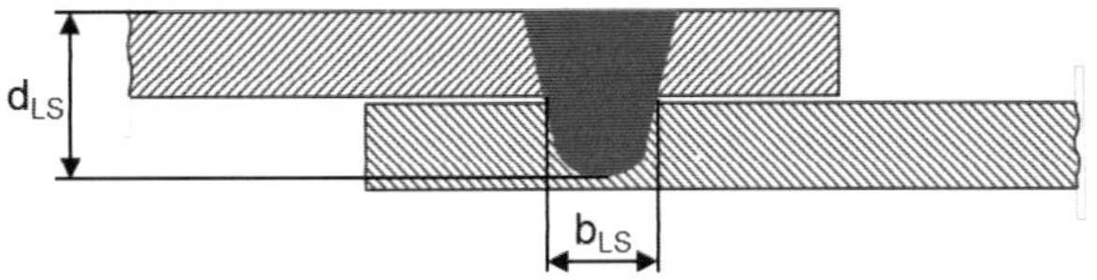

b_{LS} Anbindungsquerschnitt
d_{LS} Schweißtiefe

Abb. 1: Geometrische Kenngrößen einer Laserstrahlschweißverbindung

Die Ausbildung des Anbindungsquerschnitts ist abhängig von der lokal in die Halbzeuge eingebrachten Energie. Ist die eingebrachte Energie zu niedrig, resultiert dies in einer zu geringen Einschweißtiefe und einem zu geringen Anbindungsquerschnitt bzw. im Extremfall zu keiner Anbindung zwischen den Blechen. Gründe für eine Abweichung der eingebrachten Energie in einem automatisierten Fertigungsprozess können eine Änderung des Absorptionsverhaltens des Werkstoffs durch Variationen der Werkstoffoberfläche (Oxidation, Beschichtungen, Verunreinigungen), Verschmutzung der Schutzgläser der Laseroptik oder auch eine toleranzbedingte Änderung des Abstands des Laserfokus zur Bauteiloberfläche sein. [7]

Weiterhin ist die Verbindung von der Positionierung der Bleche zueinander abhängig, da beim Laserstrahlschweißen kein Zusatzwerkstoff verwendet wird. Zu große Abstände zwischen den Blechen resultieren in einem Nahteinfall oder einem Wurzelrückfall, da das aufgeschmolzene Werkstoffvolumen nicht ausreicht, um den Spalt zu füllen und ggf. ein Teil der Schmelze zwischen die Bleche läuft. Besonders kritisch ist der Extremfall, die sog. „falschen Freunde". Dabei verbinden sich die beiden Schmelzen von Ober- und Unterblech nicht, oberflächlich liegt jedoch eine scheinbar intakte Naht vor. Somit sind diese Fehlstellen visuell nicht detektierbar. Auch Verunreinigung zwischen den Blechen oder Oberflächenbeschichtungen der Halbzeuge können zu einem fehlerhaften Schweißprozess führen. Die Verunreinigungen oder Beschichtungswerkstoffe können in Ausgasungen (z. B.

verdampfendes Zink) resultieren, die durch die Verbindungen nicht abgeführt werden können. Das Resultat sind Löcher durch Schmelzbadauswürfe in der Schweißnaht. Darüber hinaus können Poren und Heißrisse durch ungünstige Prozessbedingungen entstehen. [9], [10] Abbildung 2 fasst die möglichen Fehler von Laserstrahlschweißverbindungen zusammen.

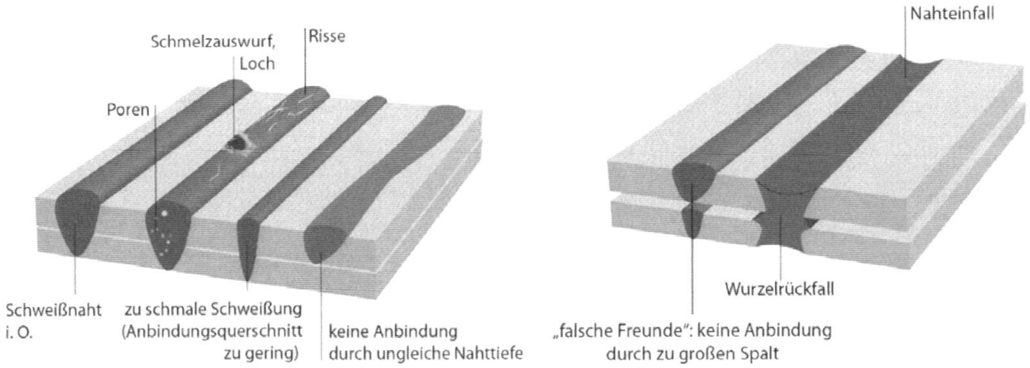

Abb. 2: Fehlerarten von Laserstrahlschweißnähten nach [11]

In autotomatisierten Prozessen sind diese Fehler nicht vollumfänglich zu vermeiden und z. T. nur in Sichtkontrollen und zerstörenden Prüfungen zu bestimmen.

Für ein automatisiertes Prüfverfahren stellen sich dabei zwei gegensätzliche Aufgaben, die Detektion von Fehlern in der Verbindungsebene (Anbindungsquerschnitt) und von oberflächlichen bzw. oberflächennahen Fehlstellen (Risse, Poren, Löcher). Die Induktionsthermografie bietet für beide Anforderungsprofile eine Lösung. Die Detektion von inneren Fehlern kann mit der Wärmeflussmethode erreicht werden, die Detektion von oberflächennahen Fehlern mit der Induktions-Rissmethode.

3. Induktions-Wärmeflussthermografie

Die Induktions-Wärmeflussthermografie wird zur Detektion von inneren Fehlern bei Laserschweißverbindungen in Stahlbauteilen eingesetzt und soll nachfolgend beschrieben werden.

2.1 Funktionsprinzip der Induktions-Wärmeflussthermografie

Die Funktionsweise der Wärmeflussthermografie basiert auf einer gezielten – meist impuls- oder sinusförmigen – Erwärmung des Prüfbereichs, die dem Prüfkörper einen instationären Wärmetransport aufprägt. Inhomogenitäten oder Fehlstellen des Prüfobjekts stören den Wärmefluss und erzeugen somit kurzeitig auftretende Temperaturunterschiede an der Oberfläche, die mit einer Infrarotkamera aufgezeichnet und bezüglich deren Stärke bzw. transienten Eigenschaften bewertet werden. Die Einbringung der Anregungsenergie kann dabei durch unterschiedlichste Erwärmungsmechanismen erfolgen. Es werden Anregungsquellen mit optischer (Halogen-, Blitzleuchten, Laser), konvektiver (Heiß-/Kaltluft) oder, wie hier beschrieben, elektrischer (Induktion, Konduktion) Wirkungsweise verwendet. [4], [5], [6]

In Abbildung 3 sind der prinzipielle Aufbau der Prüfung und das Prinzip der Fehlerdetektion mit Induktions-Wärmeflussthermografie dargestellt.

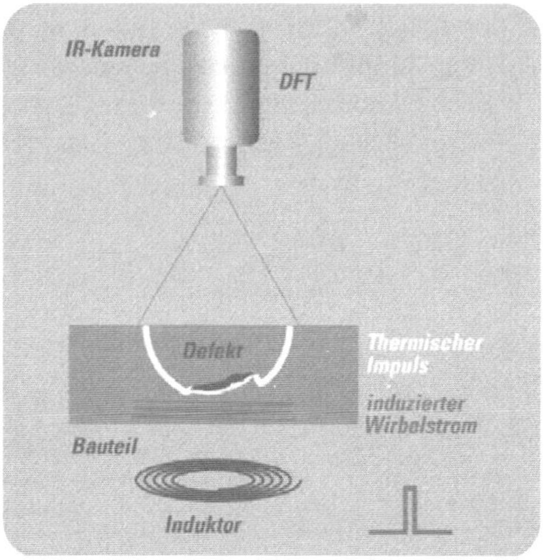

Abb. 3: Prinzip der Fehlerdetektion mit Induktions-Wärmeflussthermografie

Mithilfe eines Induktors wird im Prüfbereich gezielt ein Wirbelstrompuls in eines der (metallischen) Fügeteile induziert, der dieses aufgrund von elektrischen Verlusten bzw. Ummagnetisierungsverlusten (bei ferromagnetischen Werkstoffen) erwärmt. Die lokale Erwärmung prägt dem Prüfbereich einen konduktiven Wärmetransport auf, der durch Bereiche mit hohen thermischen Impedanzen (Grenzflächen) oder thermisch isolierenden Eigenschaften (Leerräume) gestört wird. Mit der Infrarotkamera wird das Temperaturfeld der Oberfläche visualisiert und aufgezeichnet. Störungen im Wärmetransport können in diesen Aufnahmen als transiente Temperaturunterschiede zu Bereichen eines ungestörten Wärmetransports unterschieden werden. Die Auswertung erfolgt anhand einer frequenzabhängigen Amplituden- oder Phasendarstellung, die durch eine pixelweise durchgeführte diskrete Fouriertransformation (DFT) der Aufnahmesequenzen erzeugt wird.

2.2 Prüfung von Laserschweißverbindungen mit der Induktions-Wärmeflussthermografie

Die Induktions-Wärmeflussthermografie ist besonders gut geeignet, den tatsächlichen Anbindungsquerschnitt – oder im Extremfall das Fehlen der Verbindung – zu bestimmen. Genutzt wird dabei zumeist die Transmissionsanordnung. Entsprechend wird der Prüfbereich der Naht rückseitig erwärmt und die lokale Erwärmung des vorderseitigen Fügeteils bewertet. Die Ausprägung der Erwärmung der Vorderseite steht in einem direkten Zusammenhang mit dem vorhandenen Anbindungsquerschnitt der Naht. Nur durch diesen kann der Wärmefluss überhaupt gelangen, nicht verbundene Bereiche sind durch Luftspalte getrennt und damit thermisch isolierend [12]. Abb. 4 verdeutlicht das Funktionsprinzip anhand einer Prinzipskizze.

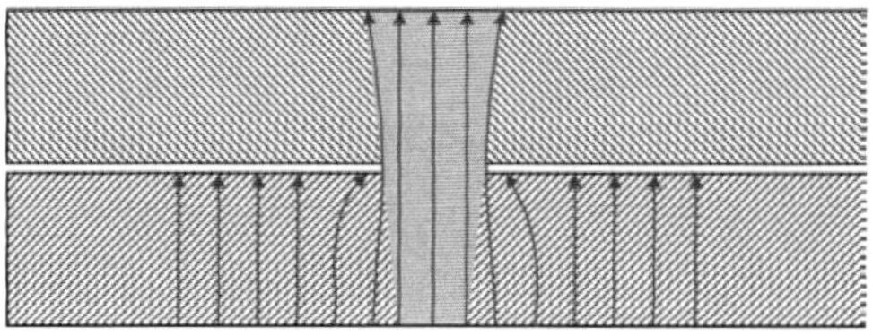

Abb. 4: Bestimmung des Anbindungsquerschnitts von Laserschweißverbindungen

Mit der Induktions-Wärmeflussthermografie lassen sich zudem auch Nahtauswürfe detektieren. Diese resultieren lokal in einer verringerte thermischen Dicke, was wiederum einen direkten Einfluss auf die transiente Oberflächentemperatur hat. Die Erwärmung findet hier entsprechend zu einem früheren Zeitpunkt als im Bereich der einwandfreien Naht statt.

Abbildung 5 zeigt die Ergebnisse der Prüfung von fehlerhaften Laserschweißnähten einer Überlappverbindung zweier Stahlbleche der Dicke t_B=0,75 mm im Vergleich zu einer fehlerfreien Verbindung. Erkennbar ist, dass neben den visuell an der Probenoberfläche sichtbaren Fehlstellen, hier am Beispiel eines partiellen Schmelzbadauswurfs dargestellt, auch die verborgenen Abweichungen des Anbindungsquerschnitts zu einer einwandfreien Verbindung detektierbar sind. So sind die „falschen Freunde", bei denen keine innere Verbindung vorhanden ist, in den thermografischen Aufnahmen aufgrund des nicht vorhandenen Wärmeflusses zwischen den Blechen mit einem hohen Kontrast von einer fehlerfreien Verbindung unterscheidbar.

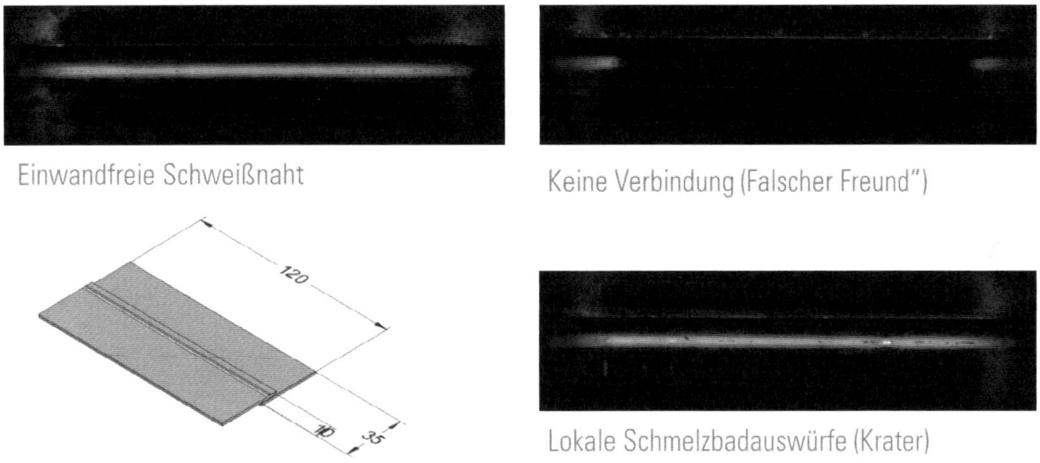

Abb. 5: Ergebnis der Prüfung von Laserschweißverbindungen mit Induktions-Wärmeflussthermografie

Auch weitere relevante Anforderungen an ein Prüfverfahren für Laserschweißverbindungen werden erfüllt. Die Prüfgeschwindigkeit liegt im beschriebenen Fall bei einer halben Sekunde für die gesamte Naht der Länge von 100 mm. Die Prüfung kann innerhalb von wenigen Sekunden nach dem Schweißprozess durchgeführt werden (sobald das Bauteil in einem stabilen Abkühlstadium ist) und Störungen durch äußere Einflüsse, Oberflächenveränderungen oder kleinere Bauteil- oder Positionierungstoleranzen beeinträchtigen die Ergebnisse nicht.

4. Induktions-Rissthermografie

Die Induktionsrissthermografie eignet sich hingegen besonders zur Detektion von Oberflächennahen Fehlstellen von Laserschweißverbindungen.

4.1 Funktionsprinzip der Induktions-Rissthermografie

Für die Detektion von Fehlern in Laserschweißnähten mittels Induktions-Rissthermografie tritt das in die Bauteiloberfläche eingebrachte Wirbelstromfeld mit dem Defekt in eine direkte Wechselwirkung. Im Idealfall erwärmt sich hierbei nur die Umgebung der Defekte (z. B. Rissspitzen und Porenränder). Umgebende, unbeschädigte Bereiche erwärmen sich deutlich weniger bzw. überhaupt nicht. Es handelt sich somit um eine defektselektive Wirkungsweise. In Abbildung 6 sind der prinzipielle Aufbau der Prüfung und das Prinzip der Fehlerdetektion mit Induktions-Rissthermografie dargestellt.

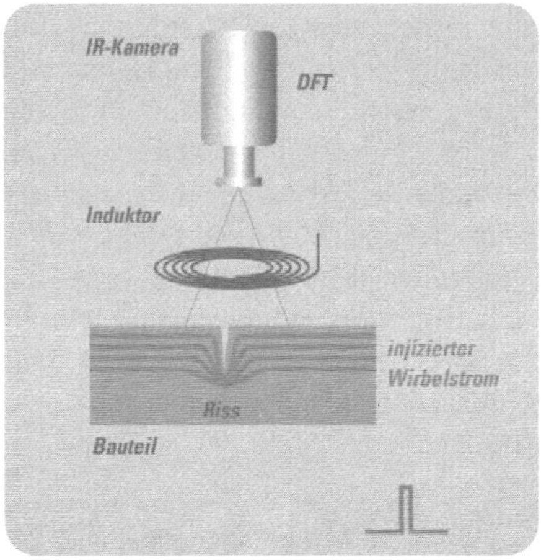

Abb. 6: Prinzip der Fehlerdetektion mit Induktions-Rissthermografie

Die Wirbelströme werden durch einen geeigneten Induktor, der ein Sichtfeld für die Kamera bietet, in Reflektionsanordnung in die Prüfteiloberfläche eingebracht. Risse und Poren verändern die lokale Wirbelstromverteilung und nehmen somit direkten Einfluss auf die resultierende Erwärmung. Während sich die Bereiche um die Defekte mit einer Einengung der Wirbelströme und somit erhöhten Stromdichte aufgrund von elektrischen Verlusten effektiv erwärmen, bleiben die unbeschädigten Bereiche nahezu unbeeinflusst. Diese Unterschiede in der Erwärmung (bzw. deren zeitlichen Verlauf) werden mit der Infrarotkamera visualisiert. [1], [2] In Abb. 7 wird dieses Verhalten anhand exemplarischer Bereiche der Bauteiloberfläche, der Rissspitzen bzw. im intakten Bereich, dargestellt.

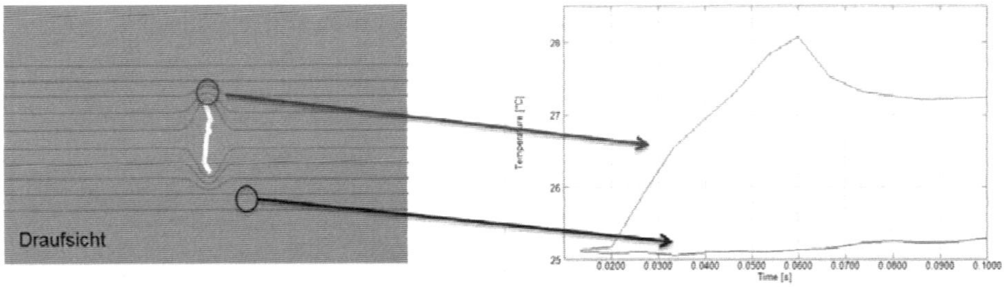

Abb. 7: Zusammenhang von Wirbelstromdichte und lokalem Temperaturverlauf der Oberfläche

Die Induktions-Rissthermografie ist bei Stahlwerkstoffen auf die Detektion von oberflächennahen Fehlstellen beschränkt, da die Eindringtiefe der Wirbelströme durch eine der eingebrachten Wirbelströme entgegenwirkende Selbstinduktion begrenzt wird. Dieser Effekt wird als Skin-Effekt, die daraus resultierende maximale Eindringtiefe der Wirbelströme als Skintiefe bezeichnet. Diese liegt abhängig vom genutzten Frequenzspektrum und von den magnetischen Eigenschaften des geprüften Metalls zwischen δ_S= 0,1…1 mm. [2]

Bei der Induktions-Rissthermografie erfolgt die Auswertung ebenfalls anhand einer frequenzabhängigen Amplituden- oder Phasendarstellung, die durch eine pixelweise durchgeführte diskrete Fouriertransformation (DFT) der Aufnahmesequenz erzeugt wird.

4.2 Prüfung von Laserschweißverbindungen mit der Induktions-Rissthermografie

Die Induktions-Rissthermografie wird zur Detektion von Rissen, Schmelzbadauswürfen bzw. Löchern und oberflächennahen Poren in Laserschweißverbindungen genutzt. Da die Prüfung in Reflektionsanordnung durchgeführt wird, spielt die Bauteildicke und die

Schweißverbindungsstoßart keine Rolle. Es können somit auch thermisch dicke Bauteile und Stumpfstoßschweißverbindungen problemlos geprüft werden.

Auch für die Induktions-Rissthermografie soll das Potential der Methode anhand von Prüfergebnissen verdeutlicht werden. Abbildung 8 zeigt verschiedene Ergebnisse der Induktionsthermografie an Laserschweißnähten mit Oberflächenfehlern. Die lokalen Poren, Löcher und Risse lassen sich mit einem guten Kontrast von der einwandfreien Schweißnaht unterscheiden. Eine Bildverarbeitung zur automatisierten Detektion der Fehler kann dann Referenzergebnisse der einwandfreien Schweißnähte zu Grunde legen und die fehlerhaften Bereiche selektieren bzw. detektieren.

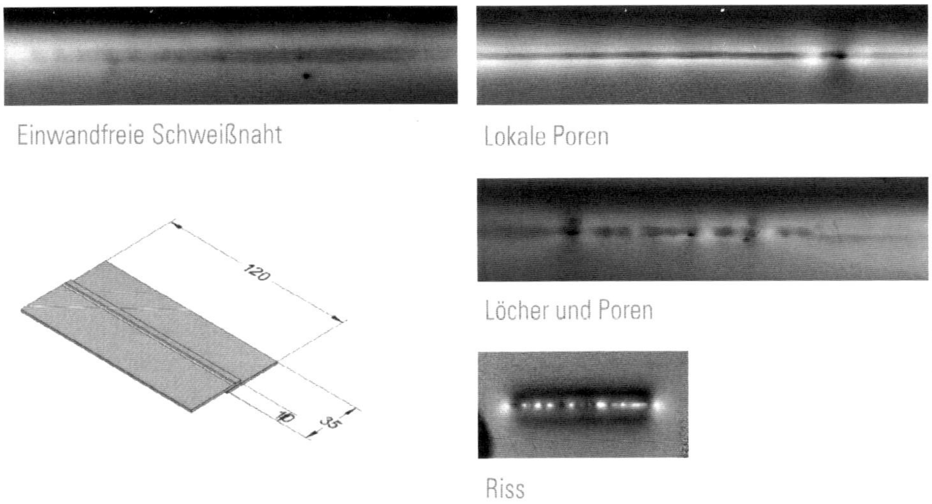

Abb. 8: Ergebnis der Prüfung von Laserschweißverbindungen mit Induktions-Rissthermografie

Mit der Induktions-Rissthermografe lassen sich in Laserschweißnähten zudem auch Fehler nachweisen, die direkt unter der Oberfläche liegen. Genutzt wird dies insbesondere für die Detektion von oberflächennahen, aber nicht zur Oberfläche geöffneten Poren. Hier wird das Wirbelstromfeld durch die Poren so stark an der Oberfläche verdichtet, dass sich über den Poren rissähnliche Signale ausbilden.

Die Dauer der Prüfung liegt deutlich unter der der Induktions-Wärmeflussmethode, da Oberflächeneffekte genutzt werden und die Abhängigkeit von einem erfolgten Wärmefluss nicht gegeben ist. Die Aufnahmedauer liegt in der Regel unter 0,2 s pro Prüfschritt, entsprechend werden DFT-Frequenzen oberhalb von 5 Hz gewählt. Die Prüfbereiche liegen in Abhängigkeit der zu detektierenden Fehlergrößen zwischen 10 mm und 50 mm pro Prüfschritt. Auch bei dieser Methode können laserschweißtypische Oberflächenvariationen (Verzunderungen, Schlacke usw.) gut von relevanten Schweißnahtfehlern unterschieden werden. Die Fehlerdetektion ist ebenfalls nahezu unabhängig von der Bauteiltemperatur.

5. Umsetzung der Prüfung

Die Applikation der Prüfung in industriellen Anwendungen erfolgt typischerweise direkt im Anschluss an den Laserschweißvorgang, also vollautomatisiert als Einhundertprozent-Kontrolle und direkt im laufenden Fertigungsprozess des jeweiligen Bauteils. Insbesondere bei Laserschweißnähten an Automobil-Karosserien werden hingegen nur stichprobenhafte Prüfungen an systematisch ausgewählten Schweißverbindungen durchgeführt. Dies geschieht dann in der Regel in einem Audit-Prozess händisch durch einen Prüfwerker. Für beide Varianten können mit der verwendeten Methode Lösungen gefunden werden.

5.1 Möglichkeiten der Prüfanordnung

Abhängig des zu prüfenden Bauteils (insbesondere der Zugänglichkeit der Laserschweißnaht für den Induktor) und anderen Randbedingungen muss eine geeignete Prüfanordnung gewählt werden. Während für die Rissmethode zur Detektion von Oberflächenfehlern grundsätzlich die Reflektionsanordnung genutzt wird, gibt es bei der Wärmeflussmethode verschiedene Möglichkeiten der Schweißverbindung den zur Bewertung notwendigen Wärmefluss aufzuprägen, siehe Abbildung 9.

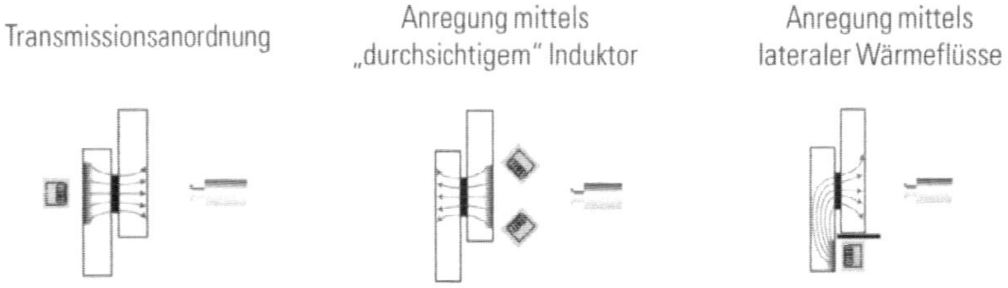

Abb. 9: Prüfanordungen der Induktionsthermografie

Ist eine rückseitige Zugänglichkeit für den Induktor gegeben, wird bevorzugt die Transmissionsanordnung gewählt. Durch die rückseitige Erwärmung der Schweißnaht und der Beobachtung des sich erwärmenden Bereichs durch die IR-Kamera ergibt sich ein außerordentlich robuster Prüfvorgang. Bei einer Erwärmung der Naht durch einen effizienten Induktor, dessen Erwärmbereich für die Kamera sichtbar ist, lassen sich jedoch auch mit der Bewertung des abfließenden Wärmeflusses in der Reflektionsanordnung gute Prüfergebnisse erzielen. Die hierbei ausreichende einseitigen Zugänglichkeit ist bei einigen Bauteilen eine notwendige Voraussetzung für die Umsetzung der Prüfung. In einigen Fällen wird mit einer einseitigen Zugänglichkeit auch eine hybride Wirkweise genutzt. Dabei erhält man trotz der eingeschränkten Zugänglichkeit einen vergleichbaren Prüfvorgang zu der Transmissionsanordnung. Hierfür muss das rückseitige Blech auf der Vorderseite für den Induktor zugänglich sein (z. B. bei einer Überlappverbindung) und dann der Schweißung der Wärmefluss mittels lateraler Wärmeflüsse entlang des Blechs aufgeprägt werden.

5.2 Induktionsthermografische Prüflösungen für Laserschweißnähte

Die induktionsthermografische Prüfung von Laserschweißnähten hat in den letzten Jahren einen zunehmenden Marktanteil in der Fertigung von Automobilkomponenten erlangt. Dabei lassen sich zwei Gruppen von Prüfsystemen unterschieden: Die Prüfung von Komponenten aus der Motorenperipherie und dem Karosseriebau von Fahrzeugen. Während erstere Gruppe aufgrund der hohen Sicherheitsrelevanz in der Regel einer Hundertprozent-Kontrolle unterzogen wird, findet man im Karosseriebau eher Strichproben-Prüfungen zur Stützung der bei der Schweißung eingesetzten Prozesskontrollen.

Die Prüfung der sicherheitsrelevanten Schweißnähte geschieht direkt im Fertigungsprozess in einer dem Schweißprozess nachgelagerten Prüfstation. Die Bauteile werden dort automatisiert eingefördert, zur Prüfung positioniert und nach erfolgter Prüfung automatisiert bewertet. Induktor und gekühlte IR-Kamera sind statisch im Prüfaufbau integriert. Die Prüfung der Bauteile findet im Serientakt statt, Taktzeiten liegen häufig deutlich unter 10 s für ein einzelnes Bauteil.

Für die Prüfung der qualitätsrelevanten Schweißnähte im Karosseriebereich kommen hingegen vermehrt manuelle Prüfungen in speziellen Audit-Plätzen mit automatisierter Bewertung der Schweißnähte zum Einsatz. Die ungekühlte Kamera und Induktor werden in Prüfköpfe integriert und stellen somit ein mobiles Prüfgerät dar, das durch den Prüfwerker von Schweißnaht zu Schweißnaht positioniert wird. Die automatisierte Bewertung wird durch die visuelle Bewertung des Prüfwerkers gestützt. Trotz ebenfalls geringen Prüfzeiten (unter 1 Sekunde) sind jedoch die Gesamttaktzeiten der Prüfung eher nicht relevant.

6. Zusammenfassung und Ausblick

Die Induktionsthermografie bietet sich als Prüflösung für eine Qualitätsbewertung von Laserschweißungen an, da relevante Fehlstellen mit einer hohen Prüfzuverlässigkeit detektiert werden können. Zudem lassen sich die metallischen Fügepartner mit einem hohen Wirkungsgrad erwärmen. Die Wirkweise ist lokal begrenzt und berührungslos. Es ergibt sich ein robuster Prüfprozess, der sowohl zur Detektion von Oberflächen- als auch von innenliegenden Fehlern von Laserschweißverbindungen genutzt werden kann.

Die Prüfung kann im Produktionsumfeld bei zweiseitiger aber auch einseitiger Zugänglichkeit der Schweißnaht umgesetzt werden und erreicht dabei Prüfzeiten von deutlich unter einer Sekunde pro Schweißnaht. In Kombination mit der vorhanden Anlagentechnik können Prüfsysteme für vollautomatisierte Prozesse und auch für auf Prüfwerker basierende Prüfvorgänge entwickelt werden. In beiden Fällen wird die Bewertung der Ergebnisse durch eine zuverlässige Bildverarbeitung umgesetzt.

7. Referenzen

[1] Walle, G. ; Valeske, B. ; Netzelmann, U.; et al: Eine thermische Prüftechnik zur Oberflächenrissprüfung leitfähiger Materialien. In: *MP Materials Testing,* Bd. 51 (2009) Heft 9; S. 293-602

[2] Norm DIN 51843 Februar 2018. Zerstörungsfreie Prüfung –Thermografische Prüfung – Induktiv angeregte Thermografie

[3] Šrajbr, C.: *Zerstörungsfreie Prüfung von Fügeverbindungen mit Induktions-Puls-Phasen-Thermografie.* Forschungsberichte des Instituts für Füge- und Schweißtechnik, Bd. 34, Aachen : Shaker, 2014. – ISBN 978-3-8440-3023-5

[4] Maldague, X. P. ; Moore, O.: *Infrared and Thermal Testing-Volume 3: Nondestructive Testing Handbook.* 3. Aufl. Columbus, Ohio : American Society for Nondestructive Testing, 2001. – ISBN 1-571-17044-8

[5] Busse, G.: *Optoacoustic phase angle measurement for probing a metal.* In: Applied Phys. Lett., Bd. 35 (1979) Heft 10, S. 759-760

[6] Wu, D.: *Lockin-Thermografie für die zerstörungsfreie Werkstoffprüfung und Werkstoffcharakterisierung.* Diss., Stuttgart, Fakultät für Verfahrenstechnik, 1996

[7] Dilthey, U.: *Schweißtechnische Fertigungsverfahren 1, Schweiß- und Schneidtechnologien.* 3. Aufl. Berlin : Springer, 2006. – ISBN 3-540-21673-1

[8] Merkblatt DVS 3210. *Prüfverfahren zur Qualitätssicherung von Elektronen- und Laserstrahlschweißnähten.* Düsseldorf: 2007

[9] Merkblatt DVS 3214. *Unregelmäßigkeiten an Laserstrahlschweißnähten – Ursachen und Abhilfemaßnahmen.* Düsseldorf: 2009

[10] Rodil, S. S. ; Perán, J. R. et. al.: *Laser welding defects detection in automotive industry based on radiation and spectroscopical measurements.* In: International Journal of Advanced Manufacturing Technology, Bd. 49 (2010) Heft 1-4, S. 133-145

[11] TRUMPF Laser- und Systemtechnik GmbH (Hrsg.): *Werkzeug Laser. Ein Lichtstrahl erobert die industrielle Fertigung.* Würzburg : Vogel, 2006. – ISBN 978-3-8343-3052-9

[12] Kröger, T.: Hundertprozentiger Qualitätsnachweis – Zerstörungsfreie Schweißnahtprüfung mit aktiver Thermografie; In: *Der Praktiker* 2/2010; S. 62 – 63

Aktive Thermografie als In-Prozessüberwachungsmethode für Selektives Laserstrahlschmelzen

Fabian HERZER [1], Johannes SCHILP [1]
[1] Fraunhofer IGCV, Augsburg
Kontakt E-Mail: fabian.herzer@igcv.fraunhofer.de

Kurzfassung. Das pulverbettbasierte Laserstrahlschmelzverfahren (L-PBF) hat sich im Bereich der industriellen Fertigung von Metallteilen zu einer der zuverlässigsten und verbreitetsten additiven Fertigungstechnologie entwickelt. Große Herausforderungen bestehen dennoch nach wie vor in den Bereichen Ausschussreduktion, Produktivitätssteigerung und Zertifizierung bzw. Qualifizierung des Prozesses. Für eine Bewältigung dieser Hürden werden Prozessüberwachungssysteme benötigt, welche bereits während des Prozesses die erforderliche Bauteilqualität sicherstellen können. Thermografie wird hierfür im kommerziellen Bereich noch gar nicht und im Forschungsstadium in passiver Form eingesetzt. Gegenstand der Überprüfung sind dabei die geometrische und thermische Charakterisierung des Wärmeeinflussbereichs des Schmelzbades, sowie die Erfassung des Temperaturverlaufs bzw. des Wärmehaushaltes der Schicht bei der Verfestigung. Die aktive Thermografie wird hingegen noch nicht betrachtet. Nachfolgend wird daher dargestellt, an welchen Stellen der aktive Ansatz im Bereich der Mono- bzw. Multimaterialverarbeitung mittels Laserstrahlschmelzen die Sicherstellung der erforderlichen Bauteilqualität bereits während des Prozesses unterstützen kann.

Einführung

Additive Fertigungsverfahren werden aufgrund vielfältiger spezifischer Vorteile für ein breites Spektrum an Anwendungsfällen eingesetzt. Unter anderem lassen sich durch optimierte Konstruktion oder durch neue Möglichkeiten in der Supply Chain, sowie der Reparatur Vorteile gegenüber konventionellen Fertigungsverfahren erzielen. [1,2] Auf Grund der anhaltenden Weiterentwicklung der einzelnen Verfahren und dem gewachsenen Verständnis, in welchen Bereichen diese Technologie einen Mehrwert bietet, konnte die additive Fertigungsindustrie in den letzten Jahren eine durchschnittliche Wachstumsrate von knapp 25 % erzielen [3].

Trotz dieser positiven Entwicklungen ist der Schritt zur Serienreife im Bereich der metallbasierten Verfahren noch nicht erreicht. Zu den großen noch zu bewältigenden Herausforderungen zählen unter anderem die hohen Betriebskosten, die niedrige Produktivität, zu hohe Ausschussraten, sowie die Zertifizierung und die dafür notwendigen Fortschritte im Bereich der Qualitätssicherung. [1,4] Insbesondere die letzten beiden Punkte stellen eine große Hürde für die Einführung der additiven Fertigung dar. Stark regulierte Branchen, wie beispielsweise die Luft- und Raumfahrtindustrie oder die Medizintechnik, haben hohe Anforderungen an die zu erzielenden Fehlerniveaus, Materialeigenschaften, sowie deren Nachweisbarkeit. Additive Fertigungsverfahren können die gestellten Anforderungen in vielen Bereichen schon erfüllen. Es mangelt allerdings an der Reproduzierbarkeit der geforderten Bauteileigenschaften sowie an der Nachweisbarkeit aufgrund unzureichender Datenverfügbarkeit. [3]

Um die erforderliche Qualität während des tatsächlichen Bauprozesses sicherstellen zu können, ist eine Überwachung der Teilprozessschritte, sowie der Anlagenparameter notwendig. Zurzeit am Markt verfügbare Systeme der Anlagenhersteller kontrollieren in der Regel den Beschichtungsprozess [5-7] oder erfassen die Emissionen, die während des Schmelzprozesses entstehen [8-10]. Prozessüberwachungsmodule für die Schmelzbadüberwachung beschränken sich aktuell jedoch hauptsächlich auf die Sammlung von Daten. Eine Verknüpfung der erfassten Emissionen mit resultierenden Bauteileigenschaften wird dabei noch nicht vorgenommen [11]. Folglich können anhand der ausgegebenen Berichte keine direkten Aussagen über die Bauteilqualität getroffen werden. Des Weiteren beschränken sich die erfassten Informationen auf die in diesem Moment aufgeschmolzene Schicht. Aufgrund der Aufschmelztiefe von ca. drei bis fünf Schichten, können entstandene Ungänzen durch den Fertigungsprozess selbst wieder ausgeheilt werden [12]. Eine Kontrolle, ob sich an Stellen mit Prozessabweichungen nach Fertigstellung des Bauteils noch Ungänzen befinden, kann bisher lediglich durch aufwendige und teure CT-Scans erfolgen.

Aus diesen genannten Gründen ist es notwendig, Prozessüberwachungsmethoden zu entwickeln, die bereits während des Bauprozesses Aussagen über die Qualität der verfestigten Schichten ermöglichen. Im Umfeld der zerstörungsfreien Prüfung wird die aktive Thermografie bereits in anderen Bereichen zur Untersuchung von Bauteilen auf innenliegende Ungänzen eingesetzt. Sie bietet daher ein großes Potenzial zur Bewältigung dieser Prüfaufgabe, wird allerdings aktuell noch nicht als in-situ Prüfverfahren eingesetzt.

Neben diesen bekannten Herausforderungen im Bereich der Monomaterialverarbeitung, entstehen durch die Erweiterung der in einem Prozess verarbeitbaren Materialien, neue Anforderungen an die Prozessüberwachung. Am Fraunhofer IGCV wurde durch einen entwickelten Prozessschritt ermöglicht, 3-D-Multimaterialbauteile aus den Werkstoffen Kupfer-Chrom-Zirkonium und Werkzeugstahl 1.2709 herzustellen [13]. Somit müssen Pulverbettüberwachungssysteme sowohl die bereits bei der Monomaterialverarbeitung auftretenden Beschichtungsfehler wie Rillen, Wellen oder unzureichende Pulverzufuhr detektieren [14] als auch Materialien voneinander unterscheiden können. Auch für diese bestehenden sowie erweiterten Anforderungen an die Pulverbettüberwachung besitzt die aktive Thermografie großes Potenzial.

Dieser Beitrag beschreibt die grundsätzliche Vorgehensweise zur Ergründung dieser Potenziale zur Detektion innenliegender Ungänzen in additiv gefertigten Bauteilen sowie der Pulverbettüberwachung im Kontext der Multimaterialverarbeitung.

Alle Arbeiten wurden im Forschungsprojekt MULTISURV durchgeführt, welches sich im Rahmen des vom Bundesministerium für Wirtschaft und Energie (StMWi) geförderten Multimaterialzentrum Augsburgs, mit Methoden der Prozessüberwachung bei der Multimaterialverarbeitung befasst.

1. Detektion lokaler Ungänzen in verfestigten Schichten

1.1 Prüfkonzept und Testkörper

Bevor die aktive Thermografie zur Qualitätskontrolle der bereits verfestigten Schichten in eine Laserstrahlschmelzanlage integriert werden kann, müssen ex-situ Versuche zur Erfassung der Randbedingungen durchgeführt werden. Anhand der Ergebnisse erfolgt im nächsten Schritt die Auslegung der einzelnen Komponenten des Gesamtsystems.

Für die Erfassung der Randbedingungen und zum Nachweis der Detektierbarkeit relevanter Ungänzengrößen ist ein additiv gefertigter Testkörper erforderlich, welcher Ungänzen in definierten Größen und Tiefenlagen aufweist. Dies wurde durch zylinderförmige Strukturen mit Durchmessern von 1,0 bis 0,45 mm realisiert, die mit ein bis fünf darüber aufgebauten Schichten bei einer Schichtdicke von 40 µm verschlossen wurden (s. Abbildung 1).

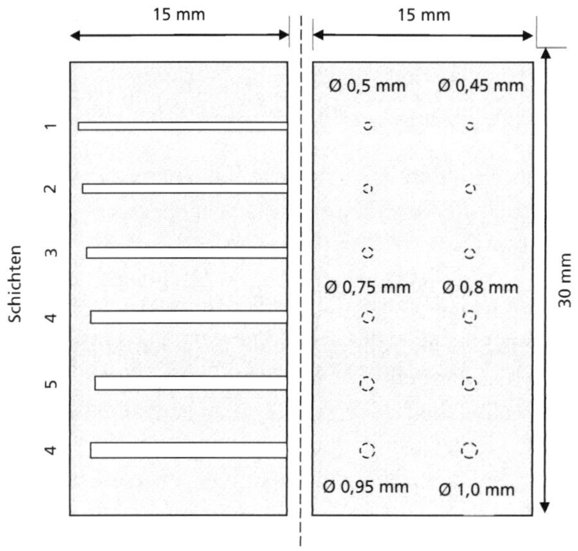

Abb. 1. Schematische Darstellung des Testkörpers (Seitenansicht nicht maßstabsgetreu). Oben: Anzahl der verfestigten Schichten über den Ungänzen. Unten: Durchmesser der zylinderförmigen Ungänzen.

Der dargestellte Probenkörper wurde in zweifacher Ausführung aus Edelstahl (316L, 1.4404) unter Verwendung von Standardparametern mittels Laserstrahlschmelzen hergestellt. Um eine Verfälschung der Ergebnisse durch prozessbedingte innenliegende Ungänzen ausschließen zu können, wurde ein CT-Scan mit einer Auflösung von 12 µm an einem Testkörper durchgeführt und die Defektfreiheit festgestellt.

1.2 Anregung mittels Blitzlicht

Aufgrund des schichtweisen Aufbaus bei üblichen Schichtdicken von 20 bis 100 µm stellt das Laserstrahlschmelzen einen zeitintensiven Fertigungsprozess dar. Gleichzeitig erfolgen die Teilprozessschritte Pulveraufbringung, Belichtung des zu verfestigenden Pulvers und das Absenken der Bauplattform innerhalb weniger Sekunden. Dementsprechend eignen sich für diese Prüfaufgabe Anregungsquellen, welche schnell ein- und ausschaltbar sind. Zudem wirkt sich eine flächige Anregung positiv auf die benötigten Prüfzeiten aus. Beide Kriterien werden von einer Blitzlampe als Anregungsquelle erfüllt.

Der eingesetzte Blitzkopf regt einmalig zu einem bestimmten Zeitpunkt an und die Reaktion des Bauteils wird einige Millisekunden aufgezeichnet. Die Impulsdauer beläuft sich auf 10 ms, bei einer maximal möglichen Energieausbringung von 6000 J. Für eine möglichst gleichmäßige Anregung wurde der Blitz senkrecht über dem Testkörper und die Kamera etwas versetzt mit einem Winkel von 60° platziert (s. Abbildung 2).

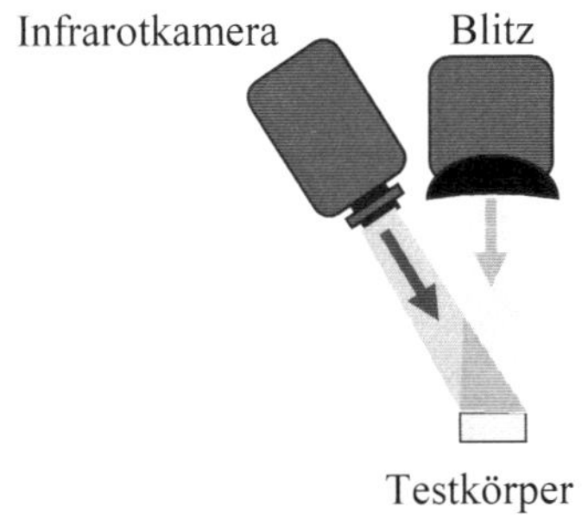

Abb. 2. Schematische Darstellung des Prüfkonzepts (Seitenansicht nicht maßstabsgetreu).

Um höhere Bildwiederholfrequenzen erzielen zu können, wurde die maximale Auflösung (640 x 512 Pixel) der eingesetzten Quantendetektorkamera auf 320 x 256 Pixeln reduziert.

1.3 Ergebnisse der Blitzthermografie

Die Integration zusätzlicher Anregungsquellen in eine Laserstrahlschmelzanlage gestaltet sich aufgrund der kompakten Bauweise schwierig. Die Voruntersuchungen mittels Blitzanregung dienen daher als Referenzverfahren, um die prinzipielle Detektierbarkeit der eingebrachten Ungänzen festzustellen, sowie zur Eingrenzung der Prüfparameter (Auflösung, Bildwiederholrate, Integrationszeit).

In Abbildung 3 ist die Reaktion der eingebrachten Ungänzen mit Durchmessern 0,45 bis 0,9 mm auf die Blitzanregung zum Zeitpunkt 0,46 s zu sehen.

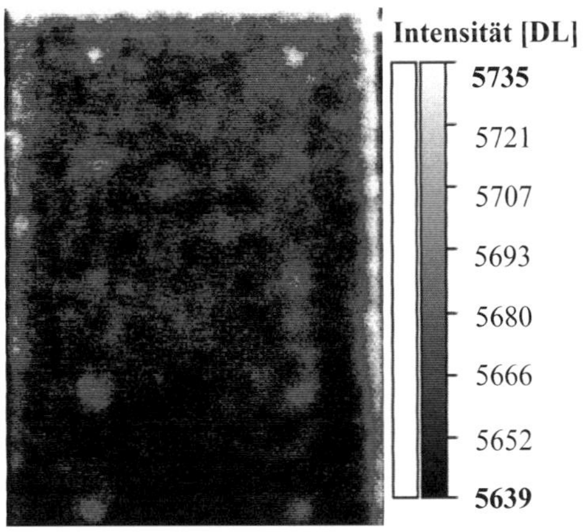

Abb. 3. Reaktion des Testkörpers auf die Blitzanregung (Auflösung 192 x 256 Px, Bildwiederholrate 440 Hz, Integrationszeit 2000 µs)

Die Einheit Digital-Level (DL) stellt dabei die, bezogen auf den maximal erfassbaren Wert der Strahlungsintensität, in einen digitalen Wert umgewandelte vom InSb-Detektor der Kamera erfasste Wärmestrahlung in Form von Photonen dar. Mittels einer hinterlegten

Farbskala wird jedem DL-Wert eine Farbe zugeordnet und die erfasste Wärmestrahlung somit visualisiert.

Anhand der Thermogramme kann festgestellt werden, dass die eingebrachten Ungänzen mittels aktiver Thermografie prinzipiell detektiert werden können. Der Kontrast zwischen Ungänze und fehlerfreiem Material sinkt erwartungsgemäß mit steigender Ungänzentiefe. Des Weiteren ist festzustellen, dass die eingebrachten Strukturen trotz sehr geringer Tiefen erst nach ca. einer halben Sekunde nach der Blitzanregung erkennbar werden und sich das detektierbare Reaktionsverhalten auf einen Zeitraum von 20 ms beschränkt. Grund hierfür könnte der Blitz als Anregungsquelle sein, da sein Nachglühen sich gegebenenfalls mit der Reaktion überlagert und den Zeitraum für die Detektion begrenzt.

1.3 Laserangeregte Thermografie

Um diese These überprüfen zu können und den bereits in einer Laserstrahlschmelzanlage vorhandenen Laser als Anregungsquelle zu testen, wurde ein entsprechendes Prüfszenario entworfen. Dieses sieht vor, den Prüfkörper schnell unter einer projizierten Laserlinie hindurchzuführen und somit ebenfalls für die einzelnen Pixel der Kamera eine pulsförmige Anregung zu realisieren. Durch Nutzung der Infrarotkamera als mehrfache Zeilenkamera (160 x 32 Px) konnte die erfasste Videosequenz mittels einer entsprechenden Verarbeitung in 32 Einzelbilder zerlegt werden. Dazu wurden aus jedem Einzelbild der Sequenz jeweils die Spalten 1 bis 32 entnommen und zu einem Ergebnisbild zusammengeführt. Die Wellenlänge des im Teststand verbauten Lasers (λ = 938 nm) entspricht dabei nicht genau der in L-PBF-Anlagen verbauten Lasern (λ = 1070 nm), lässt aber erste Aussagen über die Anwendbarkeit zu.

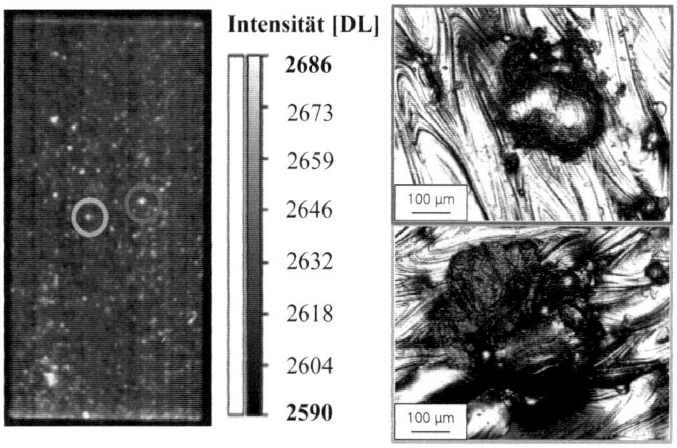

Abb. 4. Links: Thermogramm der laserangeregten Ungänzenprüfung. Rechts: Laser-Scanner-Mikroskopaufnahmen auffälliger Bereiche des Thermogramms

Wie der Abbildung 4 zu entnehmen ist, traten nicht nur an Stellen mit eingebrachten Ungänzen, sondern auch in anderen Bereichen Intensitätsspitzen auf. Die Untersuchung mittels eines Laser-Scanning-Mikroskop brachte hervor, dass sich an diesen Stellen, bedingt durch die gewählten Prozessparameter bzw. der Bauteilanordnung im Bauraum, Auswürfe aus dem Schmelzbad, sogenannte Spratzer, an der Oberfläche abgelagert hatten. Das Reaktionsverhalten der Ungänzen auf die Laseranregung konnte bei diesen Versuchen nicht erfasst werden, da die Laserlinie zu breit aufgeweitet wurde und eine Anregung des Prüfkörpers über alle Zeilen der Kamera erfolgte. Im Rahmen von weiteren Forschungsarbeiten erfolgt derzeit die Modifikation und Optimierung des Setups.

2. Pulverbettüberwachung mittels aktiver Thermografie

Mit der Multimaterialverarbeitung wird die Unterscheidung der eingesetzten Werkstoffe eine neue Anforderung für Systeme zur Pulverbettüberwachung. Im Vergleich zu bereits etablierten Systemen, welche CMOS-Kameras einsetzen, kann die aktive Thermografie neben der Detektion von Kreuzkontaminationen wie Spratzer oder Fremdpartikel, vor allem bei der Pulverunterscheidung sowie bei der Erkennung von Schichtdickenunterschieden aufgrund des unterschiedlichen Emissionsverhaltens einen Mehrwert liefern. Deshalb standen diese beiden Untersuchungsgegenstände im Zentrum der Versuchsreihen.

2.1 Prüfkonzept und Messaufbau

Damit die Eignung der aktiven Thermografie für die Pulverbettüberwachung bei der Multimaterialverarbeitung außerhalb einer Anlage festgestellt werden kann, wurde ein geeigneter Teststand entworfen (s. Abbildung 5). Dieser ermöglicht es, mittels eines Hubtisches eine Bauplattform der Größe 125 x 125 mm manuell in 10 µm-Schritten zu senken. Somit können sowohl unterschiedliche Pulverschichten, als auch Pulverbetttiefen simuliert werden. Die Abstände bzw. Winkel des eingesetzten Blitzes und der verwendeten Infrarot-Kamera zum Pulverbett wurden in Voruntersuchungen variiert, um die erforderliche Anordnung der Systemkomponenten für eine spätere Anlagenintegration zu ergründen. Anhand der Ergebnisse und der räumlichen Gegebenheiten innerhalb der Anlage konnten die in Abbildung 5 dargestellte Anordnung identifiziert werden.

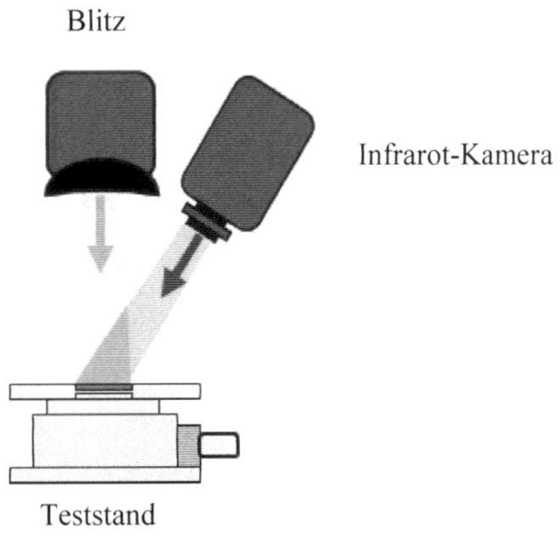

Abb. 5. Pulverteststand mit absenkbarer Bauplatte sowie thermografische Prüfanordnung (Abstand Kamera - Bauplatte = 370 mm, Winkel Kamera – Pulverbett = 65 °, Abstand Anregung – Bauplatte = 320 mm)

Gegenstand der Untersuchung waren neben Rillen und Wellen Schichtdickenunterschiede aufgrund unzureichender Pulverzufuhr, sowie die Pulverunterscheidung bzw. -vermischung bei der Multimaterialverarbeitung. Materialseitig wurden eine Aluminiumlegierung (AlSi10Mg), ein Werkzeugstahl (1.2709), sowie die bereits am IGCV für die Multimaterialbauweise qualifizierte Kombination 1.2709 mit Kupfer-Chrom-Zirkonium-Legierung (CW106C) betrachtet.

2.2 Detektierbare Pulverbettabweichungen

Um eine unzureichende Pulverzufuhr und den daraus resultierenden Schichtdickenunterschied zu simulieren, wurde ein Pulverbett aus mehreren Schichten erzeugt, die Bauplattform in 10 µm-Schritten herabgesenkt und eine nicht ausreichende

Menge an Pulver für die teilweise Bedeckung einer Schicht mittels einer Beschichterklinge aufgebracht. Anschließend erfolgte die großflächige Untersuchung der Bauplatte auf Schichtdickenunterschiede mittels Blitzthermografie.

Im Rahmen der Versuchsreihe wurde im Hinblick auf eine spätere Anlagenintegration die Blitzleistung ausgehend von 6000 J schrittweise verringert, um die minimal notwendige Anregungsleistung zu ergründen. Abbildung 6 zeigt Thermogramme mit unterschiedlichen Abweichungen in den Schichtdicken, sowie verschiedenen Pulverbetttiefen. Hierbei wurde das Pulverbett mit jeweils 3000 J angeregt:

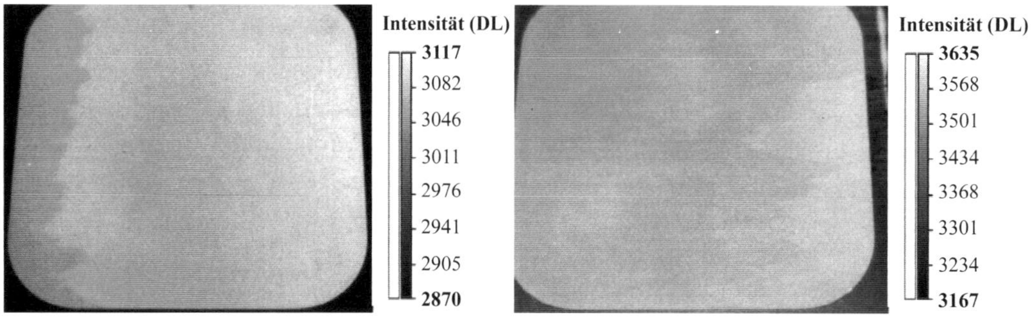

Abb. 6. Schichtdickenunterschiede aufgrund von unzureichender Pulverzufuhr; links: 10 µm-Schichtdickenunterschied bei 300 µm Pulverbetttiefe; rechts: 10 µm-Schichtdickenunterschied bei 1000 µm Pulverbetttiefe

Anhand der Thermogramme lässt sich feststellen, dass bei geringen Pulverbetttiefen Abweichungen der Schichtdicke ab 10 µm detektierbar sind. Mit steigender Pulverbetttiefe werden die Kontraste allerdings schwächer. Dies liegt daran, dass der erzeugte Wärmefluss nicht mehr bis zur Bauplatte vordringen und von dort reflektiert werden kann. Für das Laserstrahlschmelzen stellt die Detektierbarkeit von Schichtdickenabweichungen im freien Pulverbett aber keine Anforderung an ein Überwachungstool dar. Die Überprüfung der Schichtdicke auf bereits verfestigten Schichten und die der zu Beginn des Baujobs aufgerakelten Schichten hingegen kann einen Mehrwert liefern, da so die Bauteilqualität und die korrekte Anbindung an die Bauplatte gewährleistet werden kann.

Für den zweiten Untersuchungsgegenstand, der Materialunterscheidung, wurden der Werkzeugstahl 1.2709 und die Kupferlegierung Kupfer-Chrom-Zirkonium nebeneinander aufgerakelt oder mittels eines feinen Siebes (Maschengröße 50 µm) im Nachgang an die Beschichtung aufgebracht. Die folgenden Abbildungen 7 zeigen entsprechende Thermogramme:

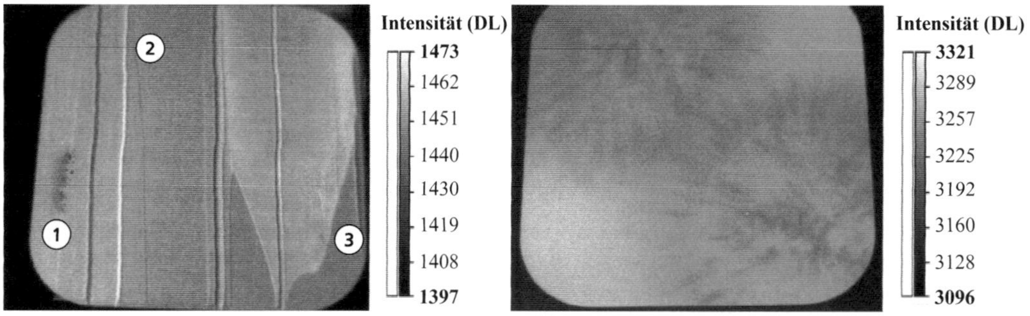

Abb. 7. Pulverunterscheidung mittels aktiver Thermografie; links: auf AlSi10Mg aufgebrachtes CuCrZr (1) und 100 µm 1.7131 (3), sowie nachträglich eingebrachte Rillen in verschiedenen Formen (2); rechts: auf AlSi10Mg mittels Sieb aufgebrachtes CuCrZr

Es ist zu erkennen, dass die Materialien anhand des unterschiedlichen Emissionsverhaltens voneinander unterschieden werden können. Verfahrenstypische Beschichtungsfehler, die durch eine beschädigte Beschichterklinge verursacht werden, können bis zu einer Fehlerbreite von 100 µm erkannt werden.

3. Zusammenfassung und Ausblick

Der vorliegende Beitrag beschreibt Ansätze zur Sicherstellung der erforderlichen Bauteilqualität beim Laserstrahlschmelzen mittels aktiver Thermografie. Die Ergebnisse sowohl im Bereich der Detektion lokaler Ungänzen in verfestigten Schichten, als auch bei der Kontrolle des Pulverbetts bestätigen das vermutete Potenzial in diesen Bereichen.

Eine Integration der Thermografie in eine Anlage ist in beiden Fällen noch nicht erfolgt, soll aber im weiteren Projektverlauf realisiert werden. Hierbei müssen sowohl die ex-situ nicht darstellbaren Einflüsse durch die Anlage selbst, sowie durch den Fertigungsprozess an sich, untersucht werden. Insbesondere bei der Detektion von lokalen Ungänzen muss zudem erfasst werden, welche Fertigungsparameter und die daraus resultierenden Oberflächeneigenschaften eine Anwendbarkeit der aktiven Thermografie zulassen.

Referenzen

[1] Gebhardt, A. (2013), Generative Fertigungsverfahren. Additive Manufacturing und 3D Drucken für Prototyping - Tooling - Produktion. 1. Aufl. s.l.: Carl Hanser Fachbuchverlag.

[2] Lutter-Günther, M., Seidel, C., Reinhart, G., u. Baader, A. (2015). Geschäftsmodelle Für Den Einsatz Der Additiven Fertigung in Der Industriellen Praxis: Vortrag Gehalten Auf Der Rapid.Tech, Fachmesse Und Anwendertagung Für Rapid-Technologie, 10.-11. Juni 2015, Erfurt.

[3] Wohlers T. Wohlers report (2018): 3D Printing and Additive Manufacturing State of the Industry. Annual Worldwide Progress Report, Fort Collins, Wohlers Associates, 2018.

[4] Frost & Sullivan (2018), Metal 3D Printing Revolutionizing Modern Manufacturing. Industrialization of Powder Bed Fusion and Opportunities for Production Applications Drive Growth of Metal Additive Manufacturing, Santa Clara, Frost & Sullivan, 2018.

[5] EOS, EOSTATE Powderbed, https://www.eos.info/de/software/monitoring-software/eostate-powderbed (Abgerufen am 17. März 2019)

[6] Concept, QM Coating, https://www.concept-laser.de/produkte/qualitaetsmanagement.html (Abgerufen am 20. März 2019)

[7] SLM, Layer Control System (LCS), https://www.slm-solutions.com/de/produkte/softwareloesungen/additivequality/ (Abgerufen am 17. März 2019)

[8] EOS, EOSTATE MeltPool https://www.eos.info/de/software/eostate-meltpool-monitoring (Abgerufen am 17. März 2019)

[9] Concept, QM Meltpool 3D, https://www.concept-laser.de/produkte/qualitaetsmanagement.html (Abgerufen am 20. März 2019)

[10] SLM, Melt Pool Monitoring (MPM), https://www.slm-solutions.com/de/produkte/softwareloesungen/additivequality/ (Abgerufen am 17. März 2019)

[11] M. Grasso, B.M. Colosimo, Process defects and in situ monitoring methods in metal powder bed fusion: A review, Meas. Sci. Technol. 28 (2017) 44005

[12] S. Kleszczynski, G. Witt (2018) Einfluss lokaler Fehlstellen auf die statische Festigkeit laserstrahlgeschmolzener Bauteile, DDMC 2018

[13] C. Anstaett, C. Seidel, G. Reinhart (2018). Multi-Material Fabrication of Copper-Chrome-Zirconia and Tool Steel 1.2709 by Powder Bed Based Laser Beam Melting, DDMC 2018

[14] Foster, B., Reutzel, E., Nassar, A., Hall, B., Brown, S. u. Dickman, C.: Optical layerwise monitoring of powder bed fusion, Pennsylvania State University 2015

Einsatz der thermoelastischen Spannungs-analyse zur Detektion von fehlerbedingten Spannungskonzentrationen an Aluminium-knetlegierungen

Christian WOLF [1], Igor KRYUKOV [1], Stefan BÖHM [1]
[1] Universität Kassel, Fachgebiet für Trennende und Fügende Fertigungsverfahren, Kassel
Kontakt E-Mail: c.wolf@uni-kassel.de

Kurzfassung

Während des Fügeprozesses Schweißen können durch fehlerhafte Prozessparameter oder Verunreinigungen der Fügepartner Poren oder Risse in der Fügeverbindung entstehend, was zu Spannungskonzentrationen und damit einhergehend zu einem frühzeitigen Versagen der Bauteil führen kann. Da in einigen Anwendungsbereichen eine 100% Prüfung der Bauteile erforderlich ist, eignet sich die Anwendung der zerstörungsfreien Prüfmethode thermoelastische Spannungsanalyse (TSA), um die Spannungszustände zu ermitteln, die auf Fehlstellen im Bauteil zurückzuführen sind.

Die Thermografie bietet sich hier als optische, zerstörungsfreie Prüfmethode an, da so große Oberflächen schnell auf Fehlstellen geprüft werden können. Unter Anwendung einer zyklischen Belastung ist eine Sichtbarmachung von fehlerbedingten Spannungskonzentrationen durch Erfassen der damit einhergehenden lokalen Temperaturerhöhung möglich. Das Prinzip der TSA beruht auf dem thermoelastischen Effekt. Wird ein elastischer Festkörper durch mechanische Beanspruchung (z. B. zyklische Zug- oder Druckspannung) im reversiblen Bereich belastet, wird die mechanische Energie in thermische Energie umgewandelt. In den Bereichen in denen Fehlstellen vorliegen, treten durch Bündelung der Kraftlinien Spannungskonzentrationen auf, die zu lokalen Temperaturerhöhungen führen.

In diesem Beitrag wird die Eignung der thermoelastischen Spannungsanalyse zur Sichtbarmachung fehlerbedingter Spannungskonzentrationen für Aluminiumknetlegierungen am Beispiel einer EN AW 6082-Legierung untersucht.

Um reproduzierbare Aussagen zu erhalten, wurden Proben mit simulierten Fehlern hergestellt, um die Fehlerarten Poren (simuliert durch Bohrungen) oder Risse (simuliert durch Nuten) nachzubilden. Die eingebrachten Bohrungen wurden hinsichtlich ihres Durchmessers und ihrer Tiefe und die eingebrachten Nuten hinsichtlich ihrer Länge und ihrer Position variiert.

Einsatz der thermoelastischen Spannungsanalyse zur Detektion von fehlerbedingten Spannungs-konzentrationen an Aluminiumknetlegierungen

Christian WOLF[1], Igor KRYUKOV[1], Stefan BÖHM[1]

[1] **Universität Kassel, Fachgebiet Trennende und Fügende Fertigungsverfahren (tff), Kassel**

Motivation:
- Erkennung von Spannungskonzentrationen, die zu einem vorzeitigen Versagen der Bauteile führen können
- Detektion von Fehlstellen (Poren, Risse), die durch fehlerhafte Prozessparameter oder Verunreinigungen der Fügepartner in Schweißverbindungen entstehen

Zielsetzung und Lösungsansatz:
- Prüfung der Eignung der thermoelastischen Spannungsanalyse (TSA) zur Erkennung von Spannungskonzentrationen in Aluminiumknetlegierungen am Beispiel der EN AW-6082
- Simulation von Spannungskonzentrationen durch Einbringen von Fehlstellen in Form von Bohrungen (Poren) bzw. durch Erodieren von Nuten (Risse)

Thermoelastische Spannungsanalyse

- Die thermoelastische Spannungsanalyse nutzt den thermoelastischen Effekt (mechanische Energie wird in thermische Energie umgewandelt)
- Anregung durch mechanische, zyklische Belastung des Prüfkörpers im elastischen Bereich
- An Geometrieänderungen bilden sich Spannungskonzentrationen aus, die zu lokalen Temperaturänderungen führen und mittels Thermografie erfasst werden
- Elastische Dehnung führt zur Temperaturabnahme, elastische Kompression zur Temperaturerhöhung

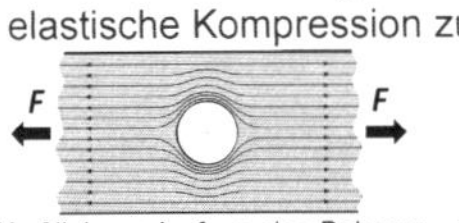

Kraftlinienverlauf um eine Bohrung

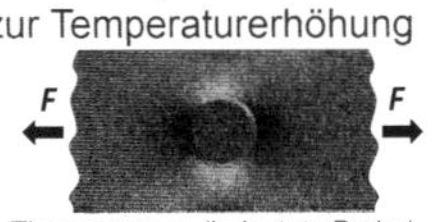

Thermogramm (belastete Probe)

Vorgehensweise und Probenparameter

- Prüfkörper: 220x25x5 mm; Werkstoff: EN AW-6082
- Prüfkörper wurden zur Steigerung des Emissionsgrades Schwarz lackiert
- Simulation Poren: Bohrungen ∅ 2 mm, 6 mm, 10 mm; t = 1 mm, 2 mm, 3 mm, 4 mm, 5 mm
- Simulation Risse: erodierte Nuten 5 mm, 10 mm, 15 mm; einseitig/zweiseitig
- Zug-/Druckprüfmaschine: Schenck Hydropulser 63 kN
- Thermografiekamera: FLIR SC 5600-M

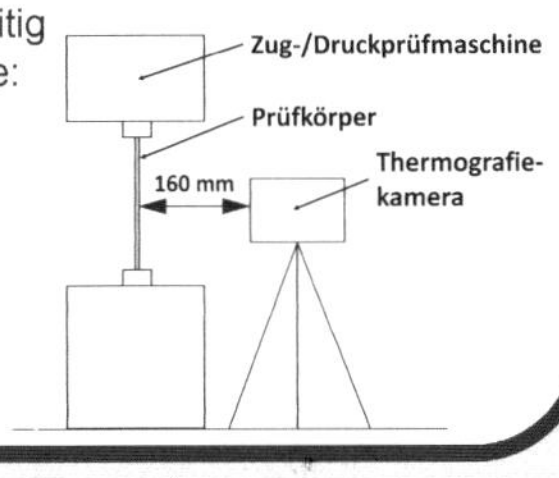

Ergebnisse

Fehlerart Poren:
Durchgangsbohrung: ∅ 10 mm

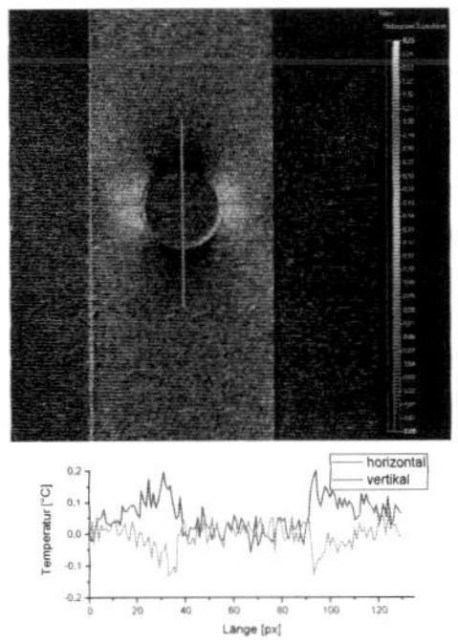

Fehlerart Risse: erodiert;
Tiefe: 10 mm; Breite: 0,3 mm

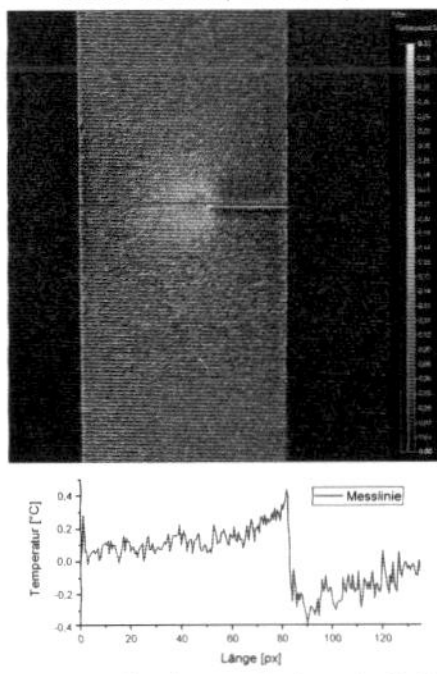

Fehlerart Risse: beidseitig erodiert;
Tiefe: 5 mm; Breite: 0,3 mm

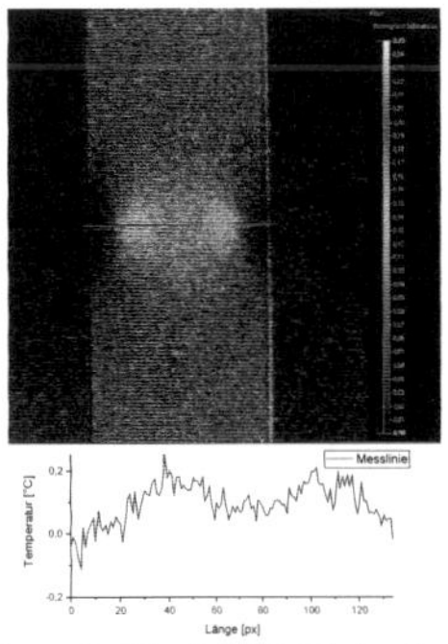

- Die lokalen Temperaturerhöhungen lagen zwischen 0,1 – 0,3 °C (Bohrungen) bzw. 0,15 - 0,5 °C (Nuten)
- Die Größe der Fehlstelle hat einen Einfluss auf die Temperaturdifferenz
- Auf Grund der hohen Wärmeleitfähigkeit von Aluminium nimmt die lokale Temperaturerhöhung sehr schnell ab
- Es konnten verdeckte Fehlstellen mit einer Restwandstärke von bis zu 2 mm erkannt werden

➢ Die thermoelastische Spanungsanalyse eignet sich zur Detektion von fehlerbedingten Spannungskonzentrationen an Aluminiumknetlegierungen

tff FACHGEBIET TRENNENDE UND FÜGENDE FERTIGUNGSVERFAHREN

Kontakt: Christian Wolf M.Sc.
Telefon: +49 561 804 3175 Email: c.wolf@uni-kassel.de

UNIKASSEL VERSITÄT

In-situ Temperaturüberwachung beim Laser-Pulver-Auftragschweißen

Dieter TYRALLA [1], Thomas SEEFELD [1], Claus THOMY [1],
Nils BROCKE [2], Michael SCHNICK [2]
[1] BIAS - Bremer Insitut für angewandte Strahltechnik GmbH, Bremen
[2] Oscar PLT GmbH, Bremen
Kontakt E-Mail: tyralla@bias.de

Kurzfassung. Die laserbasierte Fertigung ist zu einem etablierten Verfahren der Industrie geworden. Dabei hat sich die laserbasierte additive Fertigung (LAM) mittels Laser-Pulver-Auftragschweißen (LPA) durch ihre hohe geometrische Gestaltungsvielfalt als besonders interessant herauskristallisiert. Die Qualität der so produzierten Bauteile hängt dabei stark von den Prozessbedingungen während der Herstellung ab. Insbesondere sind konstante Parameter kein Garant für eine optimale Bauteilqualität. Schon kleinste Abweichungen können sich durch den lagenweisen Aufbau der Bauteile potenzieren. Eine besonders wichtige Quelle für Informationen zu solchen Fehlstellen bildet das Temperaturfeld, welches daher in besonderem Interesse bei der Überwachung solcher Prozesse steht.

In der vorliegenden Arbeit wird eine neuartige 2-Kanal-Pyrometer-Kamera genutzt, die die ortsaufgelöste Temperaturmessung der Prozesszone und eine Einordnung des jeweiligen Prozesszustandes anhand charakteristischer Indikatoren erlaubt. Die Bilder der Kamera wurden mittels LabView-basierter Algorithmik ausgewertet, um die Schmelzbadbreite im Prozess zu bestimmen. Die so gewonnen Daten wurden mit metallografischen Schliffen verglichen, um die Genauigkeit der Messung zu überprüfen. Die Abweichung lag dabei bei unter 4%, sodass sich das Messsystem zur Überwachung von Auftragschweißprozessen eignet. Bei der anschließenden Fertigung typischer Testgeometrien für die additive Fertigung, wie einer Wandstruktur oder eines Hohlzylinders konnte die typische Wärmeakkumulation im Bauteil nachgewiesen werden, die sich durch den Aufbau mit konstanten Parametern ergibt.

1. Einführung

Das Laser-Pulver-Auftragschweißen (LPA) ist nach der DIN ISO 8580 der Gruppe 5, dem „Beschichten" zugeordnet. Dabei wird eine festhaftende Schicht aus formlosem Stoff aufgetragen. Das LPA kann zum Auftragen von Funktionsschichten, zur Reparatur verschlissener Bauteile oder zum Generieren neuer 3-dimensionaler Bauteile genutzt werden. Die Energie eines Lasers wird genutzt, um in der Prozesszone ein Schmelzbad auf der Oberfläche des Substrates zu erzeugen. Über eine Pulverdüse wird der pulverförmige Zusatzwerkstoff mittels Trägergas in das Schmelzbad geblasen. Das Pulver dringt in das Schmelzbad ein und vermischt sich mit dem Substrat. Meist werden Laser und Pulverstrom koaxial angeordnet, sodass das Pulver vor dem Eintritt in das Schmelzbad den Laserstrahl passiert und bereits vorgewärmt wird. Durch die Relativbewegung zwischen Bearbeitungskopf und Werkstück bildet sich durch das zusätzliche Material eine Schweißraupe auf der Werkstückoberfläche.

Werden mehrere solcher Schweißraupen nebeneinander plaziert, ergibt sich eine zusammenhängende Schicht des Zusatzwerkstoffes. Wird im Anschluss auf der bereits vorhandenen Schicht eine weitere aufgetragen, können 3-dimensionale Bauteile Schicht für Schicht aufgebaut werden [1].

Für das Auftragschweißen sind die wichtigsten Qualitätsmerkmale das Aspektverhältnis, also das Verhältnis von Breite zu Höhe der Oberraupe, der Aufmischungsgrad, der ein Indikator für die Durchmischung einerseits und die Haftfestigkeit der Schicht andererseits ist, und die Anzahl der Imperfektionen, wie Fehlstellen und Poren. Beeinflusst werden diese Größen vor allem durch die Energiebilanz aus verfügbarer Laserenergie und benötigter Energie zum Schmelzen der beteiligten Materialien. Sie können durch die Parameter Laserleistung, Schweißgeschwindigkeit und Pulvermassenstrom variiert werden [2]. Sind die Werte aufeinander abgestimmt, ergibt sich ein thermisches Gleichgewicht und eine homogene Schichtqualität. Eine Variation in der Energiebilanz äußern sich daher vor allem in einer Änderung der Temperatur oder einer Umverteilung des Temperaturfeldes [3]. Anhand der Temperatur und deren Verteilungen kann somit auf die Energiebilanz und auf den Prozesszustand rückgeschlossen werden. Deshalb sind diese Größen von besonderem Interesse bei der Prozessüberwachung.

Die Temperaturbestimmung ist aufgrund der Prozessabläufe beim LPA eine besondere Herausforderung. Die hohen Temperaturen und die Relativbewegung machen taktile Messungen mittels Thermoelementen nahezu unmöglich [4]. Sie werden eher im wissenschaftlichen Bereich unter idealen Bedingungen genutzt und haben für den praktischen Anwendungsfall fast keine Relevanz.

Eine weitere Möglichkeit zur Temperaturbestimmung bieten die optischen Messmethoden. Jeder Körper gibt abhängig von seiner Temperatur eine charakteristische Strahlung ab. Wird die Strahlung gemessen, erlaubt sie unter bestimmten Voraussetzungen Rückschlüsse auf die gemessene Temperatur [4]. Es gibt verschiedene Methoden zur optischen Temperaturbestimmung, die sich hauptsächlich durch die Art der Messung, durch den beobachteten spektralen Bereich und durch den Detektortyp unterscheiden. Die Art der Messung bestimmt die Informationsdichte, indem die Temperatur an bestimmten Punkten (0-dimensional), Linien (1-dimensional) oder in ganzen Feldern (2-dimensional) gemessen wird. Die verwendeten Detektoren unterscheiden sich hinsichtlich der Interpretation der Strahlungsintensität in photoelektrisch, pyroelektrisch oder bolometrisch. Außerdem sind sie in verschiedenen spektralen Bereichen aktiv, die in den sichtbaren Bereich (VIS), den nahen Infrarot-Bereich (NIR), den kurzwelligen Infrarot-Bereich (SWIR), den mittleren Infrarot-Bereich (MWIR) und den fernen Infrarot-Bereich (LWIR) eingeteilt sind [5].

Für das Auftragschweißen und artverwandte Verfahren werden heute häufig 0-dimensionale Sensoren genutzt [6], die als Bandpyrometer die Strahlungsintensität in einem bestimmten Spektralbereich integrieren. Um einen möglichst geringen Fehler durch Abweichungen des Emissionsgrades zu erzeugen, werden Detektoren im langwelligen IR-Bereich genutzt [7]. Das aufgenommene Signal korreliert mit der Wärmemenge in der Prozesszone, sodass anhand des Prozessleuchtens eine Regelung der Laserleistung vorgenommen wenden kann [7].

Die Beobachtungsrichtung hat aufgrund der Abstrahlcharakteristik der Wärmestrahlung einen erheblichen Einfluss auf das Messergebnis. Um Prozessstrahlung verzerrungsfrei beobachten zu können, wird eine möglichst senkrechte Messung angestrebt oder die Integration des Messsystems in den Strahlengang des Lasers forciert [8]. Vor allem für die Additive Fertigung ergibt sich dadurch ein Vorteil, da damit prinzipiell richtungsunabhängig gemessen werden kann [9]. Die Integration in den Strahlengang erfordert in diesen Fällen jedoch entsprechende Detektormaterialien, sodass hier häufiger die kurzwelligen Detekoren im Wellenlängenbereich des Bearbeitungslaser genutzt werden [10].

Aufgrund der hohen Prozessdynamik werden verstärkt Sensoren mit photoelektrischem Prinzip genutzt, da pyroelektrische und bolometrische Sensoren meist eine hohe Signaländerungszeit und damit geringe Abtastraten aufweisen. Gerade für Schweißprozesse mit hoher Vorschubgeschwindigkeit werden Sensoren auf Germanium- oder Siliziumbasis genutzt [11]. Im kurzwelligen spektralen Bereich treten allerdings zunehmend nicht-thermische Strahlungsanteile auf, die das Temperatursignal verfälschen und aus dem Signal gefiltert werden müssen, um eine hinreichend genaue Messung zu ermöglichen [12].

Die Informationsdichte kann durch den Einsatz von 2-dimensionalen Detektoren deutlich erhöht werden. Während bei Punktmessungen nur eine Gesamtstrahlungsintensität oder eine Maximaltemperatur bestimmt werden kann, ermöglichen Kamerasysteme die Beurteilung geometrischer Formen, wie der Schmelzbadbreite, -länge oder –fläche. Außerdem können Temperaturgradienten und die Abkühlgeschwindigkeit im Nachlauf bestimmt werden [13]. Da die Datenmenge durch die Vervielfachung der Information steigt, muss an dieser Stelle auch die Geschwindigkeit der Weiterverarbeitung bedacht werden [12]. Im Bereich der 2-dimensionalen Temperaturmessung werden häufig Sensoren im NIR-Bereich oder VIS-Bereich genutzt.

Im spektralen Bereich bis ca. 1,5 µm ist der Emissionsgrad stark wellenlängenabhängig, sodass eine Kalibrierung für jeden Prozessparameter erfolgen muss, um Temperaturen exakt messen zu können [14]. Um die starke Abhängigkeit vom Emissionsgrad in diesem Bereich von Wellenlänge und Temperatur sowie Oberflächenbeschaffenheit und Aggregatszustand zu vermeiden, werden quotientenpyrometrische, 2-Kanal-Pyrometer-Kamerasysteme angewendet [15]. Besonders für Prozesse bei denen die Prozesszone abgeschattet wird, wie es für das Laser-Pulver-Auftragschweißen typisch ist, konnten solche Kamerasysteme über weite Parameterräume mit derselben Kalibrierung verwendet werden [16] und zur Validierung von numerischen Simulationen herangezogen werden [17].

2. Versuchsaufbau und Methoden

Für die Versuche zum LPA wurde ein direktstrahlender Diodenlaser (Oscar PLT) mit einer maximalen Leistung von 1000 W benutzt. Dieser zeichnet sich durch die Integration mehrere Diodenstapel in den Bearbeitungskopf aus. So ist die Fokussierung des Laserstrahles in einem Ring koaxial zur zentrischen Zusatzwerkstoffzufuhr möglich, wie Abbildung 1 zeigt. Die Strahlung wird bei einer Wellenlänge von 916 nm und 980 nm emittiert. Der Arbeitsabstand zwischen Pulverdüse und Substratoberfläche wurde auf 11 mm eingestellt. Als Schutz- und Trägergas wurde Argon verwendet. Bei einem Trägergasstrom von 2 l/min und einem Schutzgasstrom von 10 l/min wurde ein Restsauerstoffgehalt von unter 200 ppm in der Prozesszone erzielt. Der Pulverstrahl ist leicht divergent und ergibt einen Pulverfokus von 4 mm in der Bearbeitungsebene. Ein Endoskop ist im 5 °-Winkel in den Bearbeitungskopf integriert, um eine nahezu koaxiale Beobachtung der Prozesszone zu ermöglichen, wie Abbildung 1 andeutet.

Für die Untersuchungen werden Substratplatten aus 1.0038 (S235) mit dem Zusatzwerkstoff 1.4006 (410l) beschichtet. Der Durchmesser des Pulvers liegt im Wesentlichen zwischen 53 µm und 150 µm. Die Platten weisen eine Dicke von 10 mm bei einer Länge und Breite von 150 mm x 50 mm auf und können somit als halbunendliche Wärmesenke für die Auftragschweißung angesehen werden.

Zur Temperaturüberwachung ist eine 2-Kanal-Pyrometer-Kamera, die PyroCam (IMS Chips GmbH), am Endoskop angeschlossen. Die Kamera zeichnet sich durch eine schachbrettartige Anordnung von Pixelpaaren aus, die eine unterschiedliche spektrale Empfindlichkeit haben und dadurch eine Intensitätsmessung von zwei verschiedenen spektralen

Bereichen mit Schwerpunktwellenlängen um 649 nm und um 656 nm ermöglichen. Die spezielle HDR-CMOS Struktur des Sensors erlaubt Bildraten von bis zu 5 kHz bei einem dynamischen Bereich von 140 dB. Dadurch können Intensitäten über mehrere Dekaden aufgenommen und Temperaturen im Bereich zwischen 600 °C und 1900 °C bestimmt werden [18]. Um Fehler durch nicht-thermische Strahlung zu vermeiden, wurden Kurzpass-Filter, Langpass-Filter und ein Neutraldichte-Filter (ND-Filter) vor der Kamera angebracht.

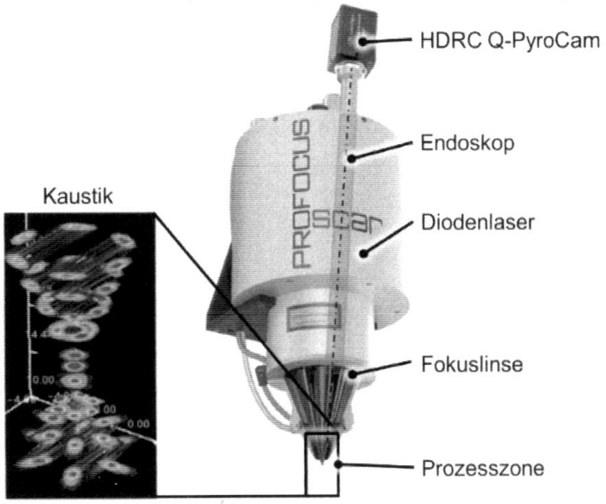

Abb. 1. Bearbeitungskopf mit schematischer Darstellung der Laserstrahlen aus den Einzelemittern und deren Kaustikmessung. Schematisch dargestellt ist das integrierte Endoskop für die Prozessbeobachtung.

In der vorliegenden Arbeit wurden Untersuchungen zur Sensitivität der Kamera durchgeführt. Dafür wurden Einzelspuren mit verschiedenen Schweißgeschwindigkeiten bei einem Pulvermassenstrom von 4,1 g/min auf den Substratplatten unter Beobachtung der PyroCam aufgetragen. Um die Ergebnisse abzusichern wurden jeweils 3 Einzelspuren desselben Parameters angefertigt. Metallographische Querschliffe wurden in der Mitte der Spur angefertigt, um die Breite der Schweißraupen vermessen zu können. Abbildung 2a zeigt schematisch die Testgeometrie.

In einem weiteren Teil der Untersuchung wurden Wand-Strukturen auf die Substratplatten aufgeschweißt. Dafür wurden 10 Lagen mit einem Höhenversatz von 0,33 mm bei einer Schweißgeschwindigkeit von 4,5 mm/s, einer Laserleistung von 552 W und einem Massenstrom von 5,5 g/min angefertigt und mit der PyroCam überwacht. Die Einzelspuren für die Wand-Struktur wurden dabei unidirektional erzeugt, sodass zwischen den Lagen eine Verzögerung von 5 s durch Verfahren des Bearbeitungskopfes in die Ausgangsposition entstand. Abbildung 2b zeigt schematisch die Geometrie.

Des Weiteren wurden für die Untersuchungen Hohlzylinder mit einem Durchmesser von 75 mm aufgeschweißt. Für die 10 Lagen wurden Kreisbahnen mit einer Schweißgeschwindigkeit von 1,5 mm/s, einer Laserleistung von 552 W, einem Massenstrom von 2 g/min und einem Höhenversatz von 0,33 mm angefertigt und mit der PyroCam beobachtet. Die Kreisbahn wurde dabei nicht spiralförmig aufgeschweißt, sondern von einem Startpunkt aus, an dem nach der Kreisbewegung ein Halt von 10 s zwecks Höhenverstellung eingelegt wurde. Abbildung 2c zeigt schematisch die Geometrie.

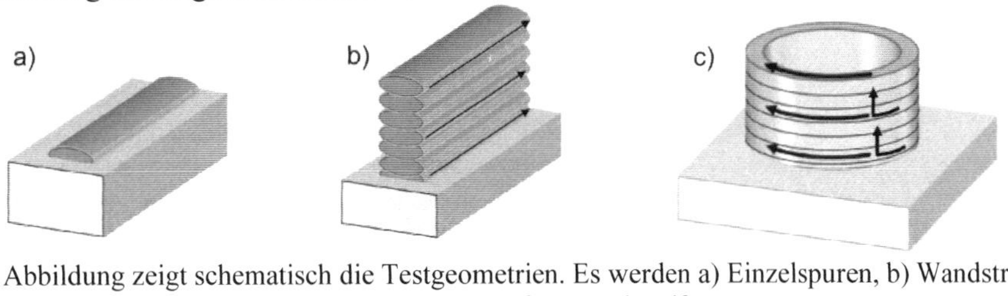

Abb. 2. Die Abbildung zeigt schematisch die Testgeometrien. Es werden a) Einzelspuren, b) Wandstrukturen und c) Hohlzylinder auftraggeschweißt.

3. Ergebnisse

Die gemessenen Bilder der PyroCam werden mit Hilfe eines eigens entwickelten LabView-basiertem Algorithmus online ausgewertet. Der Algorithmus benötigt dafür lediglich die Schmelztemperatur des verwendeten Materials und durchsucht damit das PyroCam-Bild. Werden zusammenhängende Bereiche von mehr als 10 Pixeln mit Pixelwerten oberhalb des Schwellenwertes gefunden, erkennt der Algorithmus diese als Schmelzbad. Für das Prozessmonitoring werden die Schmelzbadausdehnung in x-Richtung, in y-Richtung und die Fläche des Schmelzbades aufgezeichnet. Je nach Schweißrichtung entsprechen die Werte der Schmelzbadlänge oder Schmelzbadbreite, während die Fläche richtungsunabhängig ist, wie Abbildung 3 zeigt.

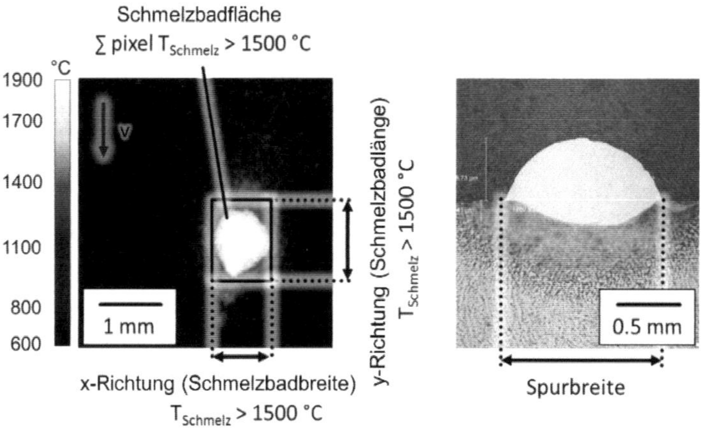

Abb. 3. Das linke Bild zeigt eine PyroCam-Aufnahme und die erkannte Schmelzbadgeometrie des LabView-Algorithmus und die Zuordnung von x- und y-Richtung mittels Schweißrichtung zur entsprechenden Schmelzbadlänge und -breite. Auf dem rechten Bild wird der metallografische Querschliff gezeigt.

Mit Hilfe des vorgestellten Algorithmus wurden die Untersuchungen zur Sensitivität durchgeführt. Abbildung 4 zeigt die berechnete Schmelzbadbreite für verschiedene Schweißgeschwindigkeiten. Die Prozesszeiten werden mit zunehmender Geschwindigkeit kürzer, der jeweils die gleiche Strecke geschweißt wurde. Mit zunehmender Schweißgeschwindigkeit ergeben sich geringere Schmelzbadbreiten. Die Standardabweichung der Versuche beträgt im Mittel 5 % und begünstigt damit die Auswertung der Schmelzbadbreite für unterschiedliche Schweißgeschwindigkeiten.

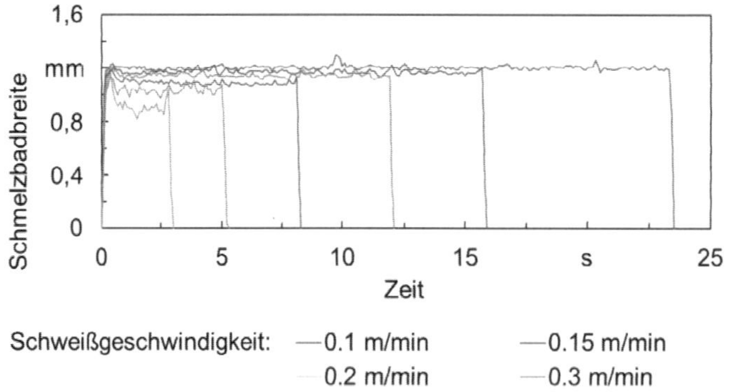

Laser-Leistung	500 W	Pulver	410L (4,1 g/min)
Vorschub	0,15 m/min	Substrat	S235
Spot-Ø	+2 mm	Filter	ND, Kurzpass und Langpass
Schutzgasstrom	10 l/min		

Abb. 4. Auf Basis der PyroCam-Aufnahmen berechnete Schmelzbadbreite für verschiedene Schweißgeschwindigkeiten.

Werden die aufgezeichneten Werte aus den Versuchen gemittelt und mit den entsprechenden Querschliffen aus den metallografischen Untersuchungen verglichen, ergibt sich das Diagramm in Abbildung 5. Das Diagramm zeigt, dass die Übereinstimmung hoch ist. Es ergibt sich eine Abweichung von im Mittel 4 %.

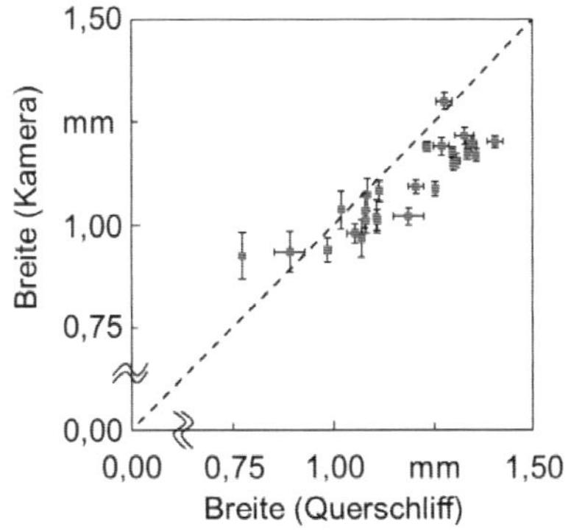

	[%]
Standardabweichung	± 2
Mittlere Abweichung Querschliff - Kamera	4

Abb. 5. Gegenüberstellung der berechneten Schmelzbadbreite der PyroCam mit der Referenzmessung, die die Schmelzbadbreite am metallografischen Querschliff ermittelt hat.

Abbildung 6 zeigt die aufgezeichnete Schmelzbadbreite und -fläche bei der additiven Fertigung der Wand-Struktur. Die Lagen lassen sich klar voneinander unterscheiden, da die Schmelzbadbreite und -fläche in den Pausen auf 0 mm bzw. 0 mm² zurückfällt. Mit zunehmender Lagenzahl steigend die Werte für Schmelzbadbreite und Schmelzbadfläche stetig an. Ein größerer Sprung ergibt sich zwischen der ersten und der zweiten Lage. Die Standardabweichung liegt mit fast 20 % deutlich höher als bei den Einzelspuren.

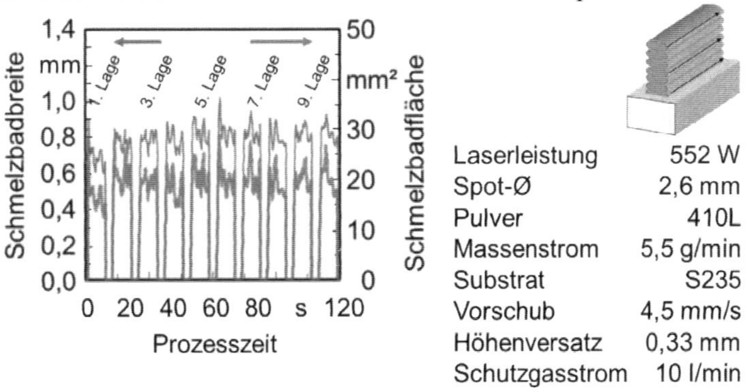

Abb. 6. Schmelzbadbreite und die Schmelzbadfläche für die Wand-Struktur.

Abbildung 7 zeigt die Schmelzbadbreite und die Schmelzbadfläche für den Hohlzylinder. Im Mittel steigen die Werte mit zunehmender Lagenzahl deutlich an. Außerdem fällt innerhalb einer Lage ein starker Unterschied zwischen niedrigster und größter Schmelzbadbreite bzw. -fläche auf. Die Auswertung der Schmelzbadfläche ergibt hier weitaus geringere Streuungen. Im Fall des Hohlzylinders ist die Standardabweichung mit 35 % auffällig hoch im Vergleich zur Einzelspur.

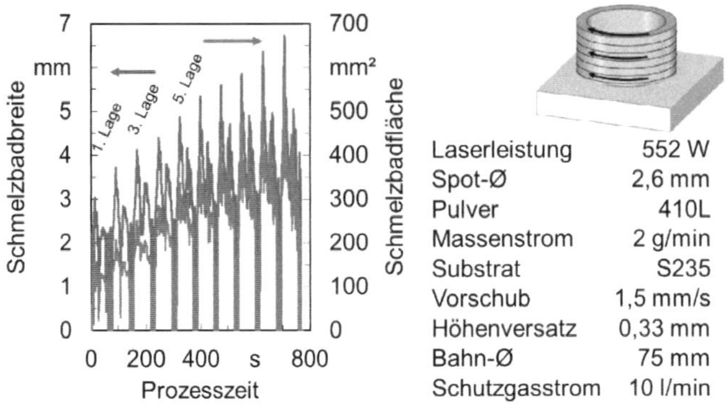

Abb. 7. Schmelzbadbreite und Schmelzbadfläche für den Hohlzylinder. Ein deutlicher Trend zu größeren Schmelzbädern mit steigender Prozesszeit ist erkennbar.

4. Diskussion

Die Einordnung des Prozesszustandes mit Hilfe einer geeigneten Prozessüberwachung setzt eine hohe Genauigkeit der Temperaturmessung voraus. Im Fall der PyroCam konnte die Temperaturmessung am Laser basierten Prozess durch die Verwendung von Filtern stark verbessert werden. Pulverabschattung und Streulicht nehmen kaum Einfluss auf die Ergebnisse. So kann die Abweichung zwischen metallografischer Referenzmessung und dem Ergebnis der Kamera auf im Mittel unter 4 % gesenkt werden.

Eine leichte Überhöhung der Schmelzbadbreite am Anfang der Versuche zur Einzelspur geht wahrscheinlich auf den Bewegungsablauf des Bearbeitungssystems zurück. Da das System nicht „on the fly“, sondern aus dem Stand beginnt, entstehen anfangs breitere Schmelzbäder.

Bei der additiven Fertigung einer Wand-Struktur und eines Hohlzylinders ist die Standardabweichung höher als bei den Einzelspuren. Eine manuelle Sichtung der aufgezeichneten PyroCam Bilder hat gezeigt, dass dieser Effekt größtenteils auf die Auswertung zurückgeht. Auch Spritzer, die groß genug sind, werden als Schmelzbad erkannt und ausgegeben. Da der Algorithmus Zeilenweise durch das Bild läuft, wird das Feature ausgegeben, das auf dem Bild den geringsten Zeilen-Wert hat. Während bei den Einzelspuren in y-Richtung geschweißt wurde, Spritzer also eher in x-Richtung aufgetreten sind, wurde die Wand in x-Richtung geschweißt. In diesem Fall kommt es häufiger dazu, dass Spritzer in y-Richtung auftreten und niedrigere x-Werte als das Schmelzbad annehmen. Dieser Fehler kann in folgenden Untersuchungen durch Anpassung des Algorithmus leicht vermieden werden, indem die Mindestgröße für das Erkennen des Schmelzbades angehoben oder unter den erkannten Bereichen nur das Größte weiterverarbeitet wird.

Wie erwartet, zeigen die Ergebnisse der additiven Fertigung einer Wand einen leicht steigenden Trend mit zunehmender Lagenanzahl. Dies geht auf die Wärmeakkumulation in der Wand zurück, die durch den Übergang von der 3-dimensionalen zur 2-dimensionalen Wärmeleitung entsteht. Während in den ersten Lagen die Wärme aus dem Beschichtungsprozess in alle Richtungen in das Substrat abgeleitet werden kann, muss die Wärme in höheren Lagen erst durch die Wand selbst abfließen, um in das Substrat zugelangen. Der Wärmetransport dauert durch die begrenzte Fläche wesentlich länger. Dadurch entsteht der große Unterschied zwischen der ersten und zweiten Lage. Auch die Vorwärmung des Materials durch die vorherige Beschichtung spielt eine Rolle. Dabei ist der Effekt relativ gering, was womöglich auf die hohe Prozessgeschwindigkeit und die lange Pause des Bearbeitungssystems zwischen den Lagen zurückzuführen ist.

Bei den Untersuchungen der Hohlzylinder kam es zu einem starken Anstieg der Schmelzbadgröße über die Dauer der Schweißung. Hier wurde anders als beim Aufbau der

Wand mit geringer Geschwindigkeit geschweißt. Mit zunehmender Aufbauhöhe kommt es wie bei der Wand zu einem langsameren Wärmeabfluss in das Substrat. Dadurch staut sich die Wärme in der Struktur. Da das Material keine Zeit zum Abkühlen hat, sorgt der konstante Energieeintrag durch den Laser zu höherer Wärmeakkumulation, die sich in höheren Werten für die Schmelzbadbreite, -länge und –fläche zeigt.

5. Zusammenfassung

Eine Quotienten-Pyrometer-Kamera wurde in einen Diodenlaser integriert, um eine nahezu koaxiale Beobachtung der Prozesszone beim Laser-Auftragschweißen und der additiven Fertigung realisieren zu können. Die Kamera misst die Prozessemissionen im sichtbaren Spektralbereich und gibt Temperaturen zwischen 600 °C und 1900 °C aus. Die aufgenommenen Bilder wurden hinsichtlich der Geometrie des Schmelzbades mit einem LabView-basierten Algorithmus ausgewertet. Mit diesem Messsystem wurden einzelne Schweißraupen beobachtet und die Ergebnisse mit metallografischen Schliffen verglichen. Außerdem wurde die additive Fertigung von Wandstrukturen und Hohlzylindern beobachtet.
Es konnte gezeigt werden, dass Mithilfe des quotientenpyrometrischen Messprinzips eine hohe Messgenauigkeit erzielbar ist. Die Abweichung zwischen den berechneten und den metallografisch ausgewerteten Schmelzbadbreiten lag bei 4 %. Bei der additiven Fertigung konnte der verfahrenstypische Wärmestau Mithilfe der PyroCam im Prozess nachgewiesen werden. Aufgrund der Richtungsunabhängigkeit eignete sich die Schmelzbadfläche am besten für eine Schmelzbadüberwachung

Danksagung

Die Autoren bedanken sich für die Förderung des AiF ZiM Kooperationsprojektes (ZF4063002DF5). Gefördert durch das Bundesministerium für Wirtschaft und Energie aufgrund eines Beschlusses des Deutschen Bundestages.

Gefördert durch:
Bundesministerium für Wirtschaft und Energie
aufgrund eines Beschlusses des Deutschen Bundestages

ZIM
Zentrales Innovationsprogramm Mittelstand

Referenzen

[1] Poprawe, R.: Lasertechnik für die Fertigung, Grundlagen, Perspektiven und Beispiele für den innovativen In-genieur, Springer-Verlag Berlin Heidelberg 2005.

[2] Bliedtner, J.; Müller, H.; Barz, A.: Lasermaterialbearbeitung: Grundlagen-Verfahren-Anwendung-Beispiele, Fachbuchverlag Leipzig im Carl Hanser Verlag 2013.

[3] Stehen, W. M.; Mazumder, J.: Laser Material Processing, 4. Aufl., Springer-Verlag London 2010.

[4] Bernhard, F.: Handbuch der Technischen Temperaturmessung, 2. Aufl., Springer-Verlag Berlin Heidelberg 2014.

[5] Purtonen, T.; Kalliosaari, A.; Salminena, A.: Monitoring and adaptive control of laser processes, Physics Procedia 56, 2014, 1218 – 1231.

[6] Schöpp, H.; Sperl, A.; Kozakov, R.; Gött, G.; Uhrlandt, D.; Wilhelm, G.: Temperature and emissivity determination of liquid steel S235, J. Phys. D: Appl. Phys. vol. 45 no. 23, 2012, 1-9.

[7] Weller, D.; Simon, J.; Stritt, P.; Weber, R.; Graf, T.; Bezencon, C.; Bassi, C.: Temperature controlled laser joining of aluminium to galvanized steel, Physics Procedia 83, 2016, 515 – 525.

[8] Bi, G.; Gasser, A.; Wissenbach, K.; Drenker, A.; Poprawe, R.: Investigation on the direct laser metallic powder deposition process via temperature measurement, Applied Surface Science 253, 2006, 1411–1416.

[9] Bi, G.; Gasser, A.; Wissenbach, K.; Drenker, A.; Poprawe, R.: Characterization of the process control for the direct laser metallic powder deposition, S. & C. Techn. 201, 2006, 2676–2683.

[10] Bi, G.; Sun, C.N.; Gasser, A.: Study on influential factors for process monitoring and control in laser aided additive manufacturing, Journal of Mat. Processing Techn. 213, 2013, 463– 468.

[11] Borhanian, J.M.: Dissertation & Forschungsbericht des IFSW: Kamerabasierte In-Prozessüberwachung beim Laserstrahlschweißen, Herbert Utz Verlag 2009.

[12] Doubenskaia, M.: Ph. Bertrand, I. Smurov, Pyrometry in laser surface treatment, Surface & Coatings Technology 201, 2006, 1955–1961.

[13] Doubenskaia, M.; Pavlov, M.; Grigoriev, S.; Smurov, I.: Definition of brightness temperature and restoration of true temperature in laser cladding using infrared camera, Surface & Coatings Technology 220, 2013, 244–247.

[14] Bonß, S.: Laser transformation hardening of steel, Advances in laser materials processing, 2010, 291–326.

[15] Köhler, H.; Hutter, F.: HDRC®-Quotienten-PyroCam-Anwendung in der lasergestützten Materialbearbeitung, Proc. Verfahren und Geräte in der Temp.- u. Feuchtemesstechnik, 2013.

[16] Volpp, J.; Hohenäcker, V.; Tyralla, D.; Freiße, H.; Brocke, N.; Silze, F.; Schnick, M.; Thomy, C.: Observing melt pool temperature fields for process characterization, Lasers in Manufacturing (LIM17) eds.: L. Overmeyer, U. Reisgen, A. Ostendorf, M. Schmidt, 2017.

[17] Köhler, H.; Jayaraman, V.; Brosch, D.; Hutter, F.X.; Seefeld, T.: A novel thermal sensor applied for laser ma-terials processing, Lasers in Manufacturing (LIM17), Phys. Proc. 41, 2013, 495-501.

[18] Hutter, F.X., Brosch, D., Graf, H.G., Klingler, W., Strobel, M., Burghartz, J-N.: A 0.25µm Logarithmic CMOS Imager for Emissivity Compensated Thermography, IEEE International Solid-State Circuits Conference,2009, 354-355

Hochgeschwindigkeits-3D-Thermografie

Martin LANDMANN [1], Stefan HEIST [1], Patrick DIETRICH [1], Peter LUTZKE [2], Ingo GEBHART [2], Joachim TEMPLIN [3], Peter KÜHMSTEDT [2], Gunther NOTNI [2]
[1] Institut für Angewandte Physik, Friedrich-Schiller-Universität, Jena
[2] Fraunhofer-Institut für Angewandte Optik und Feinmechanik IOF, Jena
[3] FLIR Systems GmbH, Frankfurt
Kontakt E-Mail: martin.landmann@uni-jena.de

Kurzfassung

Für die Messung dreidimensionaler (3D) Objektoberflächen sind aktive optische Messsysteme basierend auf Musterprojektion weit verbreitet. Diese Sensoren arbeiten berührungslos und zerstörungsfrei. Die 3D-Rekonstruktion erfolgt zwischen einer Kamera und dem Projektor oder zwischen zwei Kameras. Dafür werden korrespondierende Kamerapixel gesucht, die die Berechnung der 3D-Koordinaten des Objektpunktes mittels Triangulation erlauben.

In den letzten Jahren haben wir einen Hochgeschwindigkeits-3D-Stereosensor entwickelt, welcher im sichtbaren Bereich des Lichts (VIS) arbeitet. Er besteht aus zwei Hochgeschwindigkeitskameras und einem GOBO-projektionsbasierten Musterprojektor. Mit diesem System sind wir in der Lage, 3D-Punktwolken von schnellen Prozessen, z. B. Menschen in Bewegung, Aufprallvorgänge oder gar Explosionen, aufzunehmen und zu rekonstruieren. Da schnelle Prozesse meist mit lokalen Temperaturveränderungen einhergehen, wäre die gleichzeitige Messung der Oberflächentemperatur von großem Vorteil.

Um thermische Daten in die Auswertung einzubeziehen, haben wir unseren bestehenden Hochgeschwindigkeits-3D-Sensor um eine zusätzliche Hochgeschwindigkeits-Infrarotkamera erweitert. Die Wärmebildkamera erfasst Strahlung im Spektralbereich zwischen 7,5 und 12 µm. Die gemessenen Temperaturen werden als Textur auf die rekonstruierten 3D-Punkte abgebildet.

In diesem Beitrag stellen wir das Design dieses neuartigen multimodalen 5D-Sensors (drei Raumkoordinaten, Temperatur und Zeit) vor. Wir beschreiben den Prozess der gleichzeitigen Kalibrierung der VIS-Kameras und der Infrarotkamera in einem gemeinsamen Koordinatensystem. Erste vielversprechende Messungen eines sich entfaltenden Airbags, eines dribbelnden Basketballspielers und die Deformierung eines Metallrohres bei einer 3D-Thermogrammrate von 1 kHz werden gezeigt.

Hochgeschwindigkeits-3D-Thermografie

Martin Landmann[(a,b)], Stefan Heist[(a,b)], Patrick Dietrich[(a,b)],
Peter Lutzke[(b)], Ingo Gebhart[(b)], Joachim Templin[(c)],
Peter Kühmstedt[(b)], and Gunther Notni[(b,d)]

[(a)]Abbe Center of Photonics, Friedrich Schiller University, Jena, Germany
[(b)]Fraunhofer Institute for Applied Optics and Precision Engineering, Jena, Germany
[(c)]FLIR Systems GmbH, Frankfurt, Germany
[(d)]Ilmenau University of Technology, Ilmenau, Germany

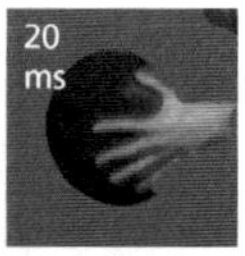

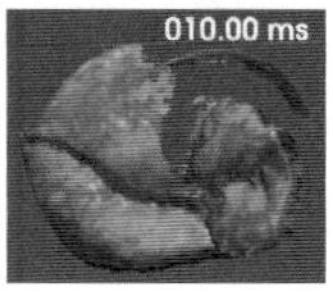

Motivation

- 2D thermography: real-time, non-invasive, contactless, non-destructive
- 3D thermography
- real-time 3D thermography

- high-speed 3D
- **high-speed 3D thermography**
  → fast processes exhibit temperature changes
  → thermomechanical studies
  - deformations
  - explosions (airbag)
  - friction

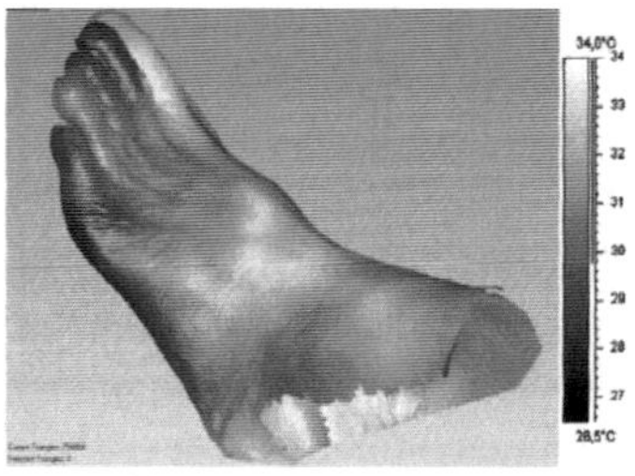

[10] Colantonio et al., Proc. 8th QIRT (2006)

Outline

- Motivation
- Measurement Principle
  - 3D Measurement
  - LWIR Camera, Calibration, Mapping
- Measurement Examples
- Conclusion

3D Measurement Principle

Projection of Aperiodic Sinusoidal Patterns

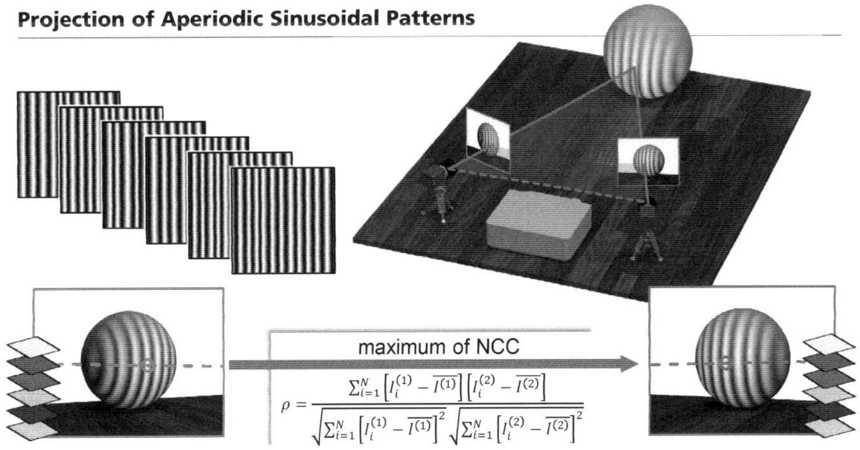

$$\rho = \frac{\sum_{i=1}^{N}\left[I_i^{(1)} - \overline{I^{(1)}}\right]\left[I_i^{(2)} - \overline{I^{(2)}}\right]}{\sqrt{\sum_{i=1}^{N}\left[I_i^{(1)} - \overline{I^{(1)}}\right]^2}\sqrt{\sum_{i=1}^{N}\left[I_i^{(2)} - \overline{I^{(2)}}\right]^2}}$$

GOBO Projection

[19] S. Heist et al., High-speed three-dimensional shape measurement using GOBO projection, Optics and Lasers in Engineering 87 (2016) 90–96, Digital optical & Imaging methods in structural mechanics.

Recent Developments

- GOBO projection-based 3D sensor with 3D frame rates of up to several kHz:

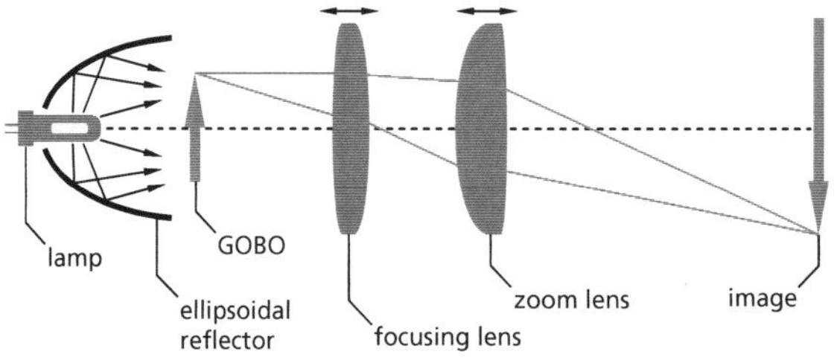

GOBO Projection

Pattern Generation

[19] S. Heist et al., High-speed three-dimensional shape measurement using GOBO projection, Optics and Lasers in Engineering 87 (2016) 90–96, Digital optical & Imaging methods in structural mechanics.

generation of an aperiodic sinusoidal fringe pattern

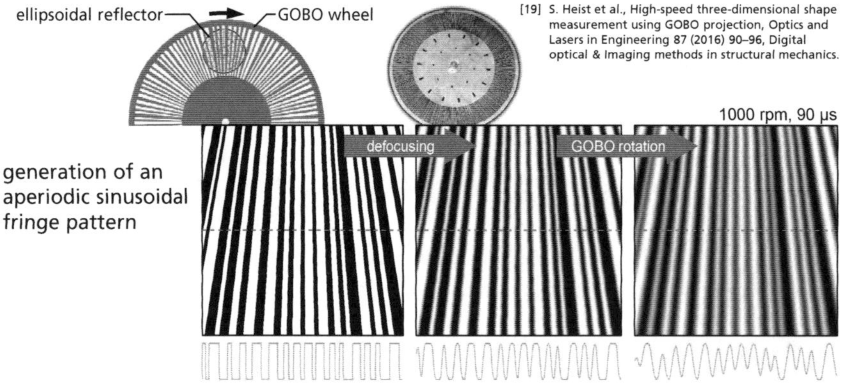

High-Speed 3D Shape Measurement

Sensor

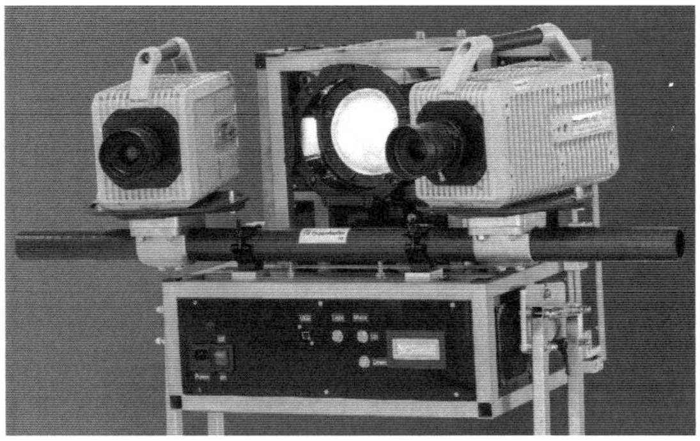

[19] S. Heist et al., High-speed three-dimensional shape measurement using GOBO projection, Optics and Lasers in Engineering 87 (2016) 90–96, Digital optical & Imaging methods in structural mechanics.

High-Speed 3D Shape Measurement

Demonstrator for Airbag Inflation Measurement

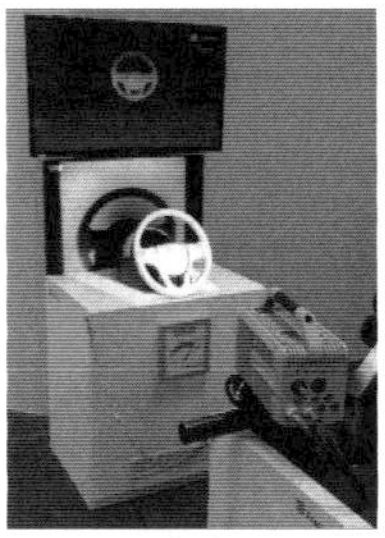

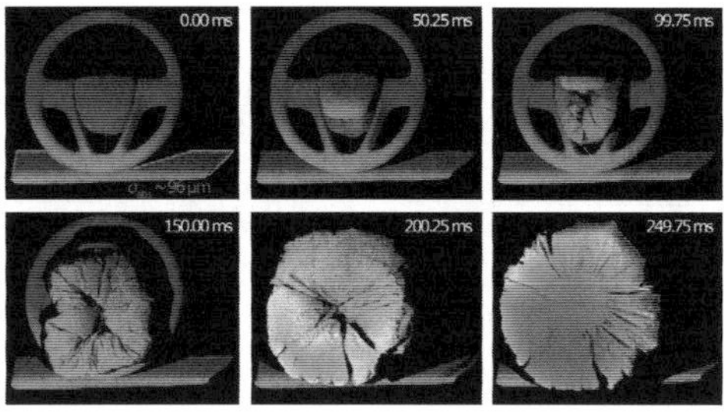

measurement field	0.5 x 0.5 m²	camera frame rate	12 kHz
measurement distance	1.5 m	3D frame rate	1.2 kHz
camera resolution	1 Mpx	record period	0.45 s
spatial resolution	0.5 mm		

[19] S. Heist et al., High-speed three-dimensional shape measurement using GOBO projection, Optics and Lasers in Engineering 87 (2016) 90–96, Digital optical & Imaging methods in structural mechanics.

High-Speed 3D Shape + Temperature

- fast processes usually exhibit local temperature changes
- high-speed infrared camera included to setup
  - camera frame rate: 1 kHz
  - camera resolution: 640 × 512 px
  - spectral range: 7.5...12 µm
  - integration time: 270 ns to 687 s
  - thermal sensitivity (NETD): < 40 mK

Fraunhofer IOF 3Dsensation FRIEDRICH-SCHILLER-UNIVERSITÄT JENA

Camera Parameter

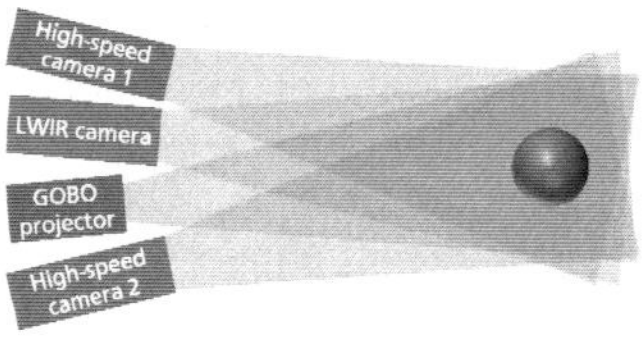

- internal parameters
  - focal length
  - principal point
  - ...
- external parameters
  - position
  - orientation

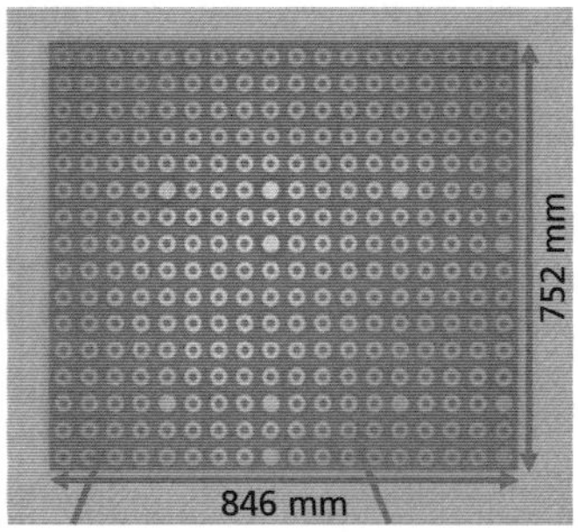

base material: FR4

circle material: Ni/Au (ENIG)

Fraunhofer IOF 3Dsensation FRIEDRICH-SCHILLER-UNIVERSITÄT JENA

Calibration Process

synchronized image acquisition

~ 200 board orientations
~ 200 control points per orientation

bundle adjustment
stereo condition

camera parameters

Fraunhofer IOF 3Dsensation FRIEDRICH-SCHILLER-UNIVERSITÄT JENA

Evaluation Process

Mapping of Infrared Data on 3D Result

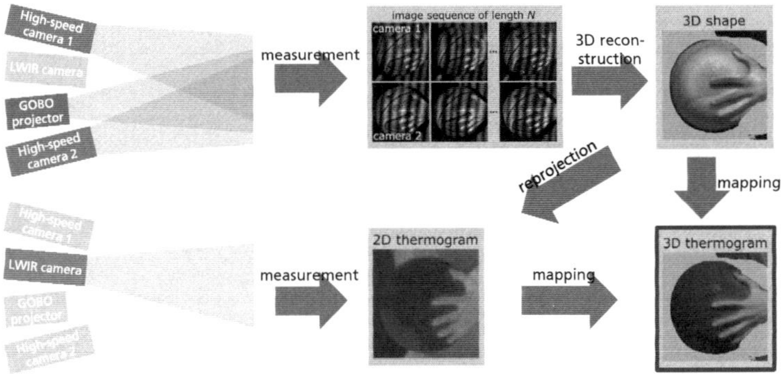

[20] M. Landmann et al., High-speed 3D thermography, Optics and Lasers in Engineering 121 (2019) 448-455.

Fraunhofer IOF 3Dsensation FRIEDRICH-SCHILLER-UNIVERSITÄT JENA

Example I: Crushing of a Metal Tube

- length: 0.5 m
- diameter: 125 mm
- material: steel

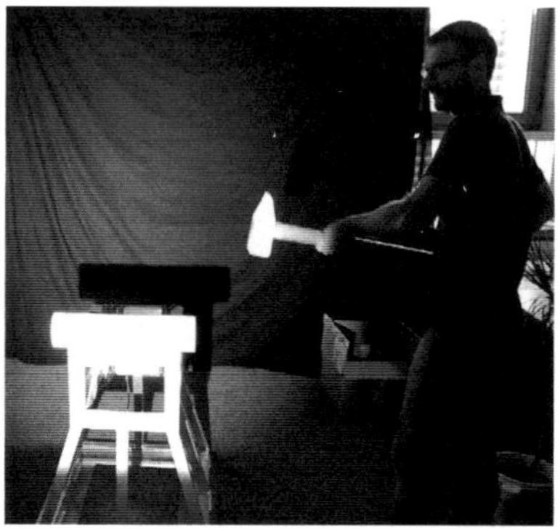

[20] M. Landmann et al., High-speed 3D thermography, Optics and Lasers in Engineering 121 (2019) 448-455.

Example I: Crushing of a Metal Tube

measurement field	0.8 × 0.8 m^2
measurement distance	2 m
camera resolution	0.6 Mpx
spatial resolution	1.0 mm
camera frame rate	12 kHz
IR camera frame rate	1 kHz
3D frame rate	1.2 kHz
record period	0.5 s

[20] M. Landmann et al., High-speed 3D thermography, Optics and Lasers in Engineering 121 (2019) 448-455.

Example II: Basketball Player

measurement field	1.8 × 1.8 m²
measurement distance	4 m
camera resolution	1.0 Mpx
spatial resolution	1.8 mm
camera frame rate	12 kHz
IR camera frame rate	1 kHz
3D frame rate	1.2 kHz
record period	0.5 s

[20] M. Landmann et al., High-speed 3D thermography, Optics and Lasers in Engineering 121 (2019) 448-455.

Example II: Basketball Player

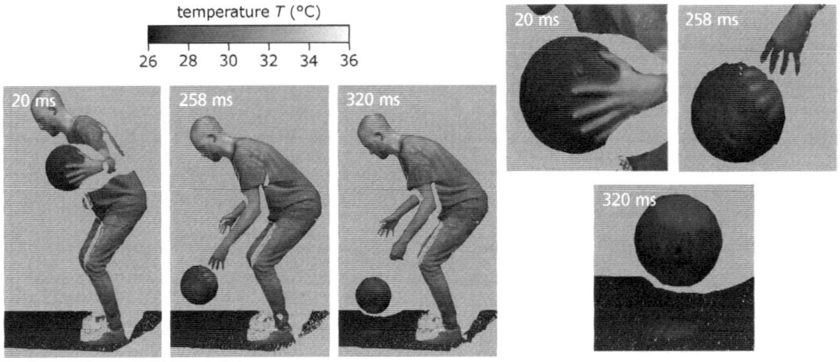

[20] M. Landmann et al., High-speed 3D thermography, Optics and Lasers in Engineering 121 (2019) 448-455.

Example III: Inflating Airbag

VIS Monochrome Video

processed measurement photos, camera 1:

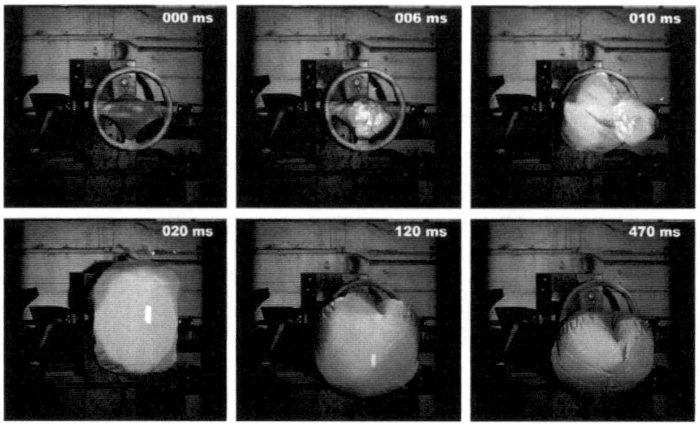

Example III: Inflating Airbag

Visualization of Airbag Velocity

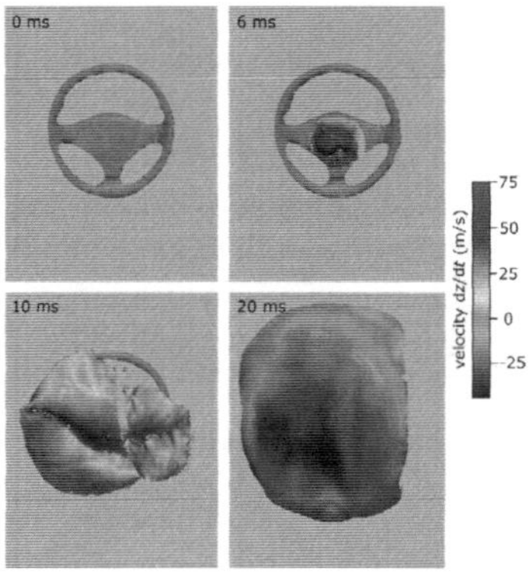

measurement field	0.5 × 0.5 m²
measurement distance	3 m
camera resolution	0.2 Mpx
spatial resolution	1 mm
camera frame rate	50 kHz
IR camera frame rate	1 kHz
3D frame rate	6.25 kHz
record period	0.5 s

Example III: Inflating Airbag

Visualization of Surface Temperature

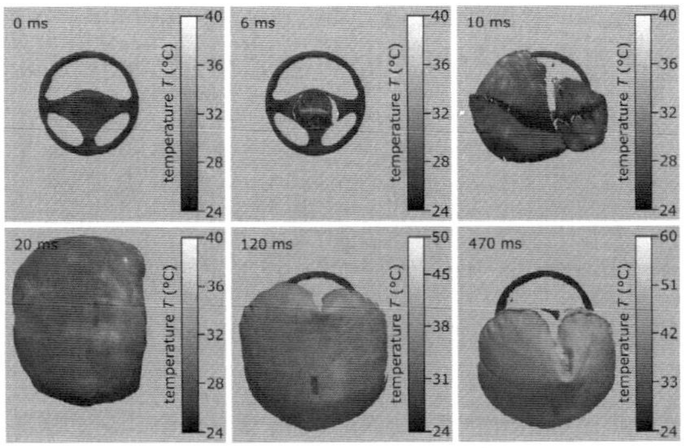

measurement field	0.5 × 0.5 m²
measurement distance	3 m
camera resolution	0.2 Mpx
spatial resolution	1 mm
camera frame rate	50 kHz
IR camera frame rate	1 kHz
3D frame rate	6.25 kHz
record period	0.5 s

[20] M. Landmann et al., High-speed 3D thermography, Optics and Lasers in Engineering 121 (2019) 448-455.

Conclusion

high-speed 3D thermography

- simultaneous measurement of 3D shape and temperature
- active stereo-vision combined with passive infrared thermography
- adapted calibration method
- parameter:
  - frame rate: up to 1 kHz 3D thermograms at full resolution
  - customizable measurement field

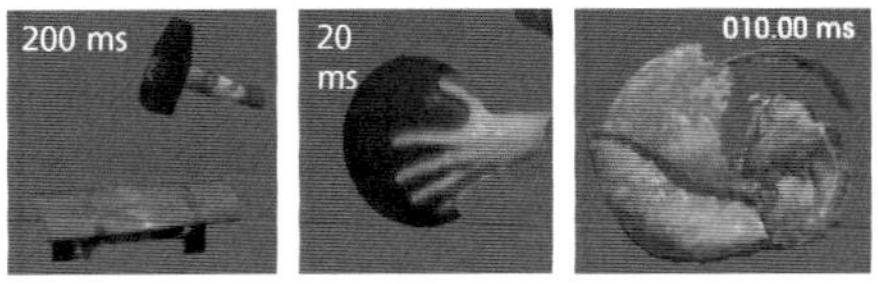

martin.landmann@iof.fraunhofer.de

References I

[1] B. Kateb et al., Infrared thermal imaging: A review of the literature and case report, NeuroImage 47 (2009) T154–T162, international Brain Mapping & Intraoperative Surgical Planning Society (IBMISPS).
[2] R. Yang et al., Design of a 3-D infrared imaging system using structured light, IEEE Transactions on Instrumentation and Measurement 60 (2) (2011) 608–617.
[3] S. Bagavathiappan et al., Infrared thermography for condition monitoring–a review, Infrared Physics & Technology 60 (2013) 35–55.
[4] R. Usamentiaga et al., Infrared thermography for temperature measurement and non-destructive testing, Sensors 14 (7) (2014) 12305–12348.
[5] R. Vadivambal et al., Applications of thermal imaging in agriculture and food industry-a review, Food and Bioprocess Technology 4 (2) (2011) 186–199.
[6] N. I. Hristov et al., Applications of thermal infrared imaging for research in aeroecology, Integrative and Comparative Biology 48 (1) (2008) 50–59.
[7] E. Ring et al., Infrared thermal imaging in medicine, Physiological measurement 33 (3) (2012) R33.
[8] G. Schaefer et al., Thermography based breast cancer analysis using statistical features and fuzzy classification, Pattern Recognition 42 (6) (2009) 1133–1137, Digital Image Processing and Pattern Recognition Techniques for the Detection of Cancer.
[9] J. J. van Netten et al., Infrared thermal imaging for automated detection of diabetic foot complications, Journal of Diabetes Science and Technology 7 (5) (2013) 1122–1129, pMID: 24124937.
[10] S. Colantonio et al., A method to integrate thermographic data and 3D shapes for diabetic foot disease, in: Proceedings of 8th International Conference on Quantitative Infrared Thermography (QIRT), Padova, Italy, 2006.
[11] I. Grubišić et al., Active 3D scanning based 3D thermography system and medical applications, in: MIPRO, 2011 Proceedings of the 34th International Convention, IEEE, 2011, pp. 269–273.
[12] K. Skala et al., 4D thermal imaging system for medical applications, Periodicum biologorum 113 (4) (2011) 407–416.
[13] C. Zuo et al., Real-time three-dimensional infrared imaging using fringe projection profilometry, Chinese Optics Letters 11.
[14] S. Vidas et al., Real-time mobile 3D temperature mapping, IEEE Sensors Journal 15 (2) (2015) 1145–1152.

References II

[15] Y. An et al., High-resolution, real-time simultaneous 3D surface geometry and temperature measurement, Opt. Express 24 (13) (2016) 14552–14563.
[16] S. Heist et al., Array projection of aperiodic sinusoidal fringes for high-speed three-dimensional shape measurement, Optical Engineering 53 (11) (2014) 112208.
[17] S. Heist et al., Theoretical considerations on aperiodic sinusoidal fringes in comparison to phase-shifted sinusoidal fringes for high-speed three-dimensional shape measurement, Applied optics 54 (35) (2015) 10541–10551.
[18] S. Heist et al., Experimental comparison of aperiodic sinusoidal fringes and phase-shifted sinusoidal fringes for high-speed three-dimensional shape measurement, Optical Engineering 55 (2) (2016) 024105.
[19] S. Heist et al., High-speed three-dimensional shape measurement using GOBO projection, Optics and Lasers in Engineering 87 (2016) 90–96, Digital optical & Imaging methods in structural mechanics.
[20] M. Landmann et al., High-speed 3D thermography, Optics and Lasers in Engineering 121 (2019) 448-455.
[21] S. Heist et al., GOBO projection for 3D measurements at highest frame rates: a performance analysis, Light: Science & Applications 7 (1) (2018) 71.
[22] J. Geng, Structured-light 3D surface imaging: a tutorial, Advances in Optics and Photonics 3 (2) (2011) 128–160.
[23] J. Salvi et al., A state of the art in structured light patterns for surface profilometry, Pattern recognition 43 (8) (2010) 2666–2680.
[24] T. Luhmann et al., Close-Range Photogrammetry and 3D Imaging, Walter de Gruyter, 2014.
[25] S. Zhang, Handbook of 3D machine vision: Optical metrology and imaging, CRC press, 2013.
[26] R. Hartley et al., Multiple view geometry in computer vision, Cambridge university press, 2003.
[27] P. Albrecht et al., Stereo photogrammetry with improved spatial resolution, in: Pattern Recognition, 1998. Proceedings. Fourteenth International Conference on, Vol. 1, IEEE, 1998, pp. 845–849.
[28] A. Wiegmann et al., Human face measurement by projecting bandlimited random patterns, Optics Express 14 (17) (2006) 7692–7698.
[29] M. Vollmer et al., Infrared thermal imaging: fundamentals, research and applications, John Wiley & Sons, 2017.
[30] J.-N. Ouellet et al., Precise ellipse estimation without contour point extraction, Machine Vision and Applications 21 (1) (2008) 59.

Innovative Kameratechnologie eröffnet neue Anwendungsfelder der aktiven und passiven Thermografie

Steffen STURM [1]
[1] InfraTec, Dresden
Kontakt E-Mail: s.sturm@infratec.de

Kurzfassung

Moderne Thermografiesysteme kommen in zahlreichen Industriezweigen bevorzugt zum Einsatz, um thermische Prozesse zu überwachen, fehlerhafte Prozessparameter aufzudecken sowie Stillstandszeiten zu vermeiden.

Verschiedene Messszenarien erfordern oftmals individuell abgestimmte und von der Werkskalibrierung abweichende Temperaturmessbereiche und Integrationszeiten. Gewöhnlich geht infolge solcher Anpassungen die Kalibrierung verloren und die Thermografiekamera liefert keine zuverlässigen Messwerte mehr. Dank der innovativen HighSense-Funktion bleiben die Kalibrierdaten der Kameras auch erhalten, wenn sie die Integrationszeiten oder die Messbereiche ändern. Dadurch profitiert der Anwender von einem Maximum an Flexibilität und sparen Kosten, beispielsweise, indem sie applikationsspezifische Sonderkalibrierungen vermeiden.

Neben der geometrischen und thermischen Auflösung, der Bildwiederholrate oder der Messgenauigkeit stellt die Breite der Temperaturmessbereiche und die Dynamik der generierten Thermogramme ein wichtiges Auswahlkriterium für geeignete Thermografiesysteme dar, insbesondere dann, wenn Messobjekte mit extrem großen Temperaturgradienten sehr schnell und möglichst mit einem Messbereich erfasst und analysiert werden müssen. Durch Nutzung alternierender Integrationszeiten in Kombination verschiedener Graufilter, die in schnell rotierenden Filterrädern implementiert werden, können Mess- und Dynamikbereiche deutlich erweitert und somit nicht auslesbare unter- oder übersteuerte Bereiche im Thermogramm vermieden werden.

Bei der Lösung anspruchsvoller thermischer Mess- und Prüfaufgaben können Anwender mit ein und derselben Kamera in zwei Geschwindigkeitsmodi arbeiten. Der normale Modus erreicht die bekannten Bildraten für Voll-, Halb- und Teilbild mit der vollen geometrischen Auflösung. Im High-Speed-Modus können Aufnahmen mit jeweils identischem Bildfeld erstellt werden – während die Bildrate auf mehr als das Dreifache des bisherigen Wertes steigt. Das Prinzip hinter dem High-Speed-Modus heißt Binning. Dabei werden jeweils vier Pixel benachbarter Zeilen und Spalten zu einem Pixel zusammengefasst. Durch die größere wirksame Pixelfläche verbessert sich bei konstantem Bildfeld zugleich das Signal-/Rausch-Verhältnis um nahezu den Faktor 2. Dieses Plus an thermischer Auflösung sorgt dafür, dass Anwender noch geringere Temperaturunterschiede präzise erkennen können.

INFRATEC.

Innovative Kameratechnologie eröffnet neue Anwendungsfelder der aktiven und passiven Thermografie

- InfraTec-Kurzvorstellung, Geschäftsfelder und Kernkompetenzen, Neuentwicklungen
- Auswahlkriterien geeigneter Kameratechnik
- Einfluss der Integrationszeit auf den Temperaturmessbereich und die Bildwiederholrate
- Besonderheiten der Mehrkennlinien-Kalibrierung gekühlter und ungekühlter Thermografiesysteme
- Möglichkeiten und Vorteile durch HighSense-Kalibrierung
- Die MIT-Funktion (Multi Integration Time) zur Erweiterung der Temperaturbereiche und Bilddynamik
- Nutzung von Blenden und Neutraldichtefilter zur Erweiterung des Temperaturmessbereiches
  - Separates Filter- und Blendenrad
  - Schnell rotierendes Filterrad
- High-Speed-Thermografie mit innovativer Binning-Technologie

INFRATEC.

Vorstellung der InfraTec GmbH
InfraTec GmbH Infrarotsensorik und Messtechnik

25 INNOVATION AUS LEIDENSCHAFT 1991 · 2016

- Gründung 1991
- Über 220 Mitarbeiter
- Fokussiert auf Infrarottechnologie
- Geschäftsbereiche: Infrarot-Sensorik und Infrarot-Messtechnik

INFRATEC.

Vorstellung der InfraTec GmbH
InfraTec GmbH Infrarotsensorik und Messtechnik

Infrarot-Sensorik
- ☐ Multispektraler IR-Flammendetektor
- ☐ Kundenspezifische Infrarotsensorik-Komponenten für Pyrometrie, Analytik, optische Messtechnik

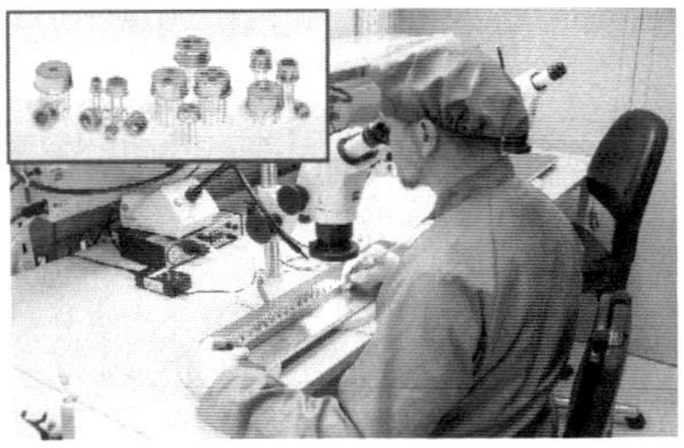

Infrarot-Messtechnik
- ☐ Universelle Thermografiesysteme, Thermografie-Systemlösungen für Prozesskontrolle und Überwachung, Thermografiemessungen, Software

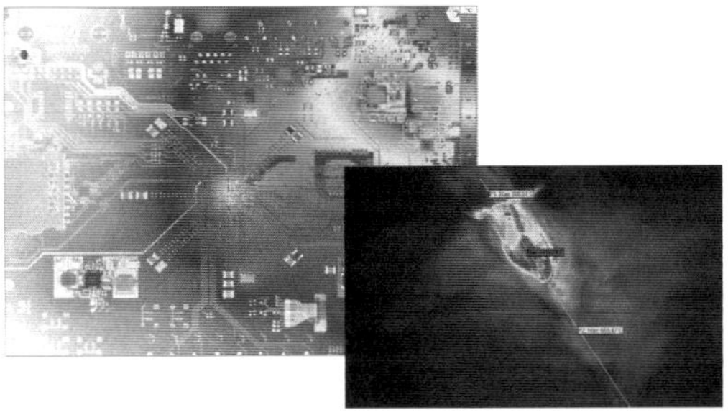

INFRATEC.

Vorstellung der InfraTec GmbH
Über 20 weltweite Partner

- ☐ InfraTec ist an allen wichtigen Märkten durch qualifizierte Vertriebs- und Servicepartner vertreten.

Hauptsitz in Dresden
InfraTec GmbH
Infrarotsensorik und Messtechnik
web@InfraTec.de

Tochterfirma in Amerika
InfraTec Infrared LLC – USA
info@infratec-infrared.com

Technische Büros in Deutschland
Hamburg thermo.nord@InfraTec.de
Leipzig thermo.mitte@InfraTec.de
Nürnberg thermo.sost@InfraTec.de
Augsburg thermo.sost@InfraTec.de
Witten thermo.west@InfraTec.de

INFRATEC.

Vorstellung der InfraTec GmbH

Geschäftsbereich Infrarotmesstechnik

- ☐ Entwicklung, Fertigung und Verkauf hochwertiger Thermografiekameras
- ☐ Entwicklung und Verkauf von Thermografie-Steuer- und Analysesoftware
- ☐ Über 30 verschiedene Thermografiekameras
  - ☐ Forschung & Entwicklung
  - ☐ Gebäudeinspektion
  - ☐ Prozess- & Qualitätskontrolle
  - ☐ Vorbeugende Instandhaltung
  - ☐ ...

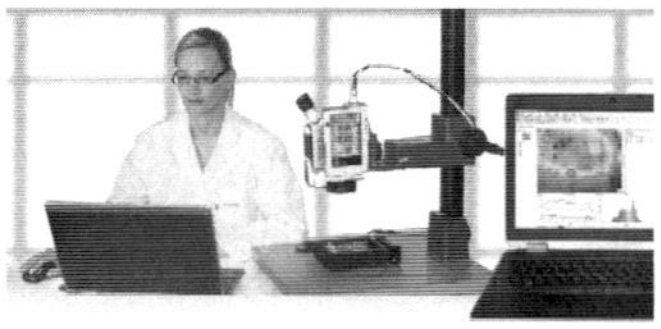

- ☐ Thermografie-Automationslösungen
  - ☐ Prozessmonitoring
  - ☐ Brandfrüherkennung
  - ☐ Objektüberwachung
  - ☐ ...

INFRATEC.

Vorstellung der InfraTec GmbH

Geschäftsbereich Infrarotmesstechnik

- ☐ Über 30 Kameramodelle für nahezu jede Anwendung verfügbar

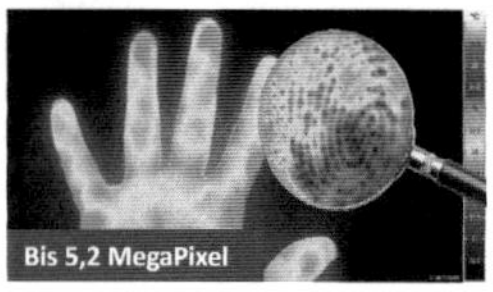

- ☐ Einsteiger-Systeme
- ☐ Profi- und Universal-Systeme
- ☐ Industrie-Systeme
- ☐ High-End-Systeme
- ☐ Gimbal-Systeme
- ☐ Infrarot-Imager

INFRATEC.

Vorstellung der InfraTec GmbH – Forschungsprojekte

Partner von Forschung und Wissenschaft

- Sein Knowhow rund um die Thermografie erweitert InfraTec regelmäßig durch das Mitwirken an verschiedensten Forschungsvorhaben, u.a.:

Risserkennung in der Stahlherstellung
Das Forschungsprojekt AMPLAST

Die ImageIR® 8300 hp im Einsatz für die Forschung
Das Forschungsprojekt SPIRIT

Prüfung von CFK-Verbindungen und -Bauteilen
The GEWOL Research Project

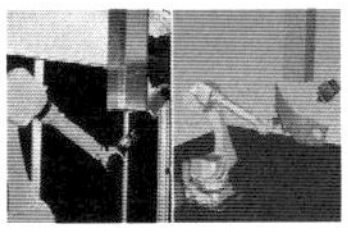

Risse an Schmiedeteilen automatisiert erkennen
Das Forschungsprojekt ThermoBot2

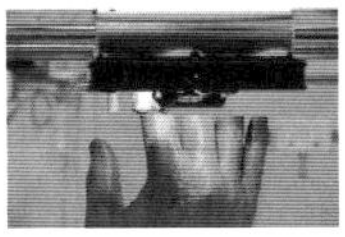

Mehr Effizienz beim Lasersintern von Kunststoffen
The HiPer-LS Research Project

Thermografische Prozess- und Qualitätsüberwachung für Leichtbaukonstruktionen
The LaserLeichter Research Project

INFRATEC.

Vorstellung der InfraTec GmbH – Kooperationen

gom

Materialtest / Zugversuche – 3D Verformungsdarstellung mit Thermografie synchronisiert

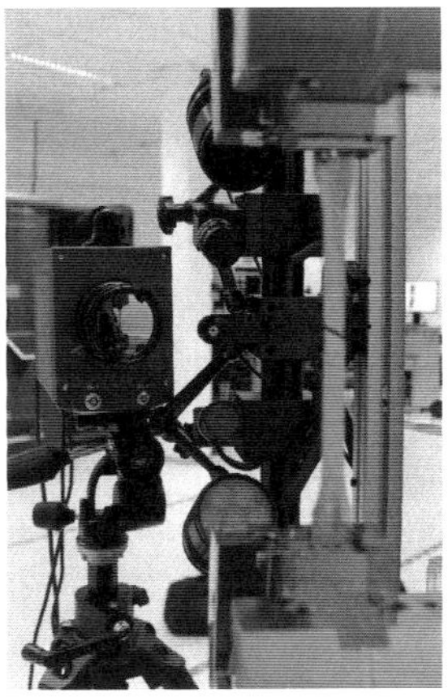

Dehnung

Temperatur

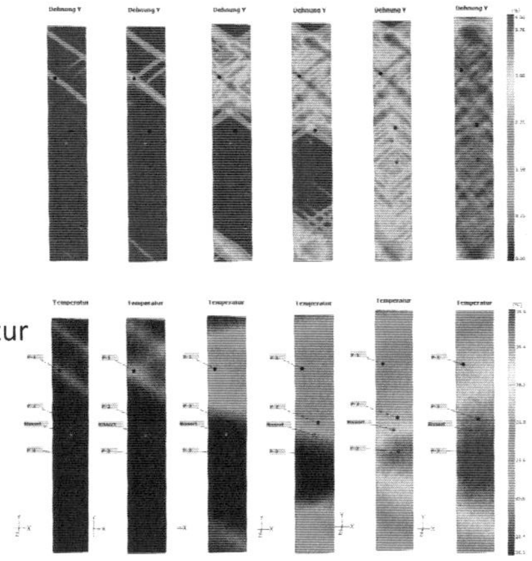

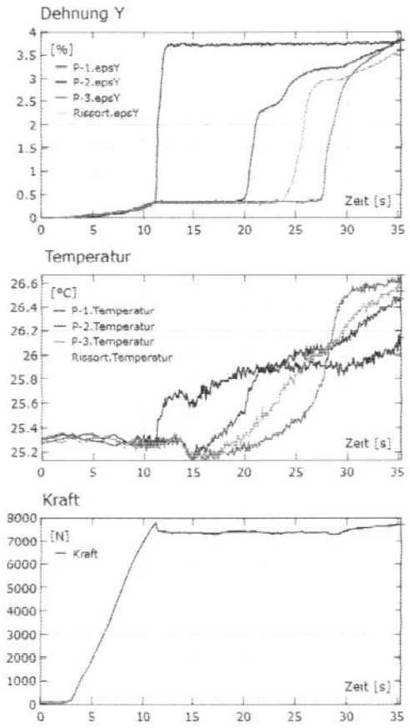

InfraTec.

Anforderungen an die Kameratechnik für die passive und aktive Thermografie

Übersicht Auswahl- / Eignungskriterien

- □ Spektraler Detektionsbereich
  - □ SWIR (0,8 ... 2) µm / MWIR (2 ... 5) µm / LWIR (8 ... 14) µm
- □ Detektorprinzip
  - □ Si-CMOS-Array, Photonendetektoren (Snapshot), Mikrobolometer-Detektor (Zeilenmodus)
- □ Triggerbarkeit
  - □ Nicht vorhanden / bildgenauer Kameratrigger / sehr exakte Triggerein- und -ausgänge
- □ Detektorformat
  - □ (1.920 × 1.536) / (1.280 × 1.024) / (1.024 × 768) / (640 × 512) / (384 × 288) / (320 × 256) / (320 × 240)
- □ Bildaufnahmefrequenz (Vollbild / Teilbild)
  - □ 9 Hz / 30 Hz / 60 Hz / 100 Hz / 350 Hz ... 25.000 Hz
- □ Integrationszeit
  - □ µs-Bereich (10 µs) / ms-Bereich (12 ms)
- □ Temperaturmessbereich
  - □ Sehr hohe Temperaturgradienten auf dem Messobjekt erfordern weite Messbereichsgrenzen
  - □ Der Gesamtmessbereich (-40 ... 3.000) °C besteht aus Einzelmessbereichen, diese sollten möglichst groß sein

InfraTec.

Anforderungen an die Kameratechnik für die passive und aktive Thermografie

High-End-Thermografieserie ImageIR® – Modularer Aufbau ermöglicht individuelle Ausstattung

Modul 1

- □ Objektivschnittstelle
- □ Filterrad*
- □ Blendenrad*
- NEU MicroScan*, schnelles Filterrad*
- □ Shutter*
- □ Motorfokus*

Modul 2

- □ IDCA (Detektor + Kühler)
- □ Datenverarbeitung
- □ Controller für Kamerasteuerung
- □ Optomechanik, Temperatursensoren
- □ Stromversorgung
- □ Lüfteraufsatz*, Wasserkühlung*

Modul 3

- □ GigE-, 10 GigE-, CAMLink-, DualCAMLink-Schnittstelle
- □ Triggerinterface
- □ DC-IN
- □ Power on / off

* optional

INFRATEC.

Anforderungen an die Kameratechnik für die passive und aktive Thermografie

Thermografieserie ImageIR® – Modularer Aufbau ermöglicht individuelle Ausstattung

- ☐ Unterschiedliche Spektralbereiche **SWIR/MWIR/LWIR**
- ☐ Detektortypen: **MCT, InSb, QWIP**
- ☐ Detektorformate: **(320 × 256), (640 × 512), (1.280 × 1.024) oder (1.920 × 1.536) IR-Pixel**
- ☐ Opto-mechanisches MicroScan für eine Vervierfachung der Pixelanzahl
- ☐ Messbereich bis 1.200 °C, optional bis 3.000 °C
- ☐ Thermische Auflösung < 15 mK @ 30 °C
- ☐ Extrem kurze Integrationszeiten im Mikrosekundenbereich
- ☐ Bildwiederholraten bis 105.000 Hz
- ☐ Triggerinterface, Snapshot-Detektor
- ☐ Umfassendes Optiksortiment
- ☐ Pixelgrößen kleiner 2 µm

1.920 × 1.536 Detektor | ≥ 15 mK | Trigger | 10 GigE

INFRATEC.

Anforderungen an die Kameratechnik für die passive und aktive Thermografie

Übersicht der 10 Ausführungsmodelle der ImageIR®

Ausführungsmodelle	ImageIR® 4300 ImageIR® 5300	ImageIR® 7300 ImageIR® 8300 / hp	ImageIR® 8800	ImageIR® 9300 ImageIR® 9400	ImageIR® 9500	ImageIR® 10300
Spektralbereich	MWIR	MWIR	LWIR	MWIR	MWIR	MWIR
Pitch	30 µm	15 µm	15 µm	15 µm, 10 µm	12 µm	10 µm
Detektortyp	MCT oder InSb	MCT oder InSb	MCT	InSb	MCT	InSb
Detektorformat (IR-Pixel)	(320 × 256)	(640 × 512)	(640 × 512)	(1.280 × 1.024)	(1.280 × 720)	(1.920 × 1.536)
Pitch	30 µm	15 µm	15 µm	15 µm, 10 µm	12 µm	10 µm
Bilderfassung	Snapshot	Snapshot	Snapshot	Snapshot	Snapshot	Snapshot
Auslesemodus	ITR	ITR / IWR	ITR	ITR / IWR	ITR / IWR	ITR / IWR
IR-Bildfrequenz (Voll- / Halb- / Viertel- / Teilbild)	Bis 450 / 1.500 / 4.500 / 105.000 Hz	Bis zu 355 / 670 / 1.200 / 5.000 Hz	Bis zu 233 / 874 / 2.892 / 14.592 Hz	Bis zu 180 Hz / 625 Hz, (gleiches FOV)	Bis zu 120 / 446 / 1.517 / 16.053 Hz	Bis zu 100 Hz / 400 Hz, (gleiches FOV)
Long-Life-Kühler	o	o	o	o	o	o
Motorfokus / Autofokus	o	o	o	o	o	o
Filterrad / Blendenrad	o	o	o	o	o	o
Interner Shutter	o	o	o	o	o	o
Multi Integration Time (MIT)	o	o	o	o	o	o
Fenstermodus	o	o	o	o	o	o
Triggerinterface	o	o	o	o	o	o

o – optional, x – verfügbar, n – nicht verfügbar

Anforderungen an die Kameratechnik für die passive und aktive Thermografie

Technische Anforderungen an die Kameratechnik

- Neben der geometrischen und thermischen Auflösung, der Bildwiederholrate oder der Messgenauigkeit stellt die **Breite der Temperaturmessbereiche und die Dynamik** der generierten Thermogramme ein wichtiges Auswahlkriterium für geeignete Thermografiesysteme dar, insbesondere dann, wenn Messobjekte mit extrem großen Temperaturgradienten sehr schnell und möglichst mit einem Messbereich erfasst und analysiert werden müssen.

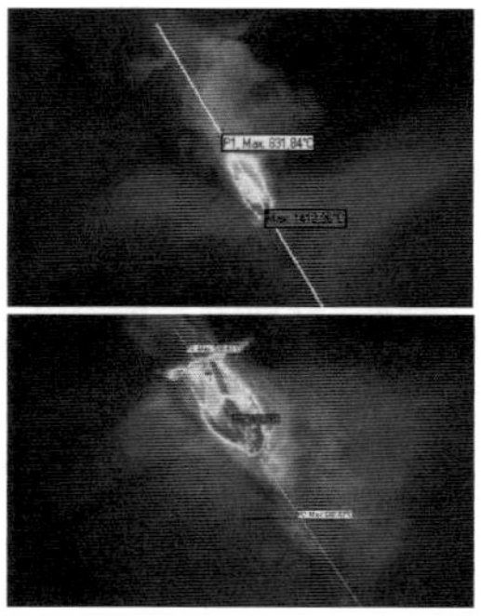

- Diese extremen Anforderungen werden an **Kameratechnik** gestellt, die **zur Schweißprozessanalyse** zum Einsatz kommen.
- Durch Nutzung **alternierender Integrationszeiten in Kombination mit verschiedenen Neutraldichtefilter** können Mess- und Dynamikbereiche deutlich erweitert und somit nicht auslesbare unter- oder übersteuerte Bereiche im Thermogramm vermieden werden.

Einfluss der Integrationszeit auf den Temperaturmessbereich und die Bildwiederholrate

Temperaturmessbereich und Integrationszeit – Sonderfunktion „Multi Integration Time“ (MIT)

- Mehrere kalibrierte Integrationszeiten werden für einen Messbereich genutzt, wodurch eine **deutliche Erweiterung des Mess- und Darstellungsbereiches** realisiert wird.
- Messobjekte mit großen Temperaturgradienten können mit einem Messbereich erfasst werden.
- Keine Bereichsumschaltung notwendig

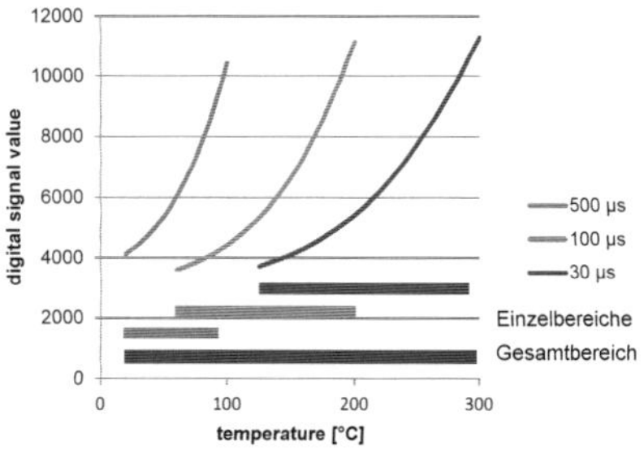

- Kurze T_{int} = Messung der Objektbereiche mit hohen Temperaturen
- Lange T_{int} = Messung der Objektbereiche mit niedrigen Temperaturen

Bildwiederholrate

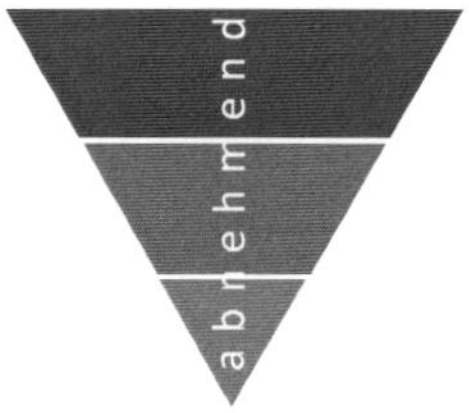

INFRATEC.

Besonderheiten der Mehrkennlinien-Kalibrierung gekühlter und ungekühlter Thermografiesysteme

Kalibrierung – automatisiert, präzise und kundenspezifisch

- □ Präzisionskalibrierung inkl. **Kalibrierzertifikat** in Messbereichen (-40 ... 3.000) °C
- □ **3-Kennlinien Kalibrierung** mit einer Haupt- und 2 Nebenkennlinien zur Kompensation von Umgebungstemperaturschwankungen ermöglicht wiederholgenaue Messungen sowie ein optimales Einlaufverhalten
- □ Simultane, **automatisierte Kalibrierung** mehrerer Systeme
- □ Teilautomatisierte Kalibrierung **kundenspezifischer Sondermessbereiche**

INFRATEC.

Möglichkeiten und Vorteile durch HighSense-Kalibrierung

Veränderung der Integrationszeit ohne Verzicht auf Temperaturmessung

Möglichkeiten:

- □ Berechnung von Kalibrierkennlinien und NUC-table:
  - □ Zwischen den kalibrierten Integrationszeiten
  - □ Für beliebige Sub-Frames

Vorteile:

- □ Nutzung **individueller Temperaturmessbereiche** zusätzlich zur Werkskalibrierung
- □ automatische Berechnung der optimalen Integrationszeit bei zuvor **gewählten Temperaturbereichen**
- □ Einstellung **individueller Integrationszeiten** und automatische Berechnung optimaler Temperaturbereiche
- □ **Beibehaltung der Kalibrierung** auch bei geänderten Integrationszeiten

InfraTec.

Möglichkeiten und Vorteile durch HighSense-Kalibrierung

Veränderung der Integrationszeit ohne Verzicht auf Temperaturmessung

- **Variante 1:** Auswahl der Integrationszeit (T_{int})

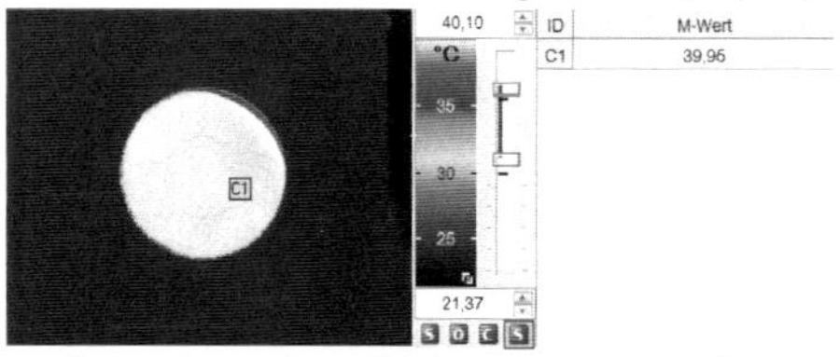

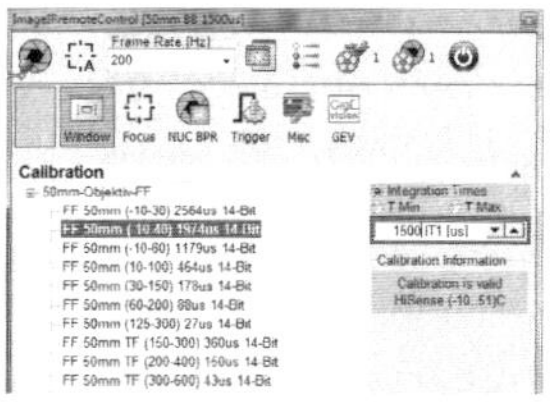

- **Variante 2:** Nach Wahl der Temperaturobergrenze bzw. der Temperaturuntergrenze erfolgt automatische Suche der besten T_{int}

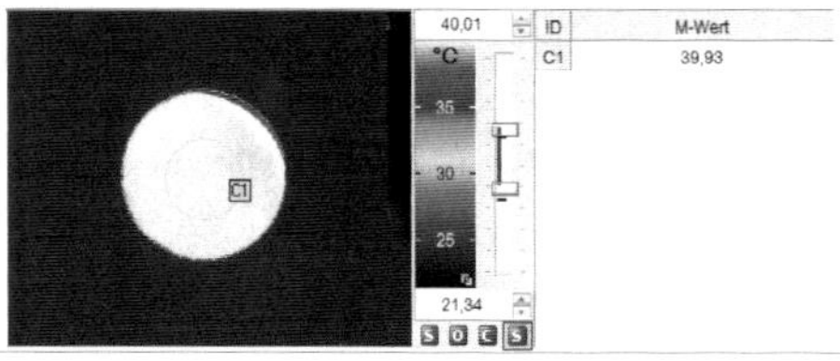

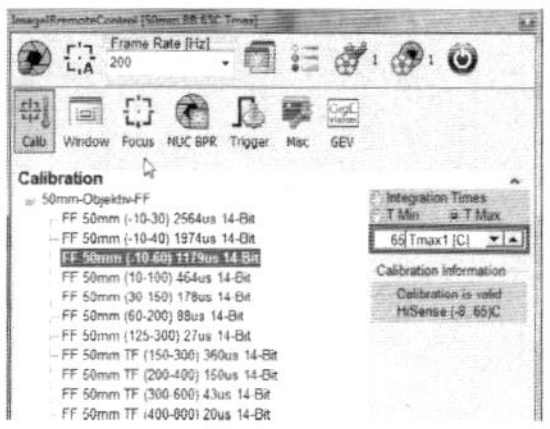

InfraTec.

Die MIT-Funktion zur Erweiterung der Temperaturbereiche und Bilddynamik

High-End-Thermografieserie ImageIR® – **M**ulti **I**ntegration **T**ime (MIT)

- Beispiel: 3 MIT-Bereiche für den Temperaturbereich (-10 ... 300) °C (ohne Neutralfilter)
  - IT-1: 1300 µs; (-10 ... 50) °C
  - IT-2: 145 µs; (30 ... 150) °C
  - IT-3: 22 µs; (125 ... 300) °C
  - Im MIT-Mode werden die Thermogramme mit alternierenden Integrationszeiten erstellt
  - Beispiel einer Kameraspezifikation: Bildwiederholrate der Kamera: 100 Hz → Bild-Periode: 10 ms

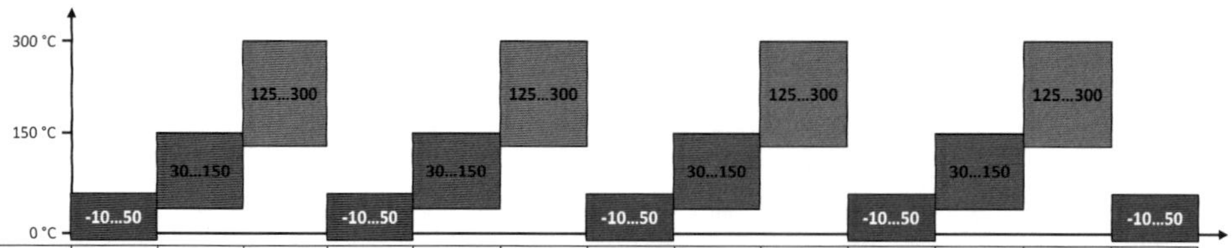

Rahmen #	1	2	3	4	5	6	7	8	9	10	11	12	13
Integrationszeit #	1	2	3	1	2	3	1	2	3	1	2	3	1
Bildrate / ms	10 ms	10 ms	10 ms	10 ms	10 ms	10 ms	10 ms	10 ms	10 ms	10 ms	10 ms	10 ms	10 ms

INFRATEC.

Die MIT-Funktion zur Erweiterung der Temperaturbereiche und Bilddynamik

High-End-Thermografieserie ImageIR® – Multi Integration Time (MIT)

- ☐ Übliche Kombination von Integrationszeiten (3): Merging nach eine kompletten Zyklus (3 IT):

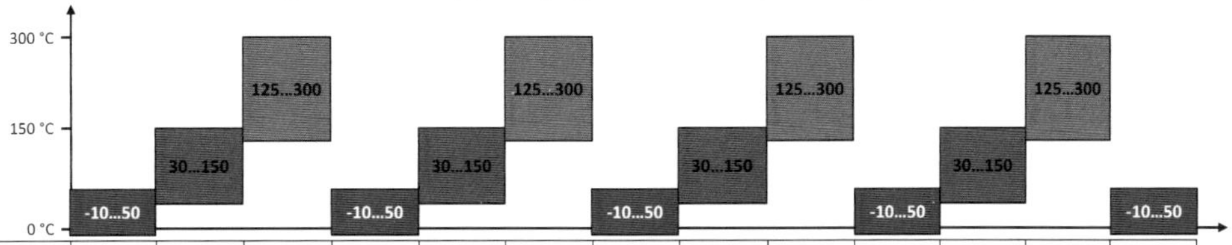

Rahmen #	1	2	3	4	5	6	7	8	9	10	11	12	13
Integrationszeit #	1	2	3	1	2	3	1	2	3	1	2	3	1
Bildrate / ms	10 ms	10 ms	10 ms	10 ms	10 ms	10 ms	10 ms	10 ms	1 0ms	10 ms	10 ms	10 ms	10 ms

Kombinierter Rahmen #		1 + 2 + 3	4 + 5 + 6	7 + 8 + 9	10 + 11 + 12
Integrationszeit #		1 + 2 + 3	1 + 2 + 3	1 + 2 + 3	1 + 2 + 3
MIT Rahmen #		1	2	3	4
MIT Bildrate / ms		30ms	30ms	30ms	30ms

- ☐ MIT-Bildrate = **33,3 Hz** @ Kamera-Bildrate = **100 Hz**

INFRATEC.

Die MIT-Funktion zur Erweiterung der Temperaturbereiche und Bilddynamik

High-End-Thermografieserie ImageIR® – Multi Integration Time (MIT)

- ☐ Verbesserte InfraTec-Methode zur Kombination verschiedener Tint: Aktualisierung nach jeder neuen Aufnahme:

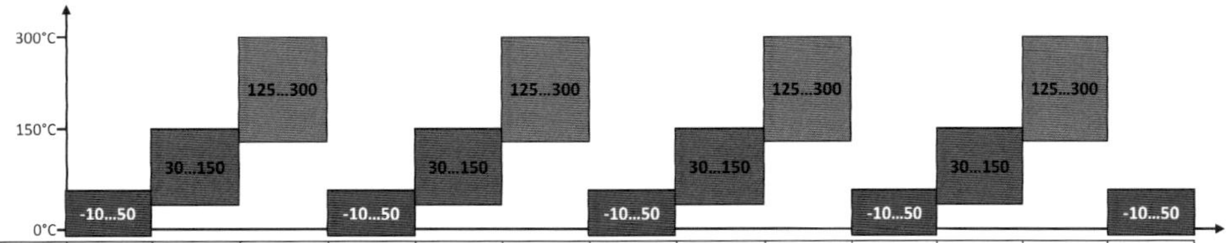

Rahmen #	1	2	3	4	5	6	7	8	9	10	11	12	13
Integrationszeit #	1	2	3	1	2	3	1	2	3	1	2	3	1
Bildrate / ms	10 ms	10 ms	10 ms	10 ms	10 ms	10 ms	10 ms	10 ms	10 ms	10 ms	10 ms	10 ms	10 ms

Kombinierter Rahmen #		1 + 2 + 3	2 + 3 + 4	3 + 4 + 5	4 + 5 + 6	5 + 6 + 7	6 + 7 + 8	7 + 8 + 9	8 + 9 + 10	9 + 10 + 11	10 + 11 + 12	11 + 12 + 13
Integrationszeit #		1 + 2 + 3	2 + 3 + 1	3 + 1 + 2	1 + 2 + 3	2 + 3 + 1	3 + 1 + 2	1 + 2 + 3	2 + 3 + 1	3 + 1 + 2	1 + 2 + 3	2 + 3 + 1
MIT Rahmen #		1	2	3	4	5	6	7	8	9	10	11
MIT Bildrate / ms	30 ms	10 ms	10 ms	10 ms	10 ms	10 ms	10 ms	10 ms	10 ms	10 ms	10 ms	10 ms

- ☐ MIT-Bildrate = **100 Hz** @ Kamera-Bildrate = **100 Hz**

InfraTec.

Die MIT-Funktion zur Erweiterung der Temperaturbereiche und Bilddynamik

High-End-Thermografieserie ImageIR® – **M**ulti **I**ntegration **T**ime (MIT)

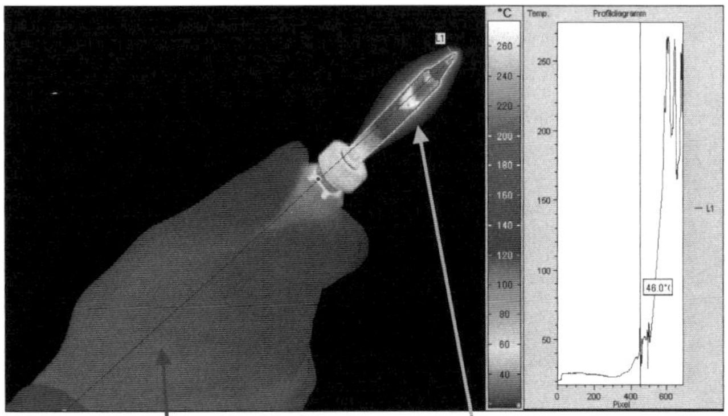

Sehr gute thermische Auflösung

Korrekte Temperaturmessung

Optimale Aussteuerung mit MIT

- ☐ Thermische Auflösung in Abhängigkeit der Integrationszeit, maximale thermische Auflösung
- ☐ **MIT-Mode: 3 ausgewählte** Integrationszeite: **30 µs, 100 µs, 500 µs,** Range **(20 ... 300) °C**
- ☐ **16 Bit** Bilddynamik

InfraTec.

Nutzung von Blenden und Neutraldichtefilter zur Erweiterung des Temperaturmessbereiches

Separated Filter- und Blendenrad

Separates Filterrad und Blenden- / Filterrad

- ☐ Das Filterrad ist Voraussetzung für die Optimierung der Kamerawellenlänge auf die spektralen Eigenschaften der Messobjekte (Spektrale Thermografie)
- ☐ Bei der **Messungen hoher Objekttemperaturen** wird das Blendenrad zur Vermeidung von Detektor-Überstrahlungen mit einem Dämpfungselement (Graufilter oder Blende) bestückt.
- ☐ Somit sind breite Temperaturmessbereiche **bis 3.000 °C** realisierbar.
- ☐ Zur optimierten Messung von heißen Metallen werden **Spektralfilter** (sogenannte „Metallfilter") in Kombination mit **Graufiltern** bzw. Blenden genutzt.

Filterrad

Blendenrad

InfraTec.

Nutzung von Blenden und Neutraldichtefilter zur Erweiterung des Temperaturmessbereiches

Schnell rotierendes Filterrad – Prinzipdarstellung Funktionsweise

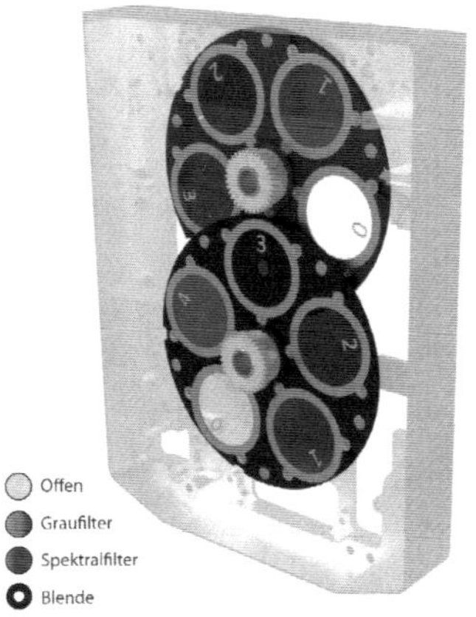

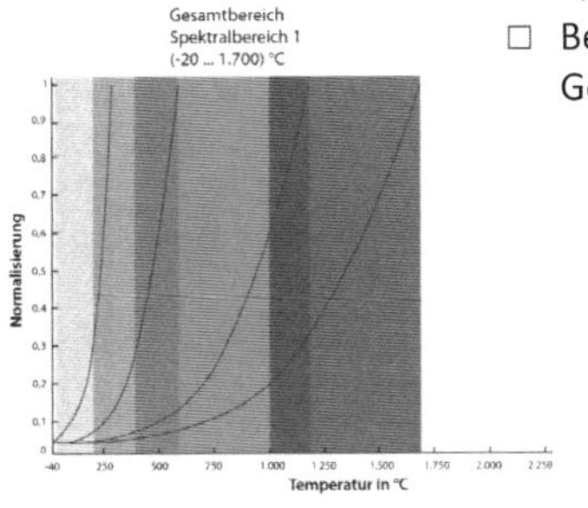

- Kombination von Neutral- und Spektralfiltern sowie Blenden
- Beispiel zur Bildung eines Gesamtmessbereiches

InfraTec.

Multi-spektrale Messungen mit bis zu 6 Spektralfiltern

Schnell rotierendes Filterrad – Prinzipdarstellung Funktionsweise

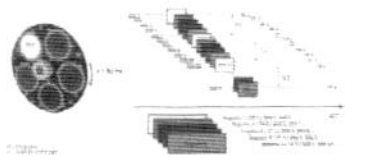

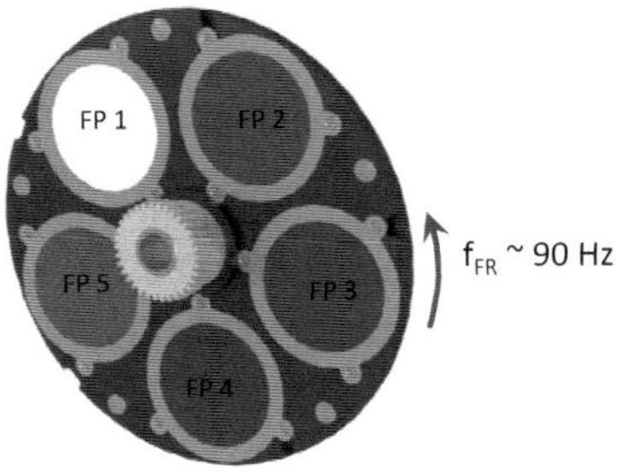

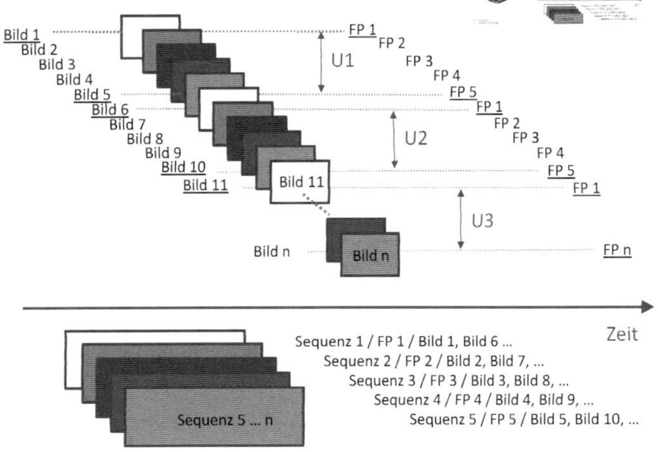

schnell rotierendes Filterrad mit bis zu 6 Positionen

FP ... Filterposition
U ... Anzahl der Umdrehungen

INFRATEC.

Nutzung von Neutraldichtefilter zur Erweiterung des Temperaturmessbereiches

Schnell rotierendes Filterrad – Prinzipdarstellung Funktionsweise

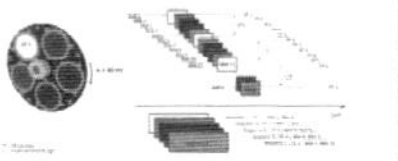

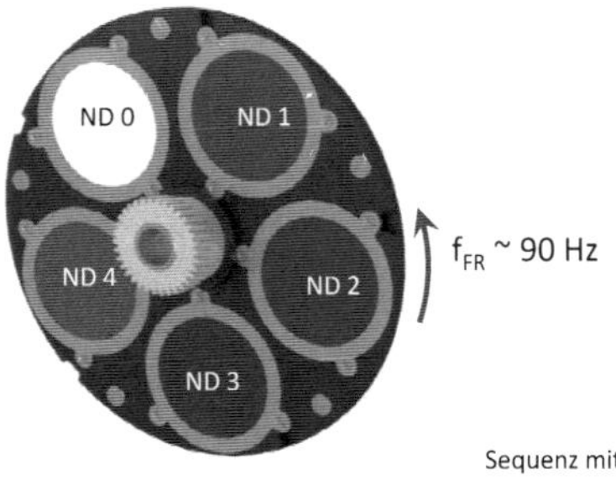

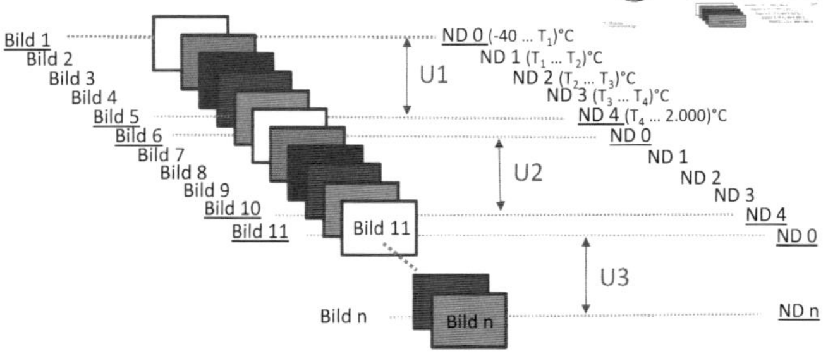

schnell rotierendes Filterrad mit bis zu 6 Positionen

Sequenz mit zusammengefassten Bildern/Kalibrierbereichen:

Zeit

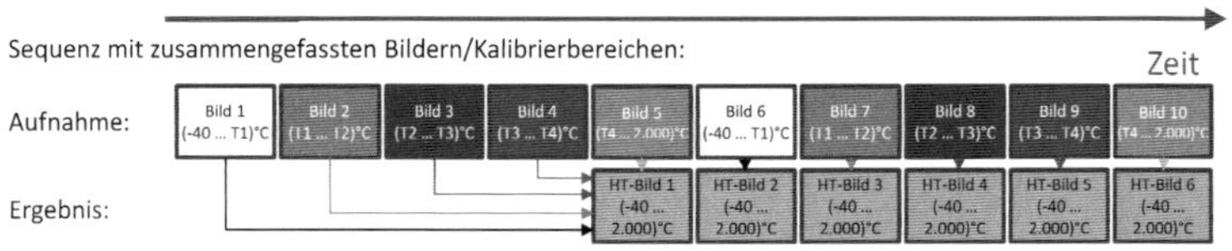

FP ... Filterposition
U ... Anzahl der Umdrehungen

INFRATEC.

Nutzung von Neutraldichtefilter zur Erweiterung des Temperaturmessbereiches

Schnell rotierendes Filterrad – Prinzipdarstellung Funktionsweise

- ☐ Bestückung des Blenden-/Filterrades oder Neutraldichtefilter zur Signalabschwächung für höhere Objekttemperaturen.
- ☐ Synchronisierung der Kamera-Bildwiederholrate mit dem schnell rotierenden Blenden-/Filterrad
- ☐ Die effektive Bildwiederholrate der HT-Sequenz ist NUR abhängig von der maximalen Kamera-Bildwiederholrate und nicht von der Anzahl der für den Messbereich erforderlichen Neutraldichtefilter!
- ☐ Kombination mit verschiedenen Integrationszeiten (MIT) möglich

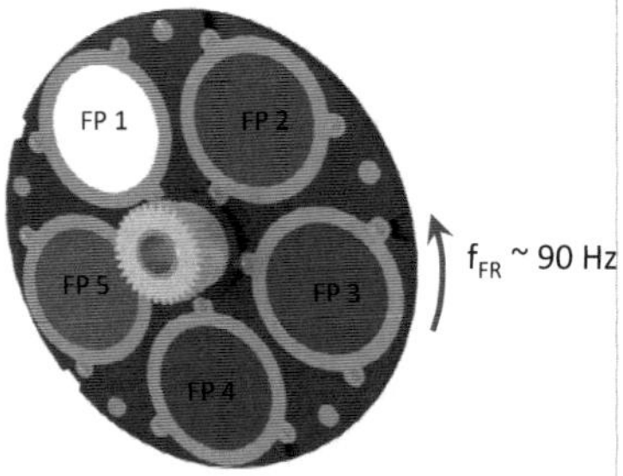

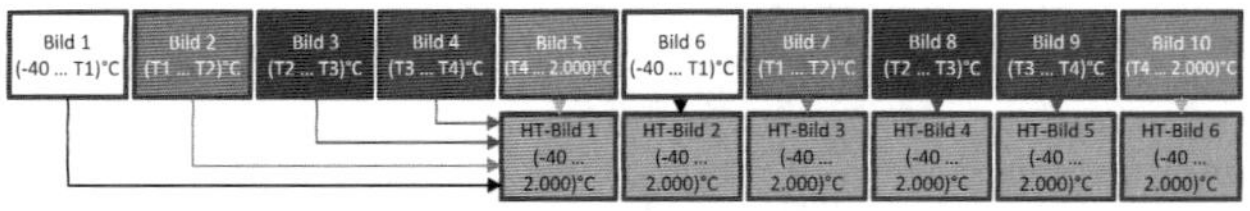

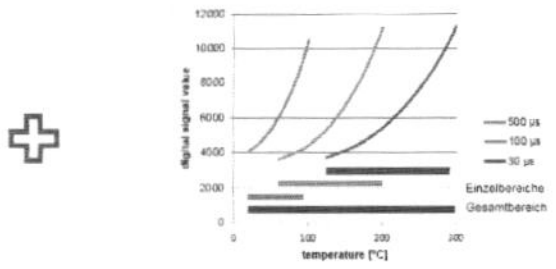

InfraTec.

High-Speed-Thermografie mit innovativer Binning-Technologie

Wahl ohne Qual – höhere Geschwindigkeit und thermische Empfindlichkeit

High Speed Modus

InfraTec.

High-Speed-Thermografie mit innovativer Binning-Technologie

Wahl ohne Qual – höhere Geschwindigkeit und thermische Empfindlichkeit

High Speed Modus

Neuer High-Speed-Modus bietet die Leistung, die Sie brauchen!

- ☐ **HD-Modus**
  - ☐ Mit der nativen Pixelzahl des Kamera-Detektors kleinste geometrische Details abbilden
  - ☐ Einsatz bei Messszenarien, die Höchstmaß an örtlicher Auflösung verlangen
- ☐ **High-Speed-Modus – Binning-Technologie**
  - ☐ Zusammenfassung der Pixel benachbarter Zeilen und Spalten
  - ☐ Deutliche Erhöhung der Bildfrequenz auf mehr als das Dreifache
  - ☐ Erhöhte thermische Auflösung um den Faktor 2
  - ☐ Konstantes Bildfeld (FOV), erfasster Szenenausschnitt bleibt unverändert

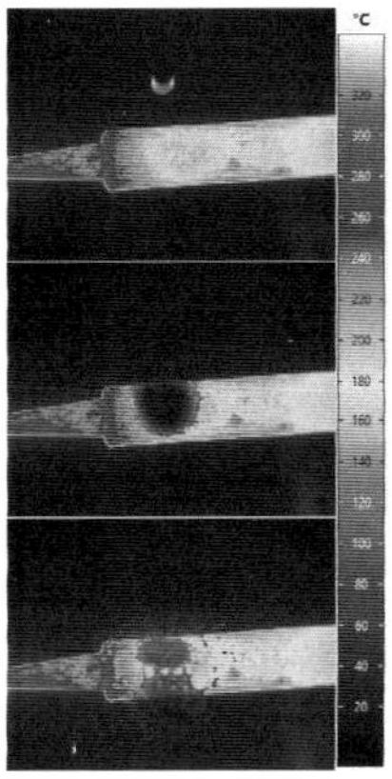

InfraTec.

High-Speed-Thermografie mit innovativer Binning-Technologie

Wahl ohne Qual – höhere Geschwindigkeit und thermische Empfindlichkeit

High-Speed-Modus

- Binning bedeutet die Hardware(!)-Kombination von Pixeln eines (IR-)FPAs.
- Das Ergebnis ist ein effektiver, größerer neuer Bildpunkt.

- Vorteile von Binning:
  - Größere Pixel: besserer SNR! → **niedrige NETD**
  - Weniger Pixel: **höhere Bildrate**!
  - **Gleiches FOV** im Standard-Modus (hohe Pixelanzahl) und Binning-Modus (hohe Geschwindigkeit, niedrige NETD)
  - Sie können jederzeit mit einem Klick zwischen beiden Modi wechseln.

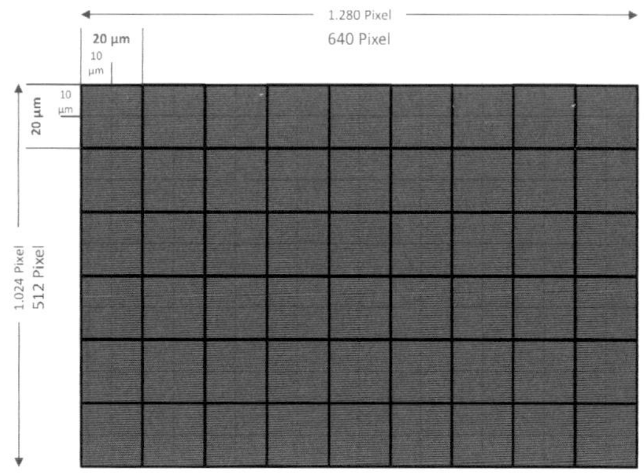

InfraTec.

High-Speed-Thermografie mit innovativer Binning-Technologie

Wahl ohne Qual – höhere Geschwindigkeit und thermische Empfindlichkeit

High-Speed-Modus

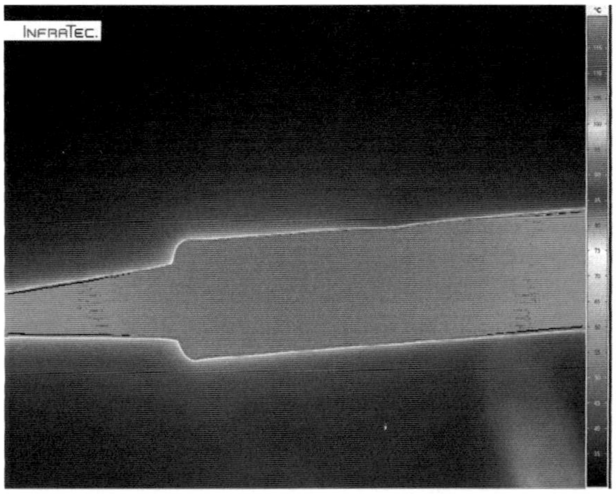

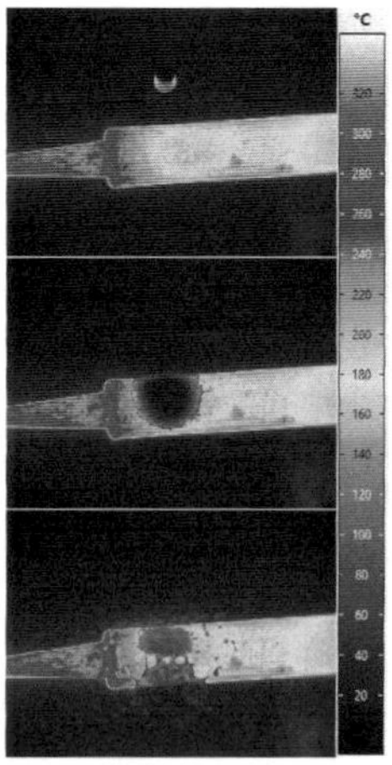

Praktische Anwendung aktiver Thermografie in der Bauwerksprüfung

Georg DITTIÉ [1] [1] Dittié Thermografie, Königswinter

Kontakt E-Mail: dittie@thermografie.de

Kurzfassung. Anhand von Praxisbeispielen soll gezeigt werden, wie aktive Thermografie in der zerstörungsfreien Bauwerksprüfung angewendet wird. Dazu werden für die Einzelaufgaben passende Kombinationen aus Anregung, Aufnahme und Auswertemethode besprochen. In der Baupraxis haben sich dabei Warmluftgebläse, die Nutzung natürlicher Temperaturschwankungen und eingeschränkt IR-Strahler als anwendbar herausgestellt, wobei in der Regel eine nachbearbeitete Einzelaufnahme zur Auswertung ausreicht. Insbesondere wird auch der Einfluß der Bildqualität der IR-Kamera auf Arbeitsmethode und Ergebnis besprochen. Die Beispiele stammen aus den Bereichen Feuchteschäden, verborgene Bauwerksstrukturen und dicke und dünne Schichten. Ziel der Zusammenfassung praktischer Erfahrungswerte ist eine Tabelle für Anwender aktiver Bauwerksprüfung, indem für Standardfälle Anregungsart, -dauer, Aufnahme und Auswertemethode angegeben ist.

Einführung

Aktive thermografische Verfahren setzen sich allmählich in der Praxis der Bauwerksprüfung durch. Es gibt zwar schon geraume Zeit ein Merkblatt der DGZfP zur aktiven Bauthermografie [1], wo aber eher grundlegende Dinge beschrieben werden. Was bislang fehlt oder nicht bekannt ist, ist eine Auflistung von Standardanwendungen, die dem Thermografen einen Hinweis gibt, wie eine aktive Bauwerksprüfung mit Anregungsart und -dauer, mit der Aufnahmemethode und dem Auswerteverfahren durchzuführen ist.

Ich habe im Jahr 2015 und 2016 grobe vorläufige Auflistungen von Anwendungsfällen mit den dazugehörigen Verfahren veröffentlicht [2,3], die auf meine eher zufälligen empirischen Erfahrungen mit bis dahin auftretenden Einsätzen aktiver Bauwerksprüfung beruhte. Die darin angegebenen Erfahrungswerte haben sich aber einer systematischen Überprüfung der Arbeitsmethode und des Verhältnisses von Aufwand und Ergebnis zu stellen.

Dazu sind an einzelnen Messobjekten systematische Messungen erfolgt, die auf verschiedene Weisen aufgenommen und ausgewertet wurden. Ebenso wurden verschiedene Anregungsarten gegen einander verglichen. Ziel dieser Untersuchungen ist es, dem Merkblatt B 05 ein Tabellenwerk hinzu zu fügen, um dem Anwender von aktiver Thermografie zur Bauwerksprüfung für immer wieder kehrende Standardfälle angepasste Arbeitsweisen anzugeben, um damit dem eigentlich nur am praktischen Ergebnis interessierten Anwender viel Grundlagenarbeit zu ersparen.

Anregungs- und Auswerteverfahren für die Bauthermografie

Eine Messung mittels aktiver Thermografie erfolgt in mehreren Schritten:

1. ***Anregung*** des Meßobjekts durch aktive Aufheizung oder Abkühlung:
    - Einmalig, durch Apparate oder durch Tagestemperaturanstieg oder –abfall
    - Mehrfach gepulst oder durch einen vollen Tagesablauf über 24 Stunden

2. ***Aufnahme*** des Meßobjekts:
    - Einmalig nach dem Ende der Anregung
    - Als Aufnahmereihe über oder nach der Anregungsperiode

3. ***Auswertung*** der Aufnahmereihe:
    - Einfach als Einzelaufnahme mit oder ohne weiterer Bildbearbeitung
    - Per *diskreter Fouriertransformation*, wenn eine gepulste Anregung erfolgt ist.
    - Per *Abkühl- oder Aufheizkoeffizienten* bei einmaliger Anregung.

Diese allgemeingültige Auflistung gilt genau so in der aktiven Bauwerksprüfung. Von der Vielzahl der möglichen Kombinationen sind aber nur eine überschaubare Anzahl tatsächlich praxisrelevant.

Der ursprünglich Entwurf für eine Handlungsanweisung

Rein aus der Erfahrung mit ersten Einsätzen von aktiver Thermografie zur Bauwerksprüfung ergab sich eine anfängliche Liste von Handlungsanweisungen, die es in dieser Arbeit systematisch zu überprüfen gilt:

- Eine einzelne Anregung reicht praktisch immer aus. Die Lock-In-Thermografie wird im Bauwesen wohl kaum eine Rolle spielen.
- Bei Außenaufnahmen ist die Anregung durch den Tagestemperaturgang hinreichend.
- Wenn außen mit Sonneneinstrahlung angeregt wird, muß diese schattenfrei sein. Abendliche Abkühlung nach Sonnenuntergang ist aber zu bevorzugen.
- Bei Innenaufnahmen reicht der natürliche Tagestemperaturgang in der Regel nicht aus. Es muß künstlich angeregt (d.h. aufgeheizt werden)
- Zur Aufheizung in Innenräumen reichen 10 bis 30 Minuten für die Anregung aus
- Als Anregungsmittel haben sich Bauheizlüfter bewährt. Infrarotstrahler sind wegen möglicher Reflektionen und unterschiedlicher Absorption problematisch.
- In der Regel reicht eine Einzelaufnahme am Ende der Anregungsperiode.
- Bei schwachen Kontrasten bewährt sich eine Reihenaufnahme von 10 – 30 Bildern, die dann als Koeffizientenbild $e^{-(a*t)}$ ausgewertet wird.

Zur Überprüfung wurden verschiedene Objekte in Einzelaufnahme oder mit Reihenaufnahmen thermografiert, wobei die Anregung entweder einmalig, kurz oder lange ausgeführt wurde, oder nach Aufheizung- bzw. Abkühlung thermografiert wurde. Welche Methodik praxisgerecht ist, kann anhand eines Vergleichs verschiedener Anregungs-, Aufnahme- und Auswertemethoden am selben Objekt entschieden werden. Die einzelnen Punkte der ersten Tabelle konnten also bestätigt, ergänzt oder verworfen werden.

Periodische versus Einmalanregung

Zur Überprüfung der Praxistauglichkeit der Anregungsart wurde ein Altbaudach (BJ 1972) 24 Stunden lang über einen kompletten tagestemperaturgang von innen heraus thermografiert. Zum Einen wurde die komplette Tagesschwingung per DFT ausgewertet, zu anderen eine einzige Aufnahmestunde während der abendlichen Abkühlung per Abkühlungskeffizienten a aus $e^{-(a*t)}$ herangezogen. Das Koeffizientenbild ist zur besseren Vergleichbarkeit graustufeninvertiert.

Abb. 1: DFT-Auswertung aus 24 h Aufnahmezeit

Abb. 2: Koeffizientenbild a aus 1 h Aufnahmedauer

Es ergibt sich kein wesentlicher Unterschied. Mit der Einmalanregung kann ein vergleichbares Ergebnis mit ganz erheblich geringerem Zeitaufwand erzielt werden.

Anregungsarten und –zeiten bei Außenthermografien

Vergleich vormittäglicher Temperaturanstieg / abendlicher Temperaturabfall

Aufnahmeobjekt hierbei ist ein Wärmedämmverbundsystem, das einmal unter direkter, nicht abgeschatteter Sonneeinstrahlung aufgenommen wurde, zum anderen ein zweites Mal etwa eine Stunde nach Sonnenuntergang bei stärkerem abendlichen Temperaturabfall thermografiert wurde.

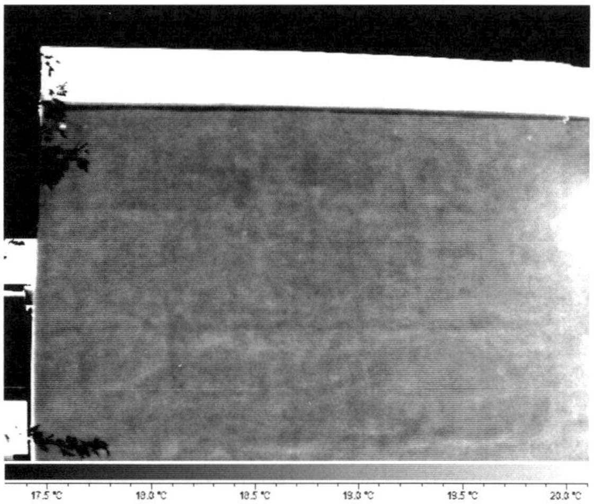

Abb 3.: Thermografie eines direkt besonnten WDVS

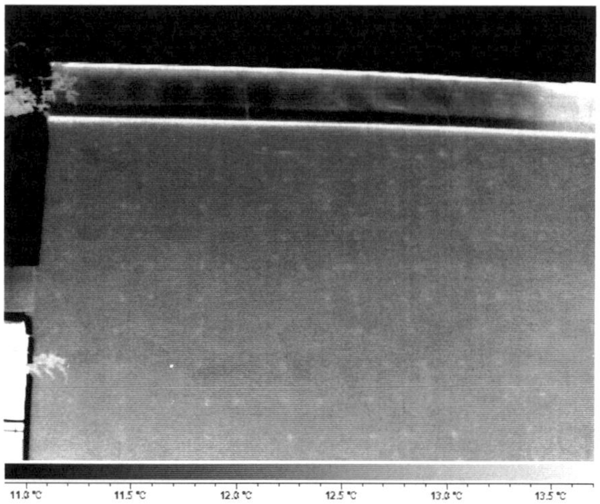

Abb. 4: Dasselbe WDVS 1 Stunde nach Sonnenuntergang

Der Vergleich beider Thermogramme zeigt, daß während eines äusseren Wärmeeintrags, hier durch die Besonnung, aber auch durch den Anstieg der Umgebungstemperatur die sehr oberflächennahen Strukturen visualisiert werden können. Findet aber ein Wärmeaustrag aus dem Objekt statt, werden die tiefer liegenden Strukturen im Thermogramm sichtbar.

Abb. 5. Putzablösungen bei direkter Besonnung

Abb. 6. Feuchtes WDVS bei abendlicher Abkühlung

Visualisierung sehr grober Strukturen in Abhängigkeit von der Tageszeit

Die Regel, daß man nur sehr oberflächennahe Strukturen bei vormittäglichem Temperaturanstieg thermografisch nachweisen kann, gilt nicht für sehr grobe Strukturen wie Beton- und Stahlteile oder Mauerwerksfugen. Ist der Unterschied der Diffusivität der verschiedenen Materialien hinreichend groß, so lassen sich solche Unterschied auch tagsüber bis in wenige cm Tiefe nachweisen. Wo die Nachweisgrenze unterhalb der Oberfläche liegt, ist Gegenstand weiterer Forschungsarbeit.

Abb. 7: Defekter Stahlbeton bei direkter Besonnung

Abb. 8: Verputztes Mauerwerk bei Temperaturanstieg

Die Anregedauer bei der Nutzung natürlicher Temperaturänderungen, Einstrahlung aus der Umgebung und Abstrahlung in die Umgebung ist nicht von Bedeutung. Es kommt lediglich auf die angepasste Auswahl des Aufnahmezeitpunkts an. Wegen der sehr geringen Geschwindigkeit von Wärmeein- und -austrag kommt es auf Genauigkeit des Zeitpunktes nicht an, ebenso gibt es Zeit zur Aufnahme von Serienaufnahmen, falls aus Gründen der Bildqualität erforderlich.

Anregungsarten und -dauer bei Innenaufnahmen

Bei Innenaufnahmen müssen wir selber durch Anregung eine Temperaturänderung hervorrufen. Dabei ist der Aufnahmezeitpunkt irrelevant, aber die Anregungsdauer sowie die Anregungsstärke bedeutend. Für die vorliegenden Versuche wurde die Bausubstanz mittels eines 3 kW-Bauheizlüfters angewärmt, der den zu untersuchenden Raum mit Warmluft angefüllt hat.

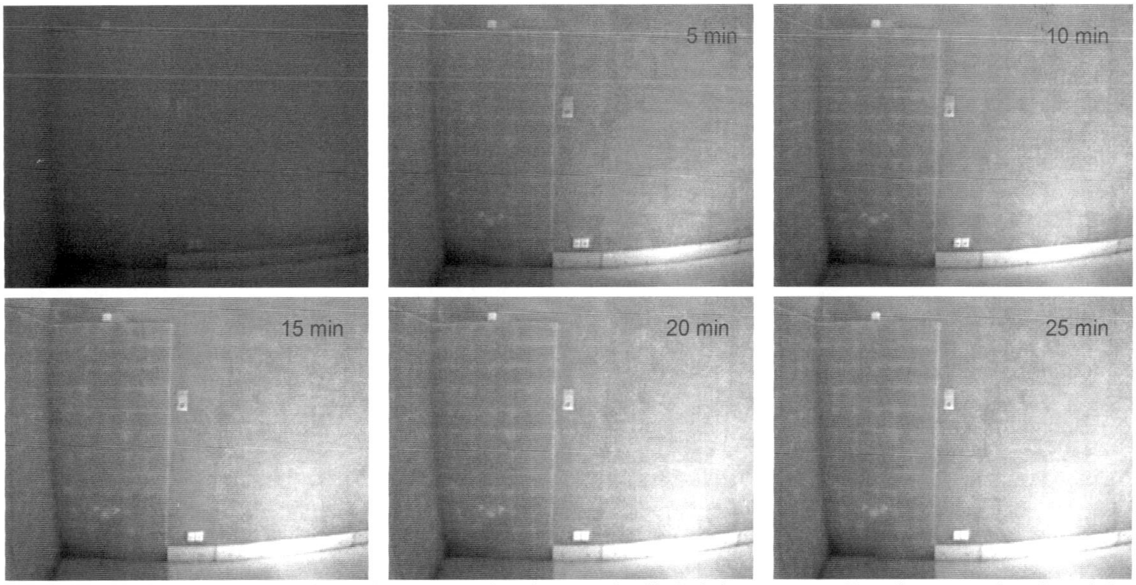

Abb. 9: Zeitreihe einer Testwand mit Fliesenspiegel und unterschiedlich dick verputztem Ziegelmauerwerk während der Aufheizung mittels Warmluftgebläse.Nach spätestens 15 Minuten ist keine Veränderung mehr nachweisbar.

Es ergibt sich, dass nach Beginn des Aufheizprozesses sehr schnell thermische Strukturen sichtbar werden, wobei die steigerung des Kontrastes exponentiell abnimmt und nach 10 bis maximal 15 Minuten ein Maximum erreicht wird. Wenn Einzelbilder zur Auswertung ausreichen können diese nach 10 Minuten aufgenommen werden. Für Serienaufnahmen, die für die Bestimmung der Aufheizrate dienen, sind alleine die ersten 10 Minuten relevant. Da hier eine aperiodische und asymptotische Temperaturänderung vorliegt, sind periodische Auswerteverfahren wie die DFT nicht anwendbar.

Abb. 10: Beispiel aus der Praxis einer aktiven Thermografie an abgelöster Farbschicht auf WU-Beton (links Ausgangssituation, mitte nach 5 Minuten Warmluftheizung) sowie einer Fliesenablösung nach 10 Minuten Aufheizung (rechts)

Es kann also allgemein angenommen werden, daß für bislang bekannte Standardanwendungen in Innenräumen eine Anregedauer von 10 Minuten ausreicht. Als Anregungsstärke kann als empirischer Richtwert 3 kW Heizleistung für Räume bis zu 30 m³ Volumen bei indirekter Heizung und bei einer Flächenerwärmung von etwa 1 kW/m² bei direktem Wärmeeintrag angegeben werden. Diese Werte sind empirisch ermittelt und haben sich in der Alltagspraxis bewährt. Eine rechnerische und theoretische Verifizierung steht noch aus.

Bislang ist nur der 3 kW-Bauheizlüfter zum Einsatz gekommen. Es hat in der täglichen Anwendungspraxis keinen Standardfall gegeben der nicht damit zu bewältigen wäre. Der Vorteil ist das geringe Gewicht, die Unabhängigkeit des Wärmeeintrags von Farbe, Oberflächenrauhigkeit und Struktur des Messobjekts und die Kompatibilität mit normaler Haushaltsstromversorgung.

Alternativ kommen IR-Strahler in Frage, die ebenfalls 1 kW/m² Flächenleistung erbringen müssen. Hierbei sind Keramikstrahler mit einem Emissionsmaxiumum um die 4 µm zu bevorzugen, da in diesem Wellenlängenbereich die Albedoeffekte der Oberflächenfarbe ihre Bedeutung verlieren. Dadurch wird die Effizienz der Energieeinkopplung besser.

Vergleich der Auswertemethoden

Zum Vergleich der Ergebnisqualität verschiedener Auswerteverfahren wurde die Testreihe einer Altbauwand mit Fliesenspiegel und unterschiedlich dick verputztem Ziegelmauerwerk unterschiedlich ausgewertet. Einmal durch eine Einzelaufnahme zum Maximum der Kontrastentwicklung, die selbe Aufnahme mit weitergehender Bildbearbeitung wie einer Bildebnung mit anschließender Kontrastverstärkung sowie die Auswertung durch Berechnung des Aufheizkoeffizienten a aus $e^{-(a*t)}$.

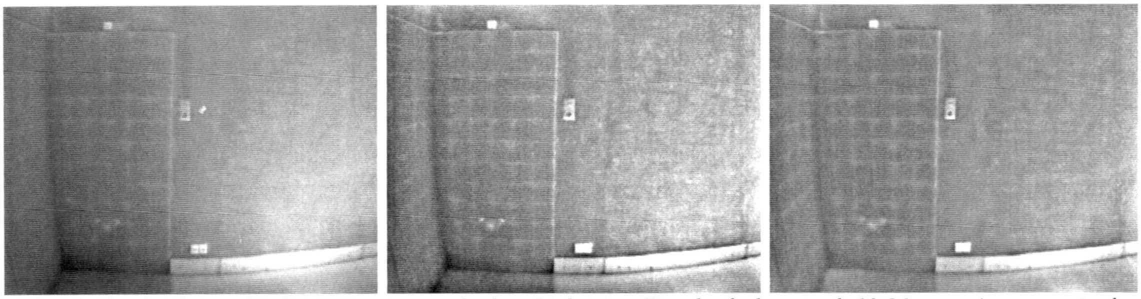

Abb. 11: Vergleich verschiedener Auswertemethoden: Links eine Einzelaufnahme nach 10 Minuten Anregung, in der Mitte die selbe Aufnahme kontrastverstärkt und mit Bildfeldebnung und rechts das Koeffizientenbild aus 10 Minuten Serienaufnahme.

Es ergibt sich, dass alle drei Ergebnisse die selbe Information liefern, wenn auch unterschiedlich deutlich. Während die nachträgliche Bildebnung mit Kontrastanpassung die Interpretierbarkeit gegenüber der unbehandelten Einzelaufnahme steigert, liefert die deutlich aufwendigere Koeffizientenauswertung nur ein besseres Signal/Rausch-Verhältnis.

Weitere Bildbearbeitung

Neben der trivialen Anpassung von Level und Span kommt zunächst eine Rauschreduktion in Frage. Gerade die thermischen Strukturen bei aktiver Thermografie umfassen Temperaturdifferenzen, die sich nur wenig über dem NETD von üblichen Thermografiekameras bewegen. Diese Rauschreduktion ergibt sich bei der Berechnung des Abkühl- bzw. Aufheizkoeffizienten aus einer Serienaufnahme automatisch, alternativ kann aber auch ein sehr schnell Aufnahmeserie aufgenommen werden, wobei alle Thermogramme anschließend gemittelt.

Das Signal-Rausch-Verhältnis steigt mit der Wurzel aus der Anzahl der gemittelten Thermogramme.

Abb. 12: Einzelaufnahme mit 5K Span mit 60 mK NETD

Abb. 13: Mittel aus 16 Thermogrammen (15 mK NETD)

Diese Rauschreduktionsmethode ist allerdings nur dann anwendbar, wenn die Aufnahmezeit sehr kurz gegenüber der Geschwindigkeit der Temperaturänderung ist. Sollte nicht genug Zeit zu Verfügung stehen, so muß bei kritischen Kontrastwerten zur Auswertungsmethode mit den Aufheiz- bzw. Abkühlkoeffizienten gegriffen werden.

Bildfeldebnung

In der aktiven Bauthermografie, hier insbesondere bei Außenaufnahmen kann es zu sehr unterschiedlichen lokalen Temperaturniveaus der Oberfläche kommen, die deutlich größere Differenzen aufweisen als die teilweise sehr kontrastarmen Details, auf die es ankommt. Wählt man alleine Level und Span bei der Darstellung so aus, dass die kühlsten Stellen nicht untersteuert und die wärmsten nicht übersteuert sind, so kann der Kontrast unbrauchbar gering werden. Hier kann eine Bildfeldebnung erfolgen, die den Kontrast sehr großer Strukturen gegenbüber den kleinen abschwächt. Dazu ist eine geeignete Software einzusetzen.

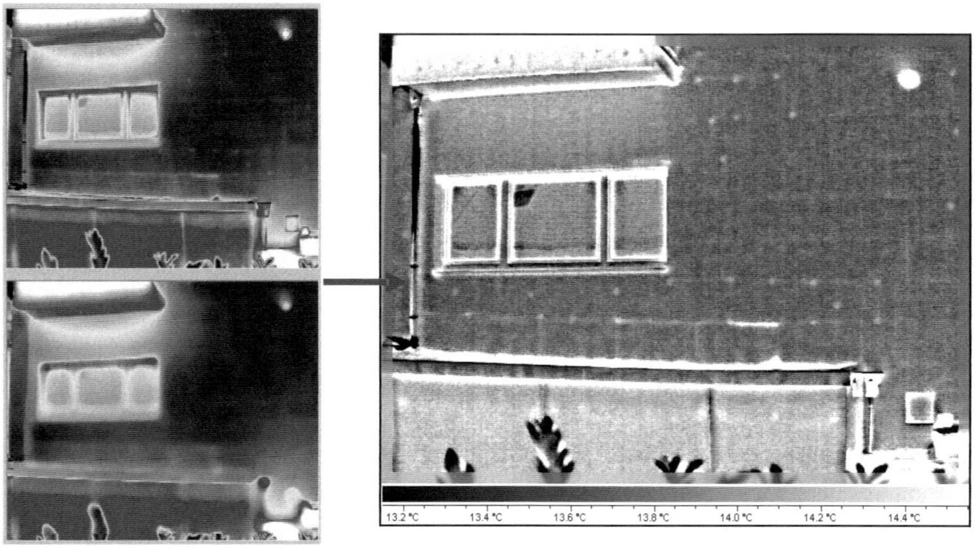

Abb. 14: Von einem Thermogramm wird seine mediangefilterte Kopie abgezogen, um feine Strukturen auch in warmen und kühlen Bereichen sichtbar zu machen.

Zusammenfassung

Fazit des praktischen Anwendungschecks:

- Für die allermeisten Standardfälle in der thermografischen Bauwerksprüfung ergeben sich einfache Anwendungsmethoden.
- In künftigen Merkblättern und in der Ausbildung sollten sich aktive Verfahren primär am Anwendungsobjekt orientieren, nicht umgekehrt.
- Bevorzugte Anregungsquelle innen ist das Warmluftgebläse. Erst bei sehr großen Räumen oder Objektabständen muß mit Strahlern gearbeitet werden.
- Bevorzugte Anregungsquelle für sehr oberflächennahe Strukturen im Außenbereich ist die Besonnung oder IR-Bestrahlung, für tiefer liegende Strukturen die abendliche Abkühlung der Umgebung.
- Bis auf wenige Ausnahmen reicht eine Einzelaufnahme ohne oder mit wenig Nachbearbeitung zur Auswertung aus.
- Erst bei sehr geringem Signal/Rauschabstand ist eine Auswertung von Aufnahmeserien empfehlenswert.

Dazu ist es aus der bisherigen Praxiserfahrung möglich eine derzeit noch unvollständige Tabelle mit empfehlenswerten Kombinationen aus Anregungsart, Aufnahme- und Auswertungsmethode anzugeben:

Anwendung	Anregung	Aufnahme	Auswertung
Feuchte, Fugen, Dübel in Wärmedämmung	Abendliche Abkühlung	Einzelaufnahme	Bearbeitung Einzelbild (Rauschen, Bildebnung)
Schichtablösungen außen	Besonnung, Temperaturanstieg	Einzelaufnahme	Bearbeitung Einzelbild (Level/Span, Bildebnung)
Feuchte Bausubstanz außen	Tagestemperaturgang vormittags und abends	Einzelaufnahme	Bearbeitung Einzelbild (Level/Span, Bildebnung)
Ablösung innen von Putz und Fliesen	Warmluftgebläse	Einzelaufnahme	Bearbeitung Einzelbild (Level/Span)
Feuchtigkeit innen	Warmluftgebläse	Einzelaufnahme	Bearbeitung Einzelbild (Level/Span)
Ablösung innen von Farbe und Beschichtung	Warmluftgebläse, IR-Lampen	Einzelaufnahme	Bearbeitung Einzelbild (Level/Span)
Bauwerksstruktur außen	Besonnung, Tagestemperaturgang	Reihenaufnahme	Mittelwertbildung
Bauwerkstruktur innen	Warmluftgebläse, IR-Lampen	Reihenaufnahme	Aufheizkoeffizient

Tab 1.: Typische Anwendungsfälle aus der Bauwerksprüfung mittels aktiver Thermografie.

Diese Tabelle kann noch um die Anwendungsfelder „besonders massive Baukörper“ wie Beton und Naturstein sowie um die Messungen von quantitativen Werten erweitert werden.

Referenzen

[1] A. Walther, Merkblatt B 05 der DGZfP über das aktive Thermographieverfahren zur Zerstörungsfreien Prüfung im Bauwesen, April 2013

[2] G. Dittié, Beitrag 17 zur Fachtagung Bauwerksdiagnose 2016 der BAM in Berlin

[3] G. Dittié, Beitrag M 1 B1 zur DACH-Jahrestagung 2015 in Salzburg

Entwicklung einer reproduzierbaren und quantifizierbaren Heißluftquelle für thermografische Untersuchungen

Rainer KRANKENHAGEN [1]
[1] Federal Institute for Materials Research and Testing (BAM), Unter der Eichen 87
Kontakt E-Mail: rainer.krankenhagen@bam.de

Kurzfassung

Der Beitrag beschreibt den Aufbau und die Entwicklung einer Heißluftquelle als Wärmequelle für die aktive Thermografie. Als Ausgangspunkt wird zunächst die Quellenlage betrachtet. In der Literatur über Thermografie spielt Heißluft als Wärmequelle nur in weniger als 0,1% eine Rolle, die Ursache dafür ist nicht bekannt. Es wird vermutet, dass dieser Erwärmungsmethode unterstellt wird, sie hätte Nachteile bezüglich Homogenität der Erwärmung sowie Leistungseintrag. In einer der raren Publikationen [1] über einen Verfahrensvergleich schnitt die Heißluft-Thermografie jedoch nicht schlechter als die Vergleichsverfahren mit optischer Anregung ab, bei gleichzeitig deutlichem Zeitgewinn und geringerem technischen Aufwand. (Folie 6).

Danach wird der fertige Versuchsaufbau mit seinen wesentlichen Komponenten dargestellt. Der Einfluss der Geometrie der Luftaustrittsdüse auf die erreichbare Wärmeverteilung an einem flachen Blech wurde an mehreren Düsen untersucht. Hierbei erwies sich eine langgestreckte Umlenkdüse mit einer Strahlumlenkung von etwa 20° als optimal zur Erzeugung einer möglichst homogenen Erwärmung.

Ein weiterer zu optimierender Parameter war die erreichbare Schaltdynamik des Heißgasstromes. Beim schnellen Schalten großer Volumenströme treten Druckstöße mit entsprechenden Temperaturänderungen auf. Hinzu kommt, dass der verwendete MFC (mass flow controller) bei großen Volumenströmen zum Einschwingen bei Schaltprozessen neigt. Daher enthält der Aufbau einen offenen Bypass zur Stabilisierung des Volumenstroms (siehe Folie 8 Komponenten 7 und 8).

Mit dem so realisierten Messplatz wurde die Reproduzierbarkeit der erzielten Erwärmung durch mehrfache Wiederholungsmessungen über einen längeren Zeitraum untersucht. Hierzu wurde ein auch zu Validierungszwecken genutzter PVC-Block mit 13 mm Dicke jeweils für 60 s erwärmt und die Oberflächentemperatur des PVC-Blocks mit einer IR-Kamera aufgezeichnet. Bei jeweiligem Neuaufbau ohne Justierhilfe ergab sich eine Reproduzierbarkeit von etwa 22% bei 5 Versuchen. Unter Nutzung einer Justierhilfe (Schablone für Abstand in der Kamerasoftware) ließ sich die Reproduzierbarkeit auf 5% bei 7 Versuchen reduzieren.

Ein weiterer zu klärender Punkt war der erzielbare Wärmeeintrag im Vergleich zu einer Anregung mit Blitzlampen. Hierzu wurde eine Messung mit 60 s Heißluftheizung direkt mit einer Evaluierungsmessung mit Blitzlampen am gleichen PVC-Probekörper mit 4 FBB an der Rückseite verglichen. Die Inhomogenität der Erwärmung (siehe Folie 20) wurde durch eine Phasenauswertung unterdrückt. Die Phasenauswertung gestattete den Nachweis aller 4 FBB, wobei das Signal zu Rausch-Verhältnis bei der Heißlufterwärmung deutlich besser war (Folie 21). Der direkte Vergleich der Temperaturkurven zeigt, dass bei 60 s Heizlufterwärmung ca. 4,5 mal mehr Energie als bei der Blitzanregung vom Probekörper absorbiert wurde Folie 22). Hieraus lässt sich die eingekoppelte Heizleistung mit 100 mW/cm² abschätzen. Das entspricht in etwa dem Niveau, wie es auch mit bewegten Halogenstrahlern, bewegten IR-Strahlern oder der Sonne erreicht wird.

Diese Ergebnisse belegen, dass eventuell vorhandene Vorbehalte gegenüber einer Heißluft als Wärmequelle für die aktive Thermografie zumindest für thermisch langsame Materialien wie Kunststoffe oder mineralische Baustoffe unbegründet sind. Die Einsatzgrenzen bei der Untersuchung thermisch schnellerer Materialien wie Metalle steht noch aus, hier ist mit Abstrichen zu rechnen. Auf der anderen Seite lässt eine mögliche Düsenoptimierung noch deutliche Verbesserungen erwarten.

Literatur

[1] H. Richter, "Thermografic testing of aircraft air intakes.," (in German), *Materialprufung,* vol. 42, no. 5, pp. 160-164, 2000.

IBOS

BAM

Bundesanstalt für Materialforschung und -prüfung

Sicherheit in Technik und Chemie

19.09.2019

ENTWICKLUNG EINER REPRODUZIERBAREN UND QUANTIFIZIERBAREN HEIßLUFTQUELLE FÜR THERMOGRAFISCHE UNTERSUCHUNGEN

R. Krankenhagen

Bundesanstalt für Materialforschung und -prüfung (BAM)
Berlin

Gliederung

BAM

Motivation

BAM

Vorteile:

- Ungestörte Beobachtung während der Erwärmung möglich
- Keine selektive Erwärmung bei mehrfarbigen Oberflächen
- Erwärmung von spiegelnden Oberflächen möglich
- Erwärmung von transparenten Materialien möglich

Nachteile:

- Schlechte Reproduzierbarkeit?
- Relativ geringe Heizleistung?
- Inhomogene Anregung (Verwirbelungen an unebenen OF)?

Motivation: Literaturrecherche

BAM

Web of Science Core collections

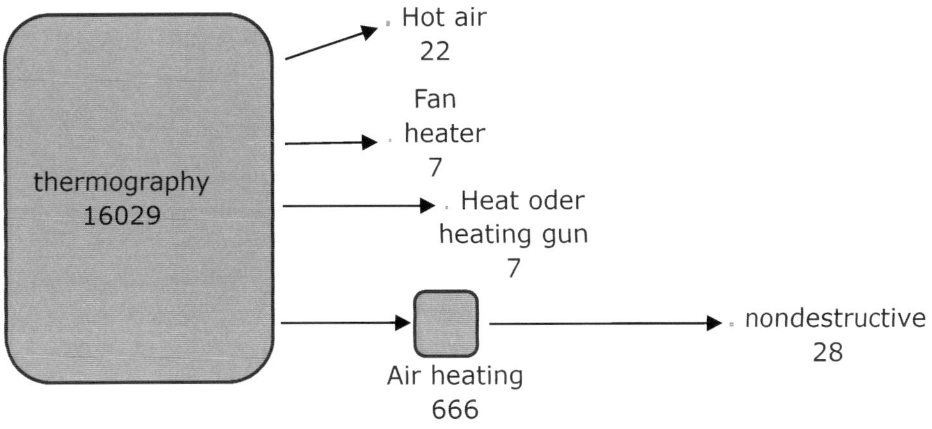

Motivation:

BAM

Empirischer Methodenvergleich (H. Richter in Materialprüfung 42(5) 2000)

Großflächige Verklebung von Heizmatten an Lufteinlässen von Triebwerken

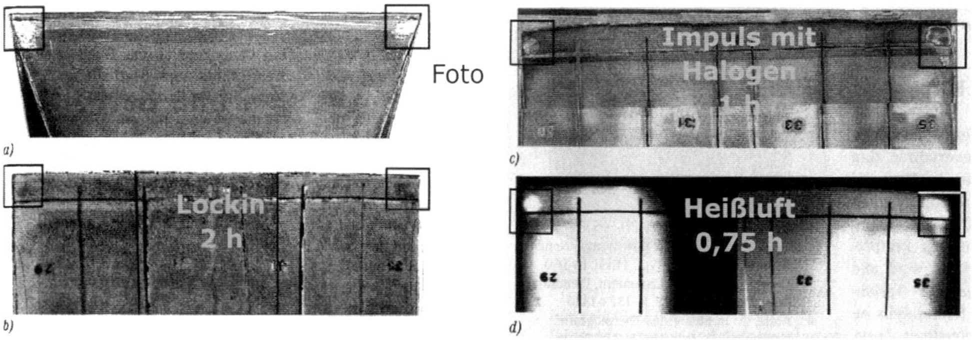

Aufbau der Heißluftquelle

BAM

Anforderungen:

1. Luftstrom und Temperatur unabhängig regelbar
2. Kurze Schaltzeiten < 0,1 s
3. Max. Volumenstrom > 120 l/min
4. Transportabel

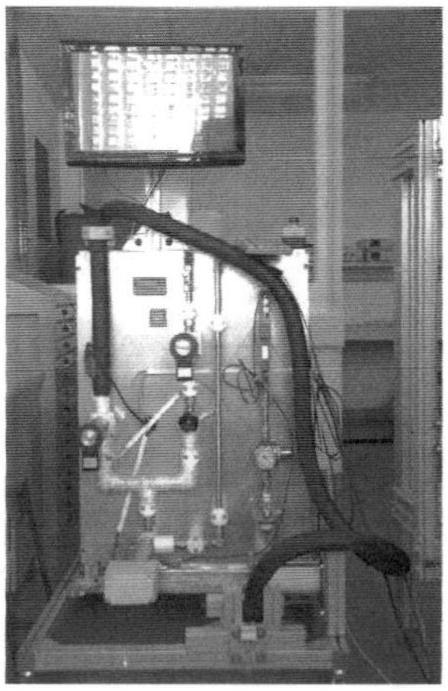

Autarker Aufbau mit Monitor und Tastatur

Benötigt Druckluft und Strom

Aufbau der Heißluftquelle

BAM

Funktionsweise

—

Komponenten:

1. Lufteinlass
2. MFC
3. Heizpatrone
4. Ventil Heizschlauch
5. Heizschlauch
6. Heißluftauslass

7. Ventil Bypass
8. Bypass Auslass

Ansteuerung über Labview-Programm auf integriertem PC

—

19.9.2019 R.Krankenhagen: Heißluftquelle für die Thermografie 7

Leistungsfähigkeit

BAM

Strömungsprofil

—

Anforderung:

Möglichst großflächig und homogen

Experiment:
Messung der räumlichen Temperaturverteilung auf einem Blech in der Strömung

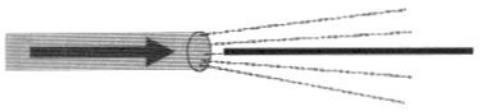

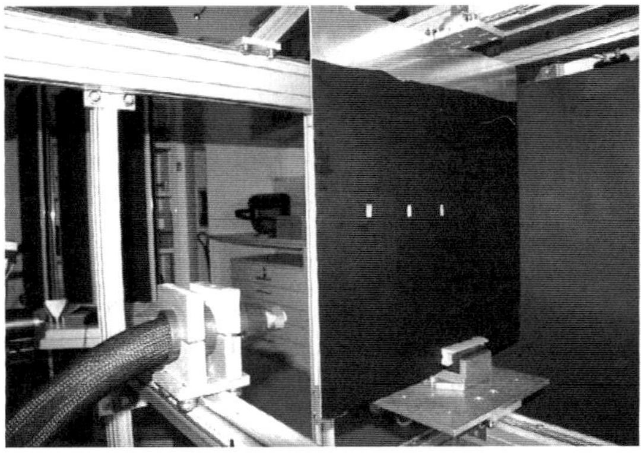

—

19.9.2019 R.Krankenhagen: Heißluftquelle für die Thermografie 8

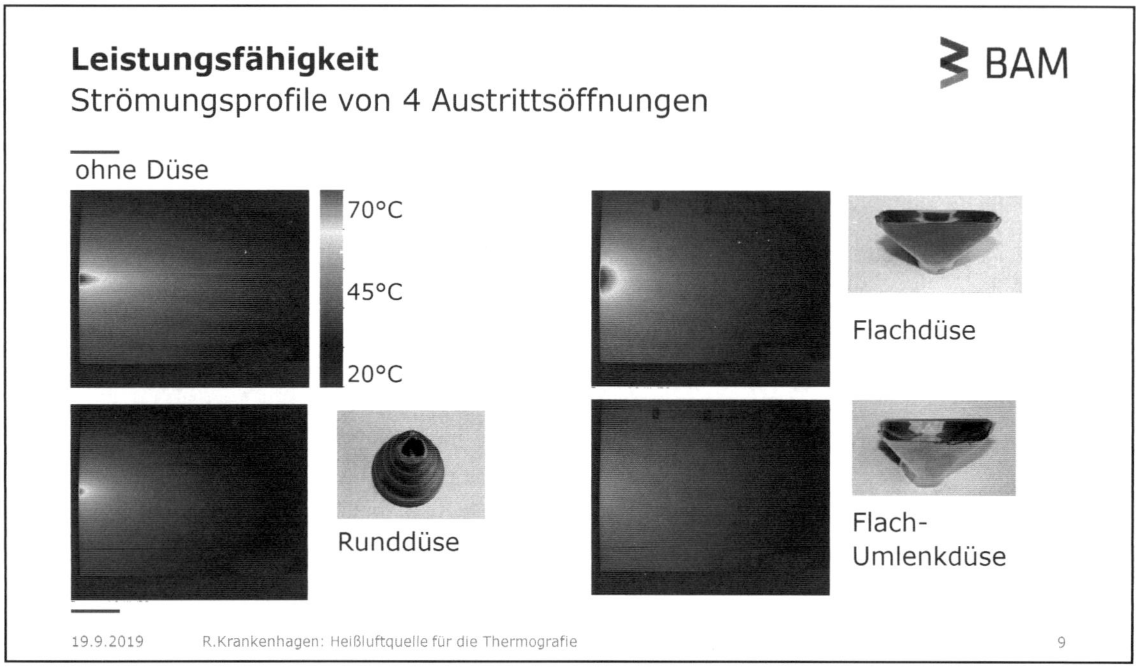

Leistungsfähigkeit
Strömungsprofile von 4 Austrittsöffnungen
BAM
ohne Düse
70°C
45°C
20°C
Flachdüse
Runddüse
Flach-
Umlenkdüse
19.9.2019
R.Krankenhagen: Heißluftquelle für die Thermografie
9

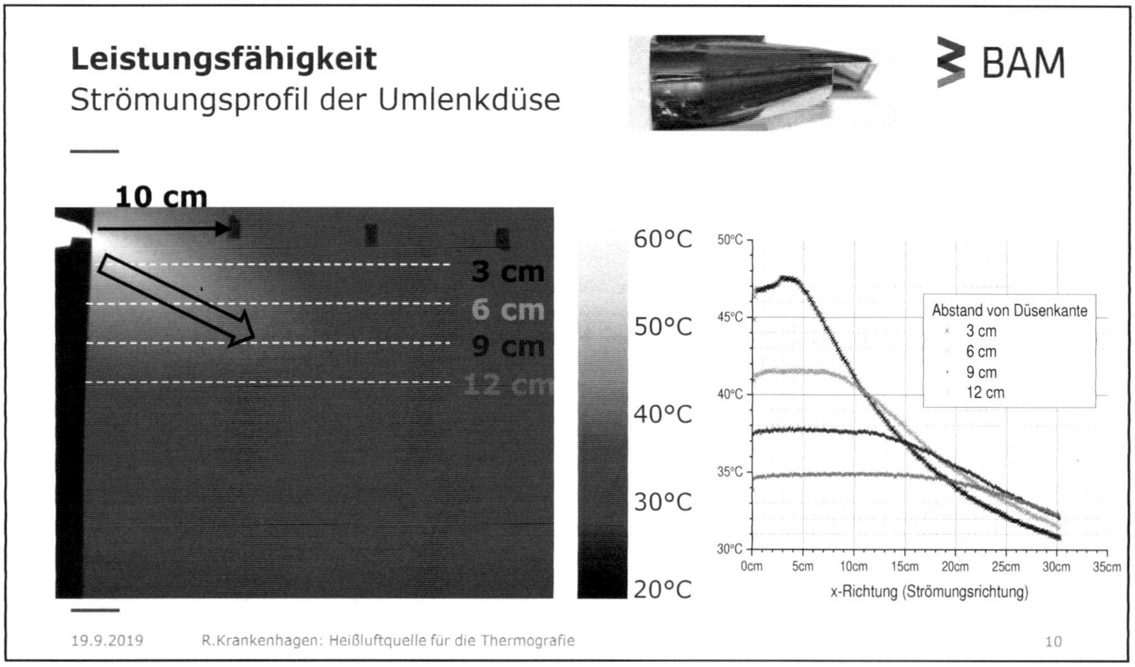

Leistungsfähigkeit
Strömungsprofil der Umlenkdüse
BAM
10 cm
3 cm
6 cm
9 cm
12 cm
60°C
50°C
40°C
30°C
20°C
50°C
45°C
40°C
35°C
30°C
Abstand von Düsenkante
3 cm
6 cm
9 cm
12 cm
0cm
5cm
10cm
15cm
20cm
25cm
30cm
35cm
x-Richtung (Strömungsrichtung)
19.9.2019
R.Krankenhagen: Heißluftquelle für die Thermografie
10

Leistungsfähigkeit
Strömungsprofil der Umlenkdüse

Erfordert schräge Anordnung:

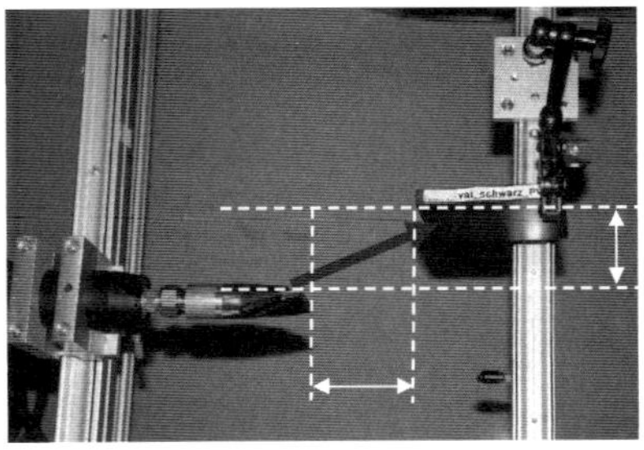

Was ist die optimale Anordnung?

- Abstand zur Ebene der OF
- Seitlicher Versatz

Leistungsfähigkeit
Strömungsprofil der Umlenkdüse

Variation des Abstands:

3 cm 6 cm 9 cm 12 cm

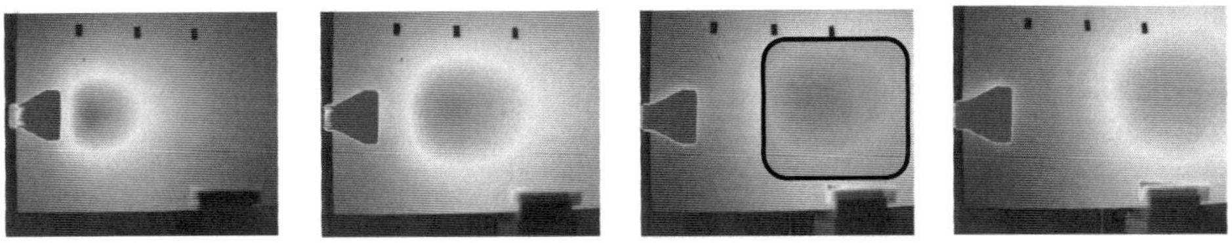

Messbereich 20x20 cm²
mit ΔT=8,5 ... 10 K
(an der verwendeten Alu-Platte 3 mm dick)

Leistungsfähigkeit
technische Parameter

BAM

Beim gewählten Abstand von 9 cm:

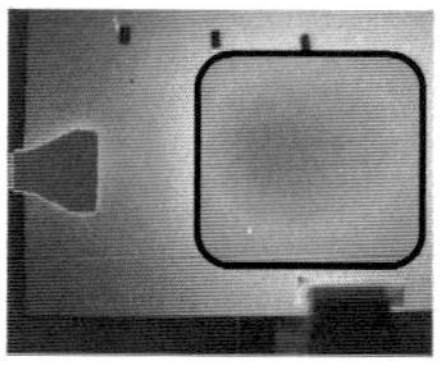

- T direkt an Düsenöffnung: ca. 70°C
- $\dot{V}$ direkt an Düsenöffnung: 3 l/s
- v direkt an Düsenöffnung: ca. 3 m/s
- T an Plattenoberfläche: 48°C
- v an Plattenoberfläche: 0...3 m/s
- ΔT an Plattenoberfläche stabil: 9...10 K
  (an 3 mm dickem Alublech)

Leistungsfähigkeit
Schaltdynamik

BAM

Messung der Temperatur an der Aluplatte beim Schalten von 0 auf 2l/s:
(mit unbeheizter Luft)

1. Erwärmung (0,1 s)
2. Abkühlung (ca. 0,3 s)

Ursache:

Joule Thomson Effekt

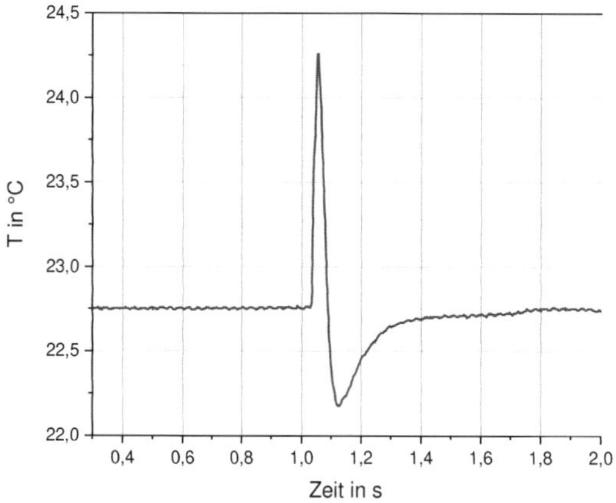

Leistungsfähigkeit
Schaltdynamik

BAM

Messung der Temperatur an der Aluplatte beim Schalten von 0 auf 2l/s:
(mit beheizter Luft)

Einschwingverhalten des Reglers des MFC!

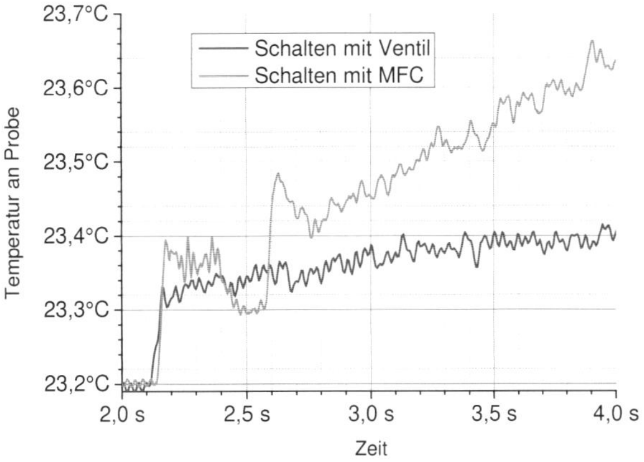

Reproduzierbarkeit
gemessen an einem PVC Block 13x13x1,5 cm³ mit FBB

BAM

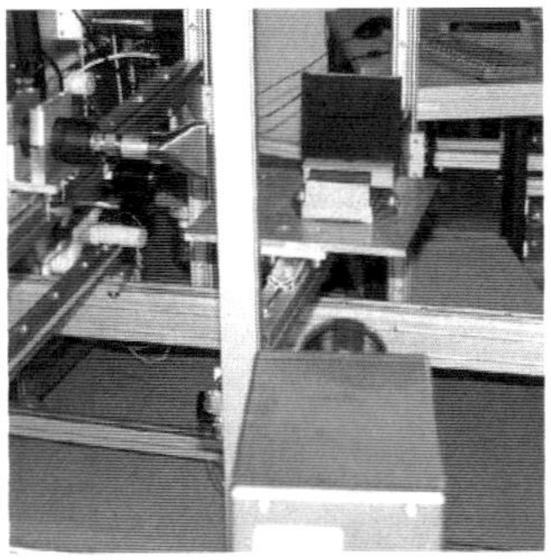

Messbedingungen:
- Optimale Position
- 30 s Erwärmung
- 50 s Abkühlung
- Framerate 1 Hz (10 Hz gemittelt)

Reproduzierbarkeit
gemessen an einem PVC Block 13x13x1,5 cm³ mit FBB

BAM

5 Mal neuer Aufbau Freihand:

ΔT=5 ... 6,2 K ≈ 22%

7 Mal neuer Aufbau mit Justierhilfe:

ΔT=5,8 ... 6,1 K ≈ 5%

(Grafiken werden später extern publiziert)

Vergleich mit Blitz als Anregungsquelle
gemessen an einem PVC Block 13x13x1,5 cm³ mit FBB

BAM

PVC Block enthält 4 FBB mit 8 mm Durchmesser
in 2, 4, 6 und 8 mm Tiefe

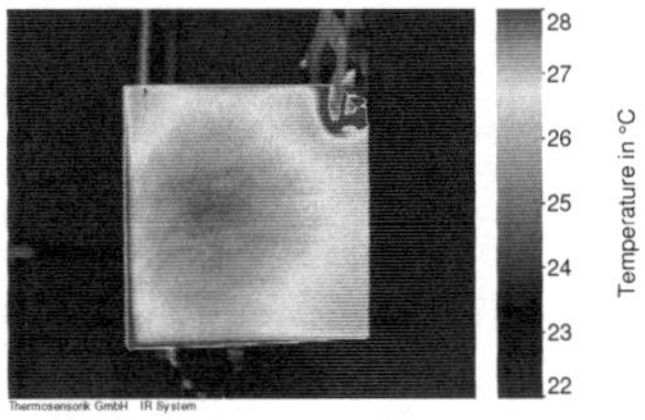

nach 20 s
(während der
Erwärmung)

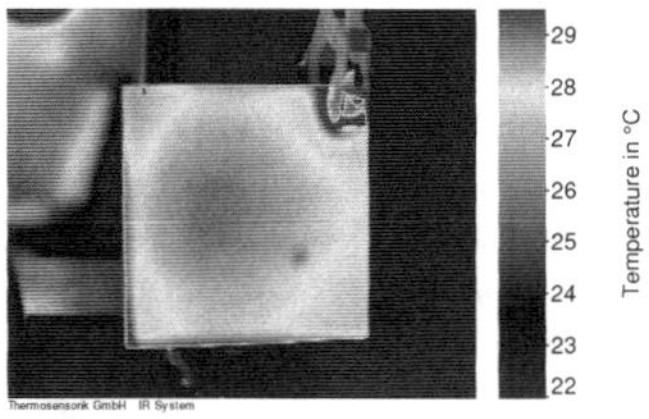

nach 60 s
(Ende der
Erwärmung

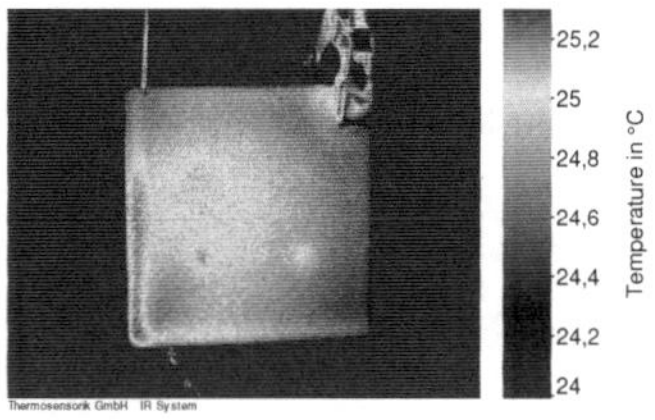

nach 180 s
(120 s nach
Abkühlung

Vergleich mit Blitz als Anregungsquelle

gemessen an einem PVC Block 13x13x1,5 cm³ mit FBB

BAM

Phasenauswertung bei 4,25 mHz | bei 3 mHz

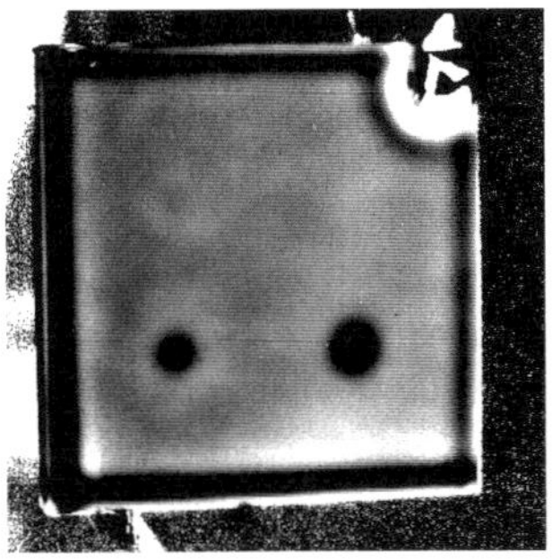

Heißluft 60 s
S/N=12 (4 mm FBB)

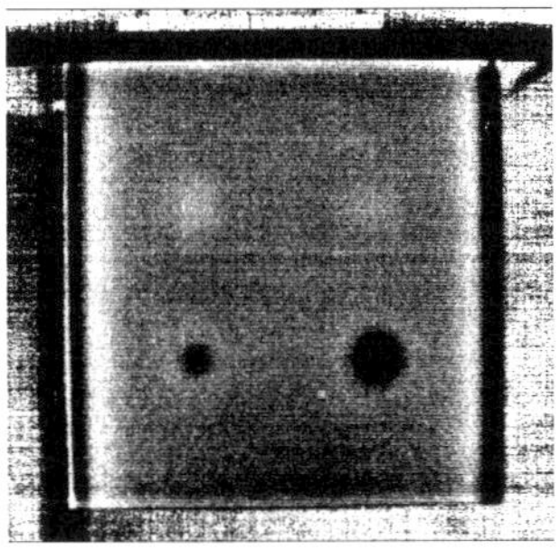

2 Blitzlampen
S/N=5 (4 mm FBB)

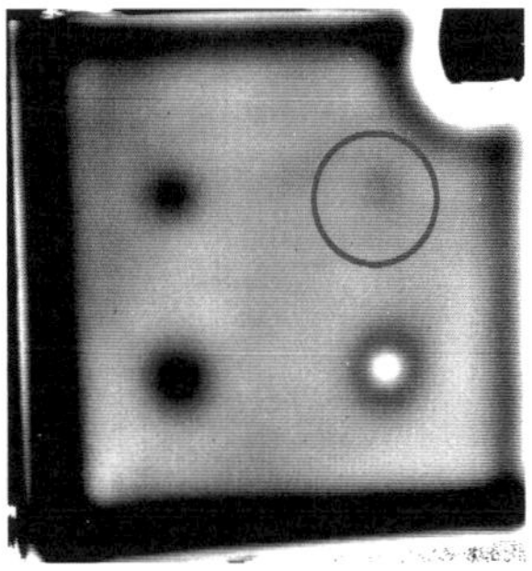

Heißluft 60 s
8 mm FBB detektiert

19.9.2019 R.Krankenhagen: Heißluftquelle für die Thermografie 19

Vergleich mit Blitz als Anregungsquelle

gemessen an einem PVC Block 13x13x1,5 cm³ mit FBB

BAM

Direkter Vergleich der Temperaturtransienten
(Bereich ohne FBB)

Erwärmung mit Heißluft um
Faktor 4,5 höher
➔ Heizleistung etwa 100 mW/cm²

Gleiche GÖ wie andere Quellen,
aber auf relativ geringer Fläche
von 200 cm²

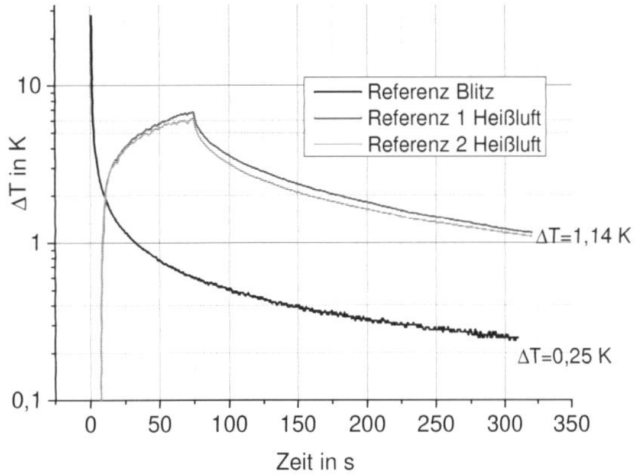

19.9.2019 R.Krankenhagen: Heißluftquelle für die Thermografie 20

Zusammenfassung

BAM

- Heißluftquelle mit Heizschlauch, MFC und Bypassventil
- Beste Homogenität mit Umlenkdüse erzielt
- Bypass ermöglicht schnelle Schaltvorgänge ohne Instabilitäten
- Sehr gute Reproduzierbarkeit der Erwärmung (5%)
- Heizleistung von 100mW/cm² (vergleichbar mit anderen Heizquellen in der Thermografie)
- Nachweis von 8 mm tiefen FBB in PVC möglich

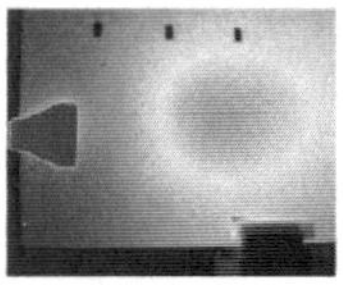

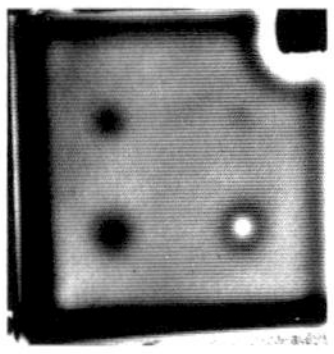

19.9.2019 R.Krankenhagen: Heißluftquelle für die Thermografie 21

Ausblick und to-do-Liste

BAM

- Nachweisgrenzen bei thermisch schnellen Materialien
- Düsengeometrie optimieren ("Duschkopf")
- Vergleich mit herkömmlichem Fön

19.9.2019 R.Krankenhagen: Heißluftquelle für die Thermografie 22

Aktive und passive Thermographie zur Inspektion von Rotorblättern von Windenergieanlagen - liegend oder hängend, von innen und von außen

Jochen ADERHOLD [1], Peter MEINLSCHMIDT [1], Friedrich SCHLÜTER [1]
[1] Fraunhofer Institut für Holzforschung, Wilhelm-Klauditz-Institut (WKI), Braunschweig
Kontakt E-Mail: jochen.aderhold@wki.fraunhofer.de

Kurzfassung

Rotorblätter von Windenergieanlagen unterliegen hohen und zum Teil stochastischen Belastungen durch den Wind, die Zentrifugalkraft und ihr eigenes Gewicht. Eine regelmäßige Inspektion auf Produktionsfehler oder Verschleißerscheinungen kann einer Fortentwicklung von Schäden bis hin zum Blattbruch und zum Anlagenverlust vorbeugen. Stand der Technik sind derzeit die visuelle Inspektion sowie der so genannte Perkussionstest, bei dem der Inspizierende das Blatt abklopft und aus dem entstehenden Klang Rückschlüsse auf seinen Zustand zieht. Die aktive Wärmefluss-Thermographie wie auch die boden- oder luftgestützte passive Thermographie kann einen wesentlichen Beitrag zur Verbesserung der Inspektionen leisten. Im Beitrag wird die Problemstellung ausführlich erläutert und die praktische Durchführung der aktiven Wärmefluss-Thermographie bei am Boden liegenden sowie an hängenden (an der Anlage installierten) Blättern dargestellt. Die passive Thermographie an drehenden Rotorblättern weist nicht nur thermische Signaturen der inneren Strukturen nach, die als Folge thermischer Anregung durch den naturgegebenen Verlauf der Außentemperatur entstehen. Sie zeigt auch aerodynamische Strukturen am Blatt sowie Erwärmungen aufgrund von Reibung und ähnlichen Phänomenen. Um die Thermographie-Bilder visuell besser auswerten zu können, sind Algorithmen zum Zusammenfügen der Bilder zu einem Blattpanorama und Maßnahmen zur Verbesserung des optischen Kontrasts nützlich. Ein laufendes Projekt des WKI untersucht die Inneninspektion von Rotorblättern durch ein Roboterfahrzeug und wird kurz vorgestellt.

Aktive und passive Thermographie zur Inspektion von Rotorblättern von Windenergieanlagen - liegend oder hängend, von innen und von außen

Dr.-Ing. Jochen Aderhold, Peter Meinlschmidt, Friedrich Schlüter

Fraunhofer Wilhelm-Klauditz-Institut für Holzforschung (WKI)
Braunschweig

Fraunhofer
WKI

Gliederung

- Einführung
- Rotorblattprüfung mit aktiver Thermographie
- Passive Thermographie an Rotorblättern
- Erzeugung von Panoramabildern
- Kontrastverbesserung
- Prüfung von innen
- Zusammenfassung und Ausblick

Fraunhofer
WKI

Einführung (1)

- Rotorblätter sind hochbelastete Komponenten.
- In der Fertigung und bei Reparaturen treten vielfach gravierende Qualitätsmängel auf.
- Schadensspektrum reicht von Ertragseinbußen bis zum Totalausfall der Anlage.
- Versicherungen verlangen immer häufiger regelmäßige Prüfungen der Rotorblätter (alle zwei bis vier Jahre).
- Steigende Anforderungen durch Trend zu Offshore-Anlagen (Zugänglichkeit !)

3

Fraunhofer WKI

Einführung (2)

- Mögliche Fehler in Rotorblättern
  - Fehlverklebungen zwischen Steg und Schale
  - Risse, Lufteinschlüsse und Delaminationen
  - Eindringen von Feuchtigkeit oder Hydrauliköl
- Bisherige Prüfverfahren:
  - Sichtprüfung
  - Abklopfen mit dem Hammer
  - Objektive und automatisierbare Verfahren sind derzeit nicht verfügbar
- Infrarot-Thermographie kann helfen!

Fraunhofer WKI

Rotorblattprüfung mit aktiver Thermographie (1)

- Realisierung der aktiven Inline-Thermographie

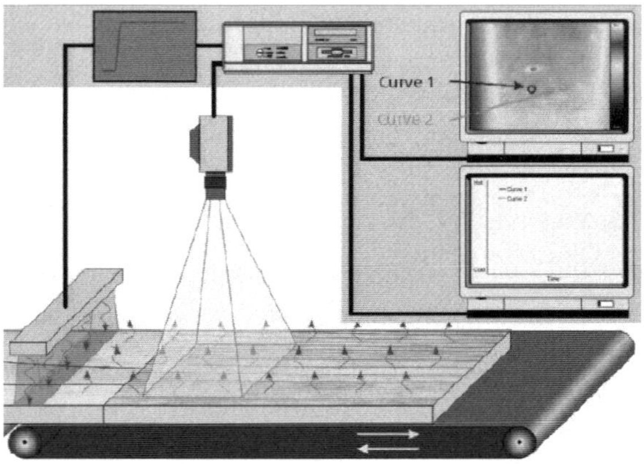

Fraunhofer
WKI

Rotorblattprüfung mit aktiver Thermographie (2)

- Prinzip der aktiven Wärmefluss-Thermographie

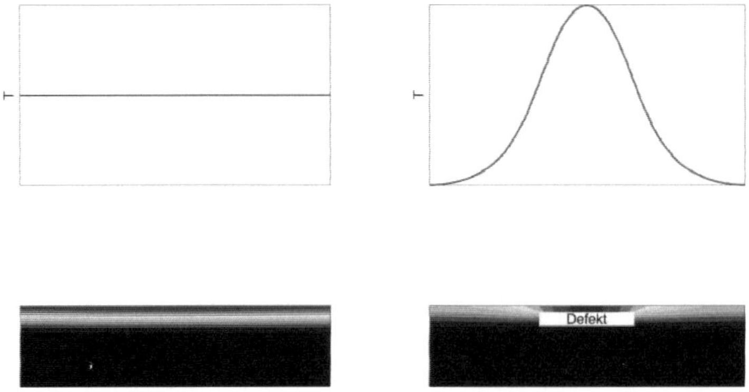

Fraunhofer
WKI

Rotorblattprüfung mit aktiver Thermographie (3)

- Prüfung im industriellen Umfeld

Fraunhofer WKI

Rotorblattprüfung mit aktiver Thermographie (4)

- Flexibles Schienensystem zur Adaption an die Blattkrümmung

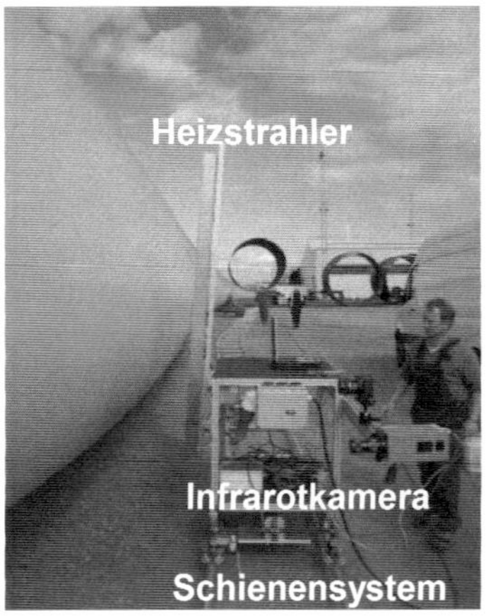

Fraunhofer WKI

Rotorblattprüfung mit aktiver Thermographie (5)

- Thermographie-Aufnahmen von Blattspitzen

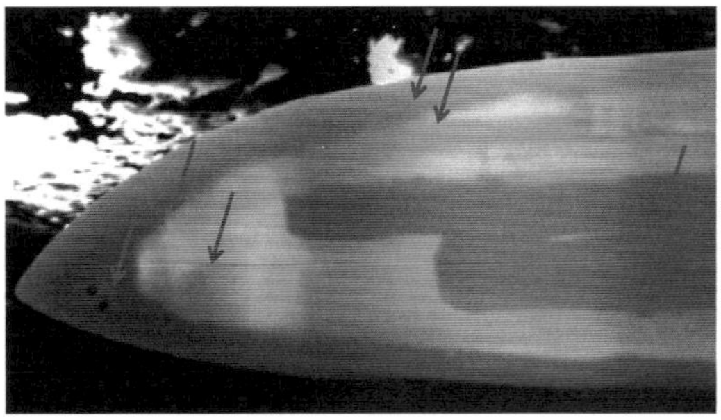

Fraunhofer WKI

Rotorblattprüfung mit aktiver Thermographie (6)

- Ausgedehnte Ondulationen im Gurt sind erkennbar

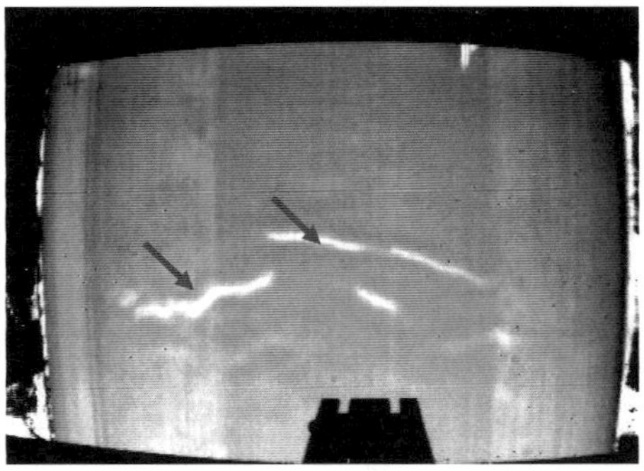

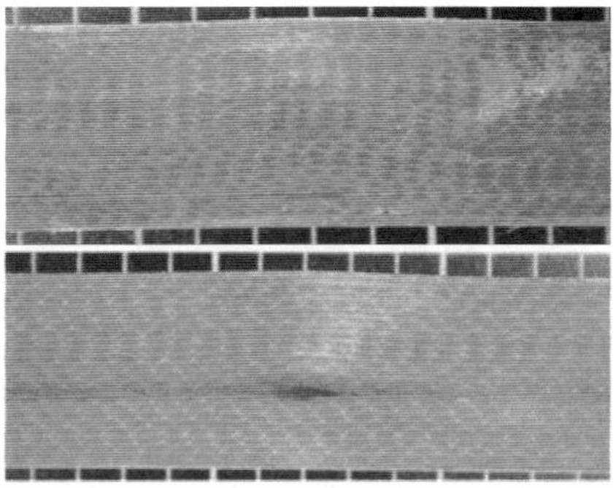

Fraunhofer WKI

Rotorblattprüfung mit aktiver Thermographie (7)

- Rotorblatt mit Lufteinschlüssen

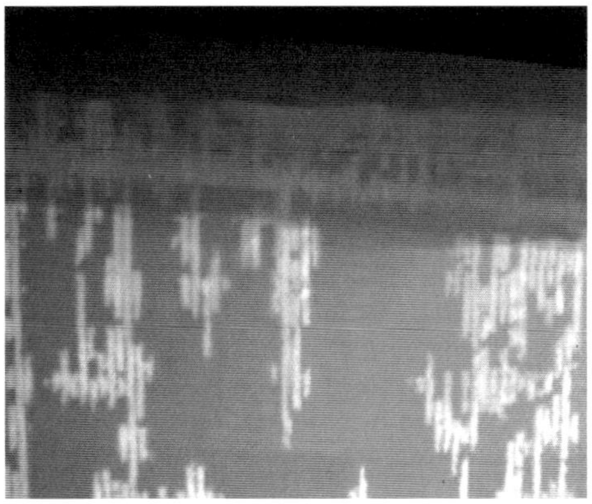

© Fraunhofer WKI

Fraunhofer WKI

Rotorblattprüfung mit aktiver Thermographie (8)

- Rotorblatt mit Lufteinschlüssen
  - Bild unmittelbar nach Erwärmung aufgenommen

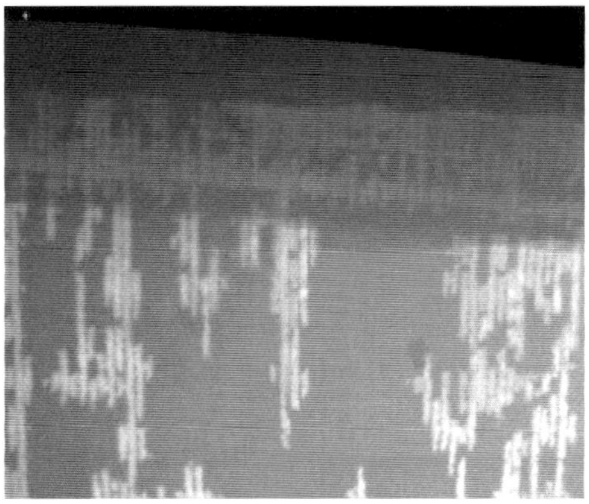

© Fraunhofer WKI

Fraunhofer WKI

Rotorblattprüfung mit aktiver Thermographie (9)

- Rotorblatt mit Lufteinschlüssen
  - Bild 5 Minuten nach Erwärmung aufgenommen

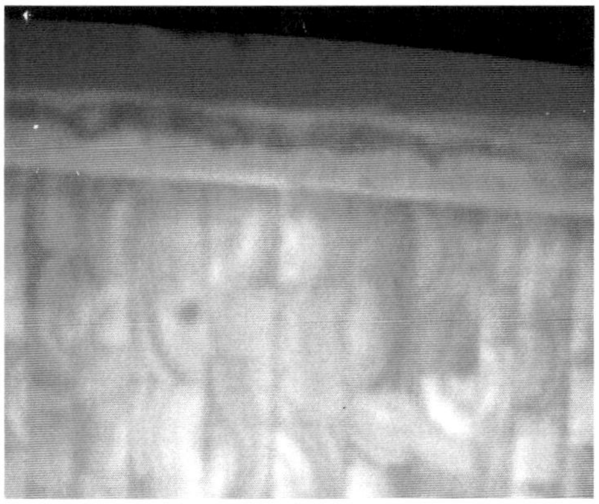

Fraunhofer WKI

Rotorblattprüfung mit aktiver Thermographie (10)

- Erkennung von eingedrungenem Wasser

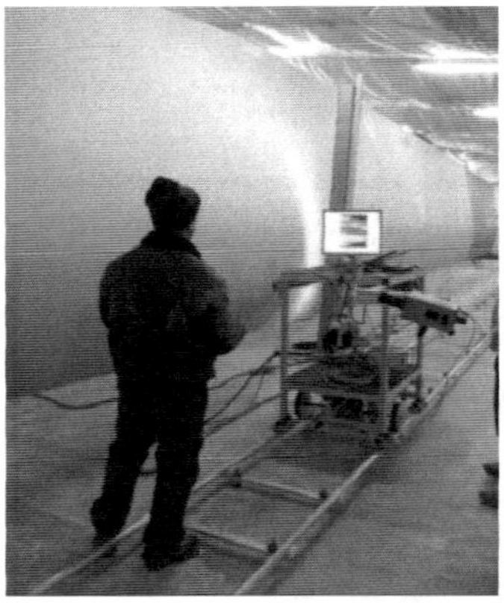

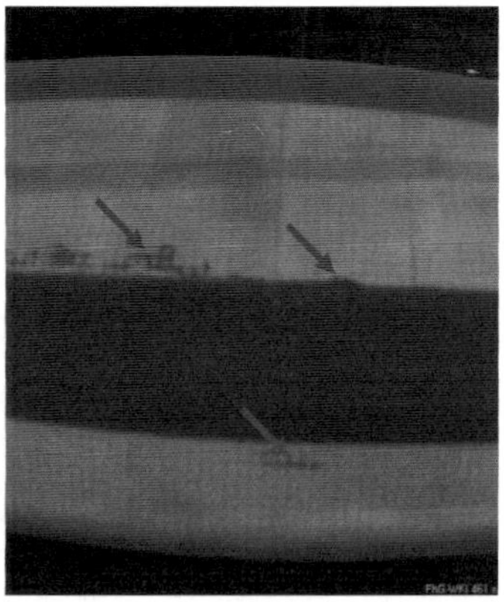

Fraunhofer WKI

Rotorblattprüfung mit aktiver Thermographie (11)

- Vor-Ort-Messungen an der Anlage

Fraunhofer
WKI

Rotorblattprüfung mit aktiver Thermographie (12)

- Vor-Ort-Messungen an der Anlage

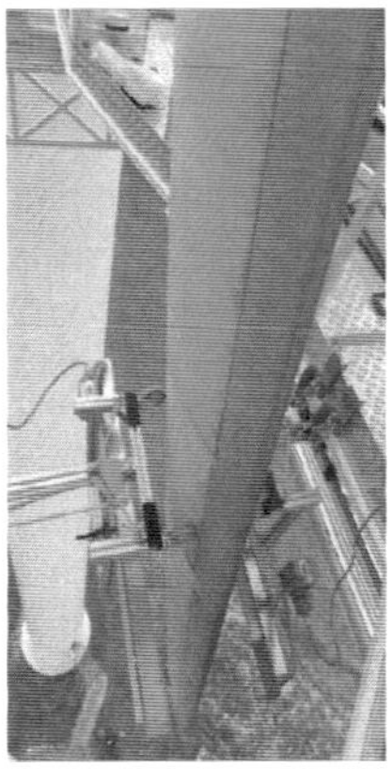

Fraunhofer
WKI

Passive Thermographie an Rotorblättern (1)

- Prinzip der passiven Thermographie
  - Änderungen der Umgebungstemperatur, Sonneneinstrahlung
  - Reibungswärme
  - Aerodynamik

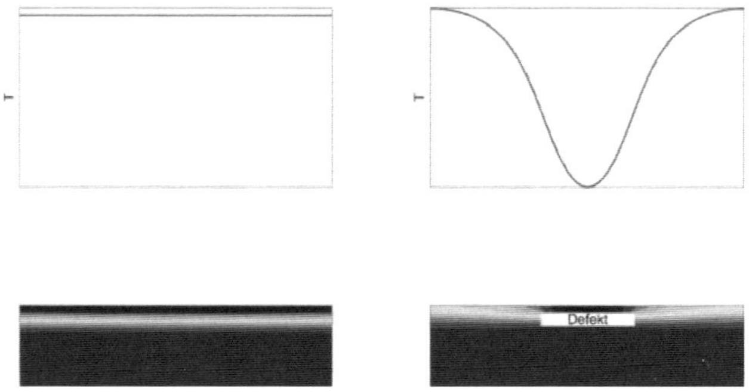

Passive Thermographie an Rotorblättern (2)

- Temperaturunterschiede durch Sonneneinstrahlung

Blattoberfläche

Thermographiebild mit Glasfaserlagen

Passive Thermographie an Rotorblättern (3)

- Temperaturunterschiede durch Sonneneinstrahlung

Flanschbereich der Blattes

Thermographiebild mit Bolzen, Gurt und Rändern der Glasfaserlagen

Fraunhofer WKI

Passive Thermographie an Rotorblättern (4)

- Erzeugung von Reibungswärme an Rissen und durch Lastverschiebungen im drehenden Blatt

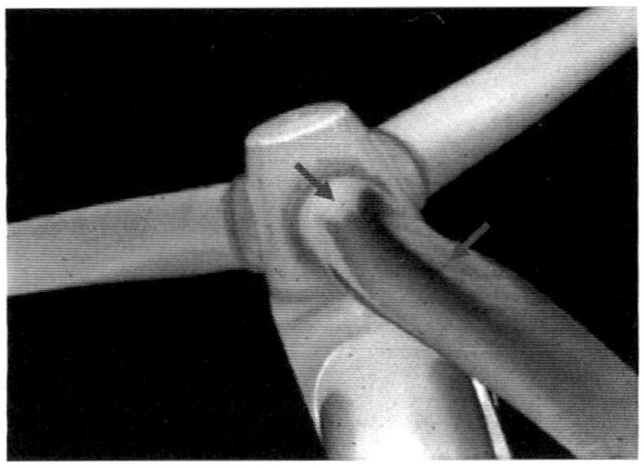

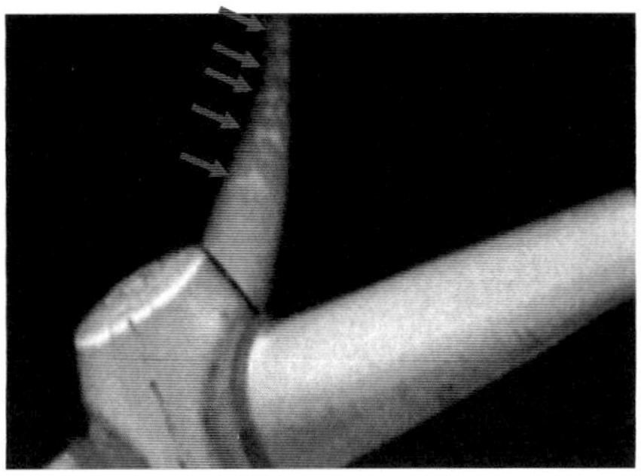

Fraunhofer WKI

Passive Thermographie an Rotorblättern (5)

- Temperaturunterschiede durch Strömungseinflüsse

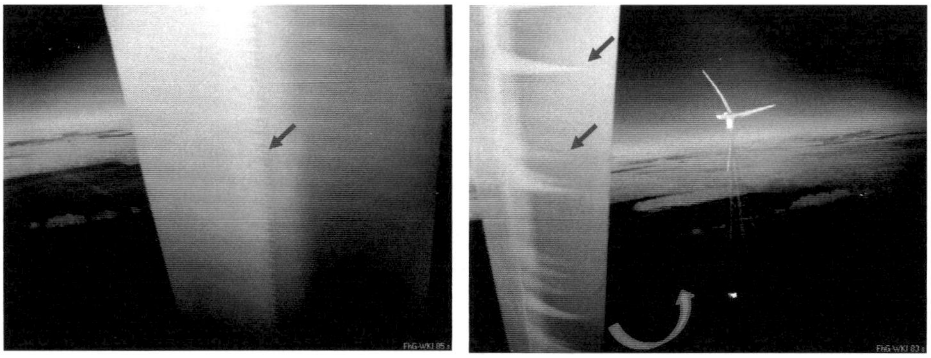

Vortex-Strukturen am drehenden Blatt in Folge von Zickzack-Bändern (links) und Irregularitäten an der Oberfläche (rechts)

Fraunhofer
WKI

Passive Thermographie an Rotorblättern (6)

- Temperaturunterschiede durch Strömungseinflüsse

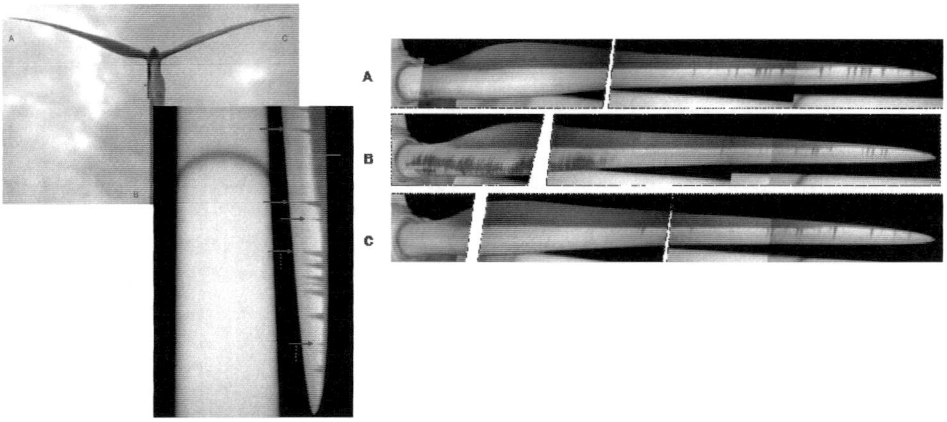

Die drei Rotorblätter haben sehr verschiedenartige Vortex-Strukturen

Fraunhofer
WKI

Erzeugung von Panoramabildern (1)

- Arbeiten mit Einzelbildern oder Videos mühsam
- Ziel
  - Bilder zusammenfügen (Stitchen)
  - Ansehen zum Beispiel mit Pyramidenalgorithmus (Google Maps)
- Vorgehen
  - Stitching-Software für normale Fotos unzureichend (Kontrast)
  - Affine Transformation zwischen Folgebildern berechnen
  - Ausreißer korrigieren durch stetige Interpolation der Transformationsparameter
  - Mittelteile der Bilder zusammenfügen (Verzerrung minimieren)

Fraunhofer
WKI

Erzeugung von Panoramabildern (2)

- Ergebnis

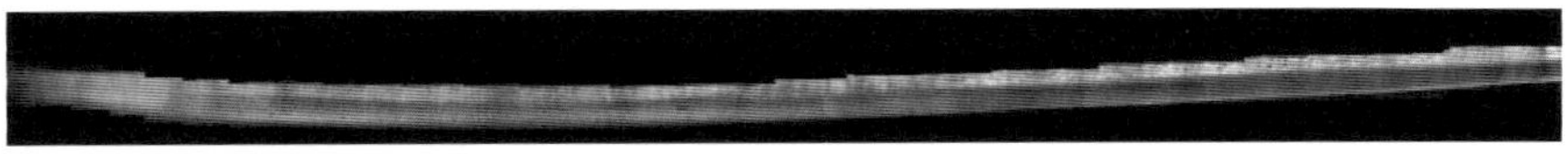

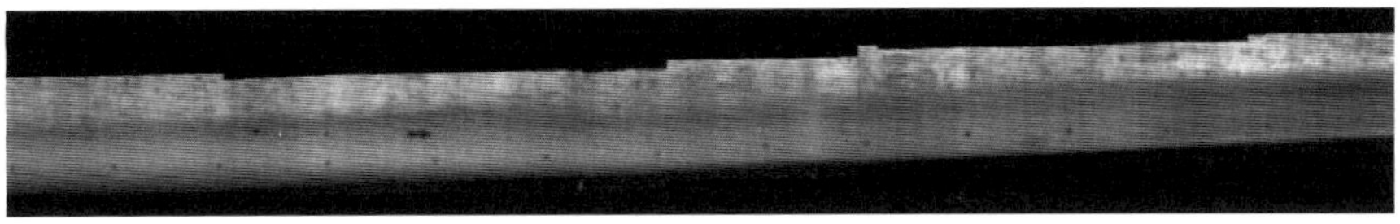

Fraunhofer
WKI

Erzeugung von Panoramabildern (3)

- Ergebnis

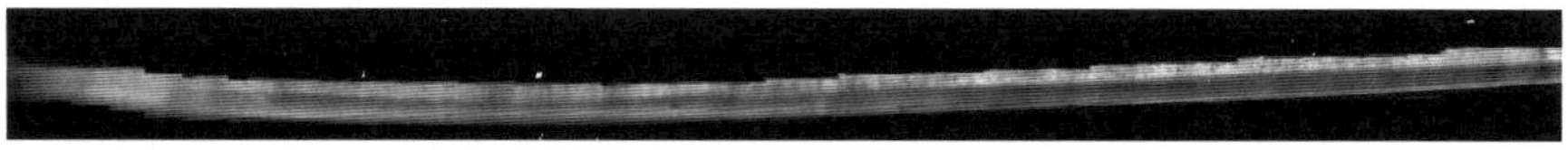

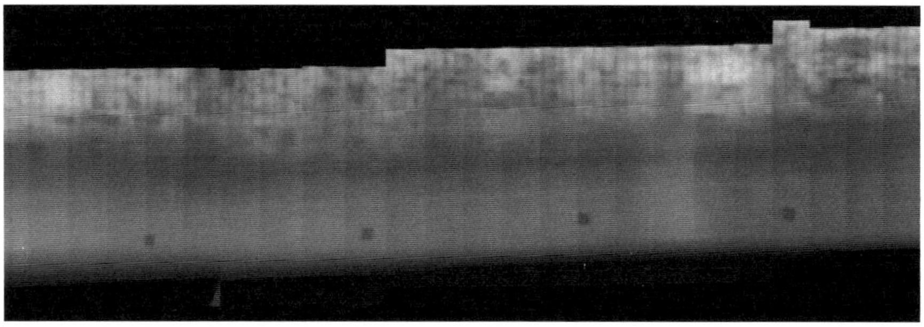

Kontrastverbesserung (1)

- Rohbild ohne Kontrastverbesserung

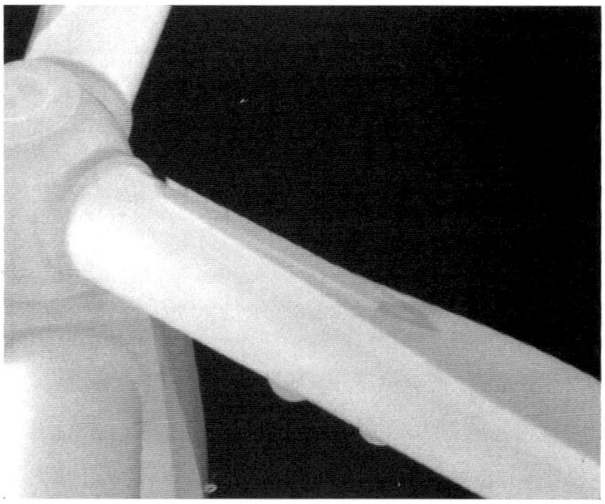

Kontrastverbesserung (2)

- Kontrastverbesserung
- Histogrammausgleich
- Einige Details besser sichtbar
- Bild ist „verwaschen“
- Artefakte im Hintergrund (Himmel)

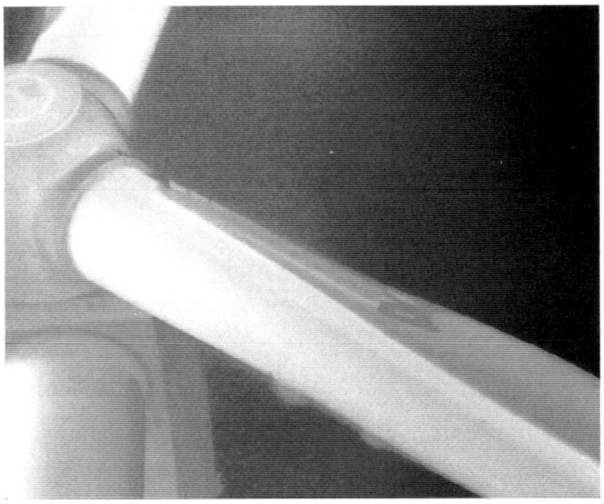

Fraunhofer WKI

Kontrastverbesserung (3)

- Histogrammausgleich
  - Rot: ohne
  - Blau: mit

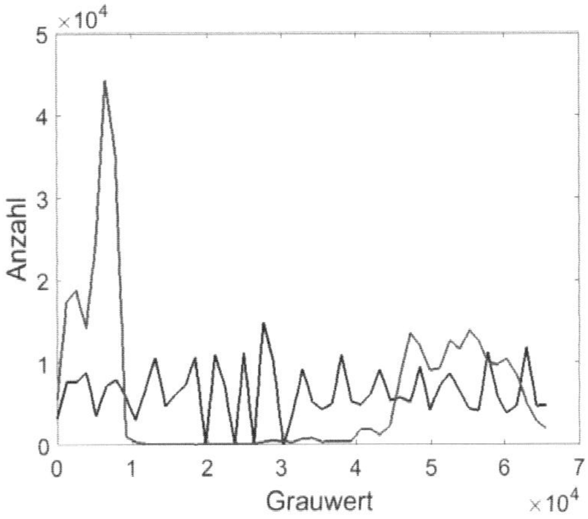

Fraunhofer WKI

Kontrastverbesserung (4)

- Besser:
  Kontrastverbesserung durch **adaptiven** Histogrammausgleich
- CLAHE-Algorithmus
- Bild in Kacheln einteilen
- Kacheln separat behandeln
- Kacheln wieder zusammenführen
- Übergänge anpassen

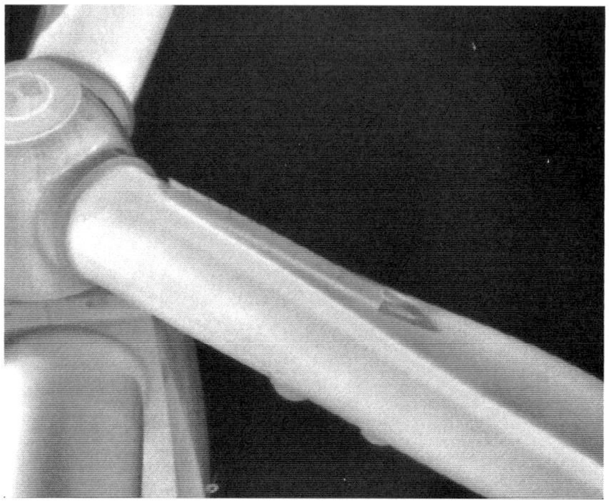

Kontrastverbesserung (5)

- Besser:
  Kontrastverbesserung durch **adaptiven** Histogrammausgleich

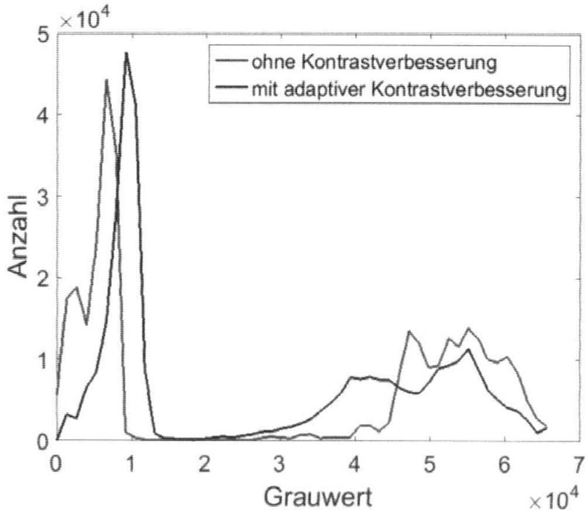

Kontrastverbesserung (6)

- Am besten: Kontrastverbesserung durch **selektiven und adaptiven** Histogrammausgleich
- Himmel segmentieren
- Himmel auf 0 setzen
- Kontrastverbesserung nur für Restbereich
- Größerer Grauwertevorrat

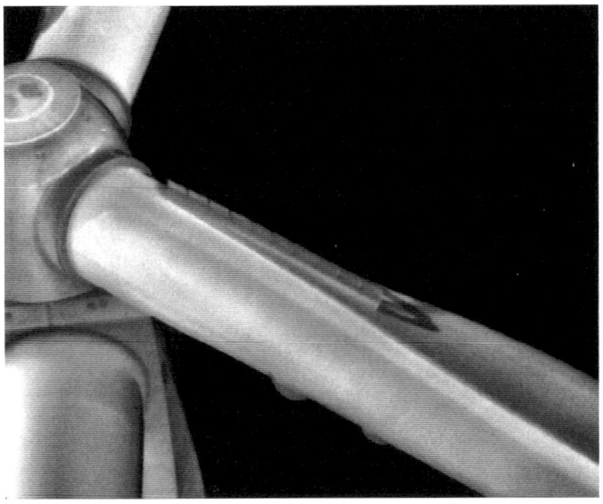

Fraunhofer WKI

Kontrastverbesserung (7)

- Am besten: Kontrastverbesserung durch **selektiven und adaptiven** Histogrammausgleich

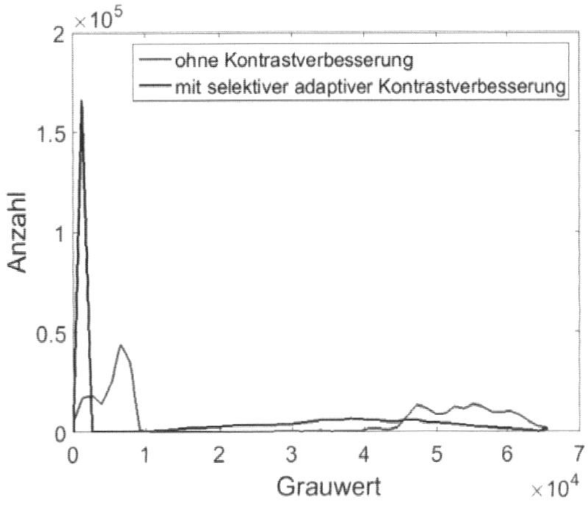

Fraunhofer WKI

Prüfung von innen (1)

- Manche relevanten Strukturen nur von innen zugänglich
    - Klebelaschen
- Eindringtiefe der Thermographie kleiner als Gurtdicke
    - Innenseite des Gurtes von außen nicht erfassbar
- Prüfung von innen ist notwendig…

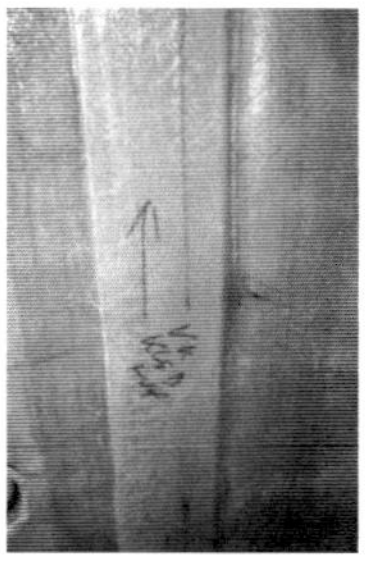

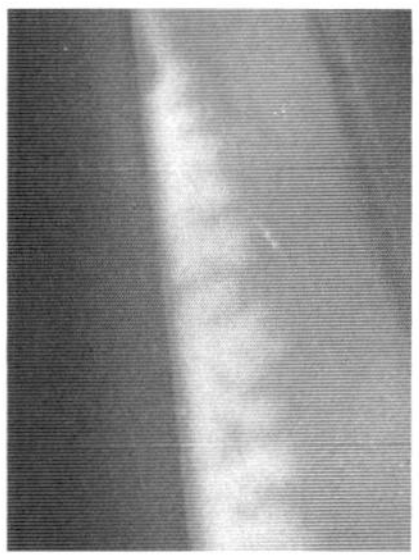

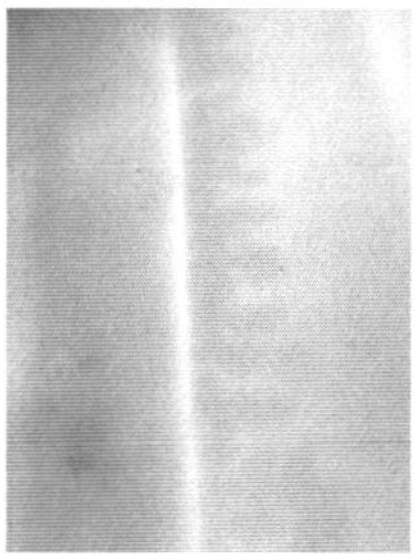

Fraunhofer WKI

Prüfung von innen (2)

- … aber mühsam.

Fraunhofer WKI

Prüfung von innen (3)

- Alternative: Innenprüfung durch Roboter
  - Projekt ThoR (Thermographisch-optisches Inspektionssystem zur autonomen Prüfung der inneren Struktur von Rotorblättern)
  - Zentrum für Produkt-, Verfahrens- und Prozeßinnovation GmbH (ZPVP), Experimentelle Fabrik, Magdeburg
  - Fraunhofer WKI, Braunschweig
  - Hochschule Harz, Fachbereich Automatisierung und Informatik, Wernigerode
  - IAI, Institut für Automatisierung und Informatik GmbH, Wernigerode
  - itv, gesellschaft für industrie-tv mbh, Betzigau
  - a3Ds GmbH, Braunschweig

Fraunhofer WKI

Prüfung von innen (4)

- Prototyp des Inspektionsfahrzeugs (von hinten)

Fraunhofer WKI

Zusammenfassung und Ausblick

- Thermographie kann die (notwendige) Inspektion von Rotorblättern auf innere Fehler deutlich verbessern.
- Aktive Thermographie
  - Kann am Boden und an der Windenergieanlage durchgeführt werden.
  - Inspektion an der Anlage ist aufwändig.
- Passive Thermographie
  - Relativ unaufwändig.
  - Vom Boden mit Teleobjektiv oder durch Drohnen möglich.
  - Zahlreiche Effekte, die getrennt werden müssen.
- Inneninspektion!
- Bildverarbeitungsverfahren erleichtern den Umgang mit den Ergebnissen.

37

Fraunhofer WKI

Vielen Dank für Ihre Aufmerksamkeit!

Fraunhofer WKI

Lock-in- und Blitzthermographie zur Untersuchung von Lackschichten an den historischen Flugzeugen Bf 109 und Me 163

Julia FRISCH [1,2], Catharina BLÄNSDORF [2], Philipp JATZLAU [2],
Andreas HEMPFER [3], Christian GROßE [2]
[1] Siemens AG, München
[2] Technische Universität München, München
[3] Deutsches Museum, München
Kontakt E-Mail: julia.frisch@siemens.com

Kurzfassung. Historische Flugzeuge zeigen überwiegend nicht mehr ihre ursprünglichen Lackierungen, da sie im Laufe ihrer Nutzung und auch im musealen Kontext wiederholt neu lackiert wurden. Art und Zustand der früheren Lackierungen geben wichtige Erkenntnisse zur Geschichte der Flugzeuge und können auch zur Identifizierung eines individuellen Flugzeugs beitragen. Beprobungen können Aufschluss über die Abfolge der erhaltenen Lackschichten geben, jedoch nur punktuell und sind mit Eingriffen in die Substanz verbunden.

An zwei wichtigen Flugzeugen in der Sammlung des Deutschen Museums München aus der Zeit des Zweiten Weltkriegs, der Messerschmitt Bf 109 und der Me 163, wurde deshalb erstmals versucht verdeckte Lackschichten durch die unterschiedliche Zusammensetzung und Dicke einzelner Farbschichten zerstörungsfrei und flächenhaft mittels aktiver Thermographie zu detektieren.

Von historischen Fotografien und Probenuntersuchungen sowie Lackschichtdickenmessungen lagen bereits einige Erkenntnisse zu Phasen der Nutzung und den dazu gehörenden Lackierungen beider Flugzeuge vor, so dass gezielt versucht werden konnte markante Kennzeichen dieser Lackierungen mittels Thermographie aufzufinden. Die Messungen fanden in der Flugwerft Oberschleißheim des Deutschen Museums München im Laufe des Jahres 2018 statt.

Einführung

Bei der Präsentation von technischem Kulturgut als museales Exponat stellt sich immer wieder die Frage, ob der momentane Zustand des Objekts ohne Beachtung der historischen Akkuratesse erhalten oder ein Zustand aus der Zeit der aktiven Nutzung des Gegenstands wiederhergestellt werden soll. Im Rahmen des Umbaus des Deutschen Museums München und der Planung der neuen Dauerausstellung im Haupthaus „Historische Luftfahrt 1918 bis 1945" geht es darum, wie die Flugzeuge zukünftig gezeigt werden sollen. Sollen diese ihre Lackierung behalten, welche sie im Laufe ihrer Zeit im Besitz des Museums erhalten haben, oder ist es möglich und sinnvoll die ursprüngliche Gestaltung zu rekonstruieren und eventuell sogar zu restaurieren? In den hier beschriebenen Messungen ging es darum, die historischen Lackierungen und damit die Geschichte zweier technikhistorisch bedeutender Militärflugzeuge aus der Zeit vor 1945 in der Sammlung des Deutschen Museums, Bf

109 und Me 163 der Messerschmitt-Werke AG Augsburg, so genau wie möglich nachvollziehen zu können.

Beide Flugzeuge wurden im Laufe ihrer Nutzung und der musealen Präsentation mehrfach neu lackiert. Von Fotografien ist bekannt, dass die momentane Sichtfassung der Flugzeuge historisch nicht korrekt ist. Um in Form einer reversiblen Lackierung auf den bestehenden Lackschichten die ursprüngliche Gestaltung nachzustellen, ist es erforderlich, diese unter den späteren Lackaufträgen zu lokalisieren und abzuschätzen, wo und in welchem Umfang sie erhalten ist. Außerdem müssen die Art und Farbigkeit der ursprünglichen Lackierung zweifelsfrei bestimmt sein.

Die Geschichte der untersuchten Flugzeuge ist in unterschiedlicher Informationsdichte durch schriftliche Dokumente und Fotografien belegt. Dadurch lassen sich einige wichtige Phasen der Nutzung und musealen Präsentation nachvollziehen, jedoch nicht alle. Anhand von Schwarzweißfotografien können grundlegende Gestaltungsmerkmale wie Tarnschemata und Kennzeichen abgelesen werden, aber nicht die Farbigkeit und Details wie Glanz oder Oberflächenbeschaffenheit. Zudem sind kleinteiligere Elemente wie technische Beschriftungen meist nicht erkennbar. Durch Querschliffe von kleinen Lackproben kann die Abfolge der einzelnen Schichten, die materielle Zusammensetzung sowie Farbigkeit bestimmt werden. Bei der Auswertung zeigte sich, dass beinahe alle Proben eine unterschiedliche Schichtenabfolge enthalten. Dass einzelne Schichten verloren gegangen sind oder partielle Reparaturen vorliegen, ist an einem Flugzeug nicht ungewöhnlich. Es lässt sich beim Blick auf die alles bedeckende Sichtfassung jedoch nicht abschätzen, welche Situation wo vorliegt. Probenentnahmen dokumentieren die Situation nur punktuell auf ca. 1 mm Länge. Um durch systematische Beprobung alle Lackschichten und vor allem Gestaltungsmerkmale zu erfassen, wäre nicht nur eine enorme Anzahl von Proben erforderlich, die Probennahmen würden auch die vorhandenen Lackierungen in einem konservatorisch nicht zu verantwortenden Maße schädigen. Somit bleibt dies eine Momentaufnahme von einigen wenigen, kleinen Stellen, die aufgrund bereits existierender Beschädigungen für eine Beprobung geeignet sind.

Bei den im Fokus stehenden Flugzeugen handelt es sich um Metallflugzeuge mit Aluminiumbeplankung und einzelnen mit Stoff bespannten Bauteilen (v. a. Ruder) sowie vereinzelten Bauteilen aus Sperrholz (v. a. Tragflächen der Me 163). Schichtdickenmessungen mithilfe von Wirbelstrom wurden verwendet, um Partien mit möglichst vielen Lackschichten zu lokalisieren. Diese Werte können aber keinen Aufschluss über Zahl oder Art der Schichten geben, sondern nur über die Gesamtstärke. Mittels Infrarotreflektographie (IRR) konnten die Lackschichten nicht durchdrungen werden, selbst im Streiflicht erkennbare Kennzeichen, die nur von wenigen Schichten bedeckt sind, zeichneten sich damit nicht ab.

Daher wurde eine Technik gesucht, die auf den Flugzeugen Schichtdickenunterschiede und damit verschiedene Lackierungen inkl. Kennzeichnungen unter Überdeckung großflächig, zerstörungs- und wenn möglich berührungsfrei sichtbar machen kann.

Da, nach prinzipiellen Überlegungen und Erfahrungen, Thermographie hierfür geeignet ist, wurden erste Versuche an einer demontierbaren Blechabdeckung (Tragflächenunterseite der Bf 109) durchgeführt, für die frühere Lackierungen durch Untersuchungen und Bilddokumente bekannt waren. Nach diesem ersten erfolgreichen Versuch wurden Messungen an ausgewählten Partien direkt an den Flugzeugen in der Außenstelle Flugwerft Schleißheim des Deutschen Museums im Laufe des Jahres 2018 durchgeführt. Die Fragestellungen lauteten dabei: Wie stellen sich die älteren Lackschichten in den Thermographieuntersuchungen dar? Wie und wie weit lassen sie sich unterscheiden und den Informationen aus den Beprobungen zuordnen? Welchen zeitlichen Aufwand stellt eine solche Flächenuntersuchung dar?

Welches thermographische Verfahren bzw. welche Anregungsquelle mit welchen Messparametern ist am besten geeignet? Ist eine Messung tagsüber während der Öffnungszeiten in einem gut besuchten Museum möglich, ohne die Besucher zu beeinträchtigen?

1 Die Flugzeuge der Messerschmitt AG

Einer der deutschen Hauptflugzeuglieferanten im Zweiten Weltkrieg war die 1923 in Augsburg gegründete Bayerische Flugzeugwerke AG. Diese geriet jedoch immer wieder in finanzielle Schwierigkeiten. 1928 dann übernahm Willy Messerschmitt gemeinsam mit einem Investor die Flugzeugwerke. In den 30er Jahren konnten unter diesem mehrere Entwicklungswettbewerbe gewonnen werden, unter anderem mit der Bf 109. Die Umfirmierung in Messerschmitt AG erfolgte dann 1938. Vor diesem Zeitpunkt konstruierte Flugzeuge erhielten das Kürzel „Bf", danach wurden die Maschinen „Me" getauft. [1]

1.1 Bf 109

Die Messerschmitt Bf 109 ist mit einer Gesamtstückzahl von ca. 35 000 Exemplaren das meistgebaute Jagdflugzeug der Geschichte und war der einsitzige Standardjäger der NS-Luftwaffe im Zweiten Weltkrieg. Zu den damaligen technischen Innovationen dieses Flugzeugs als einem der ersten Tiefdecker in Ganzmetall-Bauweise zählen der geschlossene Führersitz und das Einziehfahrwerk. Von seinem Erstflug 1935 über die Indienststellung durch das Reichsluftfahrtministerium 1936 wurde es weit über den Zweiten Weltkrieg hinaus in verschiedenen Ländern eingesetzt, darunter aus deutscher Kriegsproduktion bis Mitte der 1950er Jahre und Nachbauten bis 1964 in Spanien. [2, 3, 4, 5]

Die technischen Daten der heute im Deutschen Museum befindlichen Bf 109 E sind in Tabelle 1 links zusammengefasst.

Tabelle 1. Technische Daten der Messerschmitt Bf 109 E [3, 4, 6] und der Me 163 B [6, 7, 8, 9]. Die Einheiten der Leistungseckdaten der beiden Flugzeuge unterscheiden sich aufgrund der unterschiedlichen Antriebsarten.

Flugzeugtyp	**Bf 109 E**	**Me 163 B**
Hersteller	Messerschmitt AG, Augsburg	
Baujahr	1938	1944
Spannweite	9,9 m	9,3 m
Flügelfläche	16,4 m^2	19,6 m^2
Flugzeuglänge	8,8 m	5,7 m
Startmasse	2400 kg	4000 kg
Höchstgeschwindigkeit	555 km/h in 5 km Höhe	950 km/h
Antrieb	V-Reihenmotor Daimler-Benz DB 601	Walter HWK 109-509
Antriebsart	Kolbenmotor	Raketentriebwerk
Leistungseckdaten	1050 PS Dauerleistung in 4 km Höhe	1,5 – 15,7 kN Schub

1.2 Me 163

Ursprünglich als Versuchsflugzeug zur Ermittlung der Flugeigenschaften und der Stabilität bei Hochgeschwindigkeitsflügen geplant, wurde die Messerschmitt Me 163 aufgrund ihrer Flugleistungen bei Erprobungsflügen 1941 zum Abfangjäger weiterentwickelt. Das in die Me 163 B eingebaute Raketentriebwerk lieferte einen Schub von bis zu 15,7 kN und erlaubte dadurch Geschwindigkeiten von über 1000 km/h. Das Tankvolumen von 1600 l ermöglichte jedoch nur eine Flugdauer von ca. 10 Minuten, wodurch der Rückflug im Gleitflug zu absolvieren war. Dabei war die Landung bei hohen Geschwindigkeiten auf den hydraulisch abgefederten Kufen unter dem Rumpf ein gefährliches Unterfangen. Bei zu harter

Landung konnten eventuelle Brennstoffreste explodieren. Über die gesamte Einsatzzeit der Me 163 verlor die Luftwaffe mehr Flugzeuge dadurch als im Kampf. [7, 8, 9]

Die Me 163 B ist ein einsitziger Mitteldecker in Mischbauweise. Der Rumpf ist in Ganzmetall-Schalenbauweise gefertigt während die zweiholmigen Tragflächen in Schichtholzbauweise hergestellt wurden. Der Start erfolgte mittels eines zweirädrigen Fahrwerks, das nach dem Start automatisch abgeworfen wurde. [8]

Weitere technische Daten der Me 163 B sind in Tabelle 1 rechts zusammengefasst.

2 Die individuellen Flugzeuge im Deutschen Museum

Die Konstruktion der in Abschnitt 1 beschriebenen Flugzeuge war jeweils mit enormen technischen Fortschritten verbunden. Die Entwicklung für den Zweiten Weltkrieg gibt diesen Neuerungen jedoch einen faden Beigeschmack. Aufgabe eines Museums ist es technikhistorisch bedeutendes Kulturgut auszustellen, aber auch über deren genaue Historie und ihre Rolle in der Geschichte aufzuklären.

2.1 Bf 109

Die Bf 109 E im Deutschen Museum (vgl. Abb. 1) ist die älteste vollständig erhaltene Bf 109. Die bekannten Stationen dieses Flugzeuges sind in Abb. 2 zusammengefasst und veranschaulicht.

Abb. 1. Die Bf 109 E im Deutschen Museum vor ihrem Umzug in die Flugwerft Schleißheim [2]. Foto: Deutsches Museum.

Sie wurde Ende 1938 im Maschinenwerk Erla in Leipzig-Möckau als Typ E-3 gefertigt und im Frühjahr 1939 nach Spanien zum Einsatz in der Legion Condor (geheime Einheit der NS-Luftwaffe zur Unterstützung von General Francos nationalistischen Truppen im Spanischen Bürgerkrieg 1936 – 1939) entsendet.

Für die Legion Condor erhielten die Flugzeuge spezielle Kennzeichnungen, die von denen der deutschen Luftwaffe abwichen. Anders als die zeitgleich für den Verbleib in Deutschland gebauten Flugzeuge, wurden die Maschinen für die Legion Condor nicht mit Balken- und Hakenkreuzen versehen, sondern mit runden Kokarden und Spanischen Kreuzen. Die Bf 109 des Deutschen Museums erhielt damals die Flugzeugnummer 6-106.

Nach Ende des Spanischen Bürgerkriegs wurden die Flugzeuge der Legion Condor an die Spanische Luftwaffe übergeben, welche sie verwendete, bis sie fluguntauglich oder technisch veraltet waren. 1955 wurde die letzte Bf 109 (wahrscheinlich die 6-106) außer Betrieb genommen. Aufgrund von Umstrukturierungen änderte die Spanische Luftwaffe das Lackierungsschema während der Einsatzzeit der Bf 109 zwischen 1939 und 1955 zweimal.

Größere Lackarbeiten fanden 1945 und 1951 statt. Wegen Verschleiß und Beschädigungen – zwei Unfälle sind 1941 und 1946 dokumentiert – wurden zudem Teile anderer Flugzeuge bei Reparaturen in die 6-106 eingebaut.

1960 wurde das Flugzeug in Sevilla neu lackiert und als Geschenk an das Deutsche Museum München gesandt. Zwischen 1960 und 1963 wurde die Gestaltung in Deutschland abermals überarbeitet. Zunächst mit einer Farbfassung, die aus unbekannten Gründen direkt wieder überdeckt wurde, dann mit einer Lackierung, die etwa zehn Jahre lang Bestand hatte. 1974 wurde eine letzte komplette Lackierung durch die Bundeswehr beim Jagdgeschwader Jg. 74 in Neuburg ausgeführt. Diese trägt das Flugzeug bis heute (vgl. Abb. 1).

Alle Museumslackierungen sind an zeittypische Lackierungen der Deutschen Luftwaffe im Zweiten Weltkrieg angelehnt, jedoch ohne ein konkretes Flugzeug nachzuahmen. Auf historisch belegte, vollständige Kennzeichen und Embleme wurde verzichtet. Die heute bestehende Sichtfassung des Flugzeuges orientiert sich an der Bf 109 F des Piloten Werner Mölders (1913 – 1941) und war als Hommage an ihn konzipiert. 1973 bis 1974 lieh sich das Jg. 74 der Bundeswehr die Bf 109 und die Me 163 des Deutschen Museums für die Feier seiner Umbenennung in „Jagdgeschwader Mölders" aus und lackierte dafür beide Flugzeuge neu.

1983 wurden im Deutschen Museum auf deutsche Flugzeuge aus der Zeit des Dritten Reichs Hakenkreuze aufgebracht, darunter auch auf der Bf 109 und Me 163. Die Insignien wurden jedoch kurz vor der Neueröffnung der Ausstellung „historische Luftfahrt" 1984 wieder überdeckt. [10, 11]

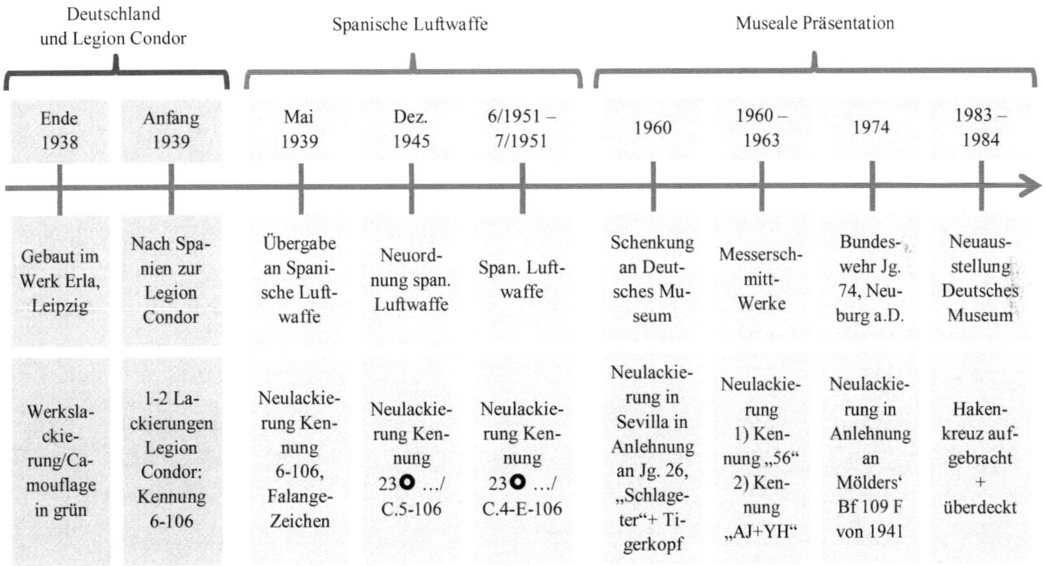

Abb. 2. Grobe Übersicht der Stationen der Bf 109 des Deutschen Museums inkl. der bekannten Lackierungen.

2.2 *Me 163*

Über die Geschichte der Me 163 B im Deutschen Museum ist vergleichsweise wenig bekannt. Die bekannten Stationen dieses Flugzeuges sind, wie für die Bf 109 in Abb. 2, in Abb. 4 zusammengefasst und veranschaulicht.

Abb. 3. Die Me 163 B im Deutschen Museum vor ihrem Umzug in die Flugwerft Schleißheim [7]. Foto: Deutsches Museum.

Zwischen 1941 und 1945 wurden etwa 350 Flugzeuge des Typs Me 163 unter massivem Einsatz von Zwangsarbeitern gebaut. Davon sind weltweit noch zehn Exemplare in Museen erhalten. Von ca. 20 Me 163, die 1945 in Husum in die Hände der britischen Armee gefallen waren, testete die Royal Air Force 1945 bis 1946 einzelne Exemplare im Hochgeschwindigkeitsflug und brachte wahrscheinlich ein Flugzeug zu Ausstellungszwecken in das Gebiet Biggin Hill des Londoner Stadtteils Bromley [9, 12]. 1964 wurde diese Me 163 dem Deutschen Museum geschenkt. Vor der Übergabe wurde sie neu lackiert (mit Balkenkreuz anstelle des Hakenkreuzes auf dem Leitwerk). 1964/65 ergänzte die Bundeswehr in Manching fehlende Teile und lackierte das Flugzeug neu. Dafür wurden alte Lackschichten auf dem Rumpf weitestgehend entfernt.

Die weitere Geschichte verlief parallel zu der der Bf 109 des Deutschen Museums (vgl. Abschnitt 2.1): 1974 wurden beide Flugzeuge durch die Bundeswehr neu lackiert, 1983 im Deutschen Museum mit Hakenkreuzen auf dem Leitwerk ausgestattet, die 1984 wieder überdeckt wurden. Dies entspricht dem jetzigen Zustand des Flugzeugs (vgl. Abb. 3). Die Gestaltung der Sichtfassung von 1974 ist an der Lackierung der Me 163 B der siebten Staffel des Jg. 400 von 1944 orientiert. Im Vergleich zu der Bf 109 sind vermutlich deutlich weniger Lackschichten erhalten. [10]

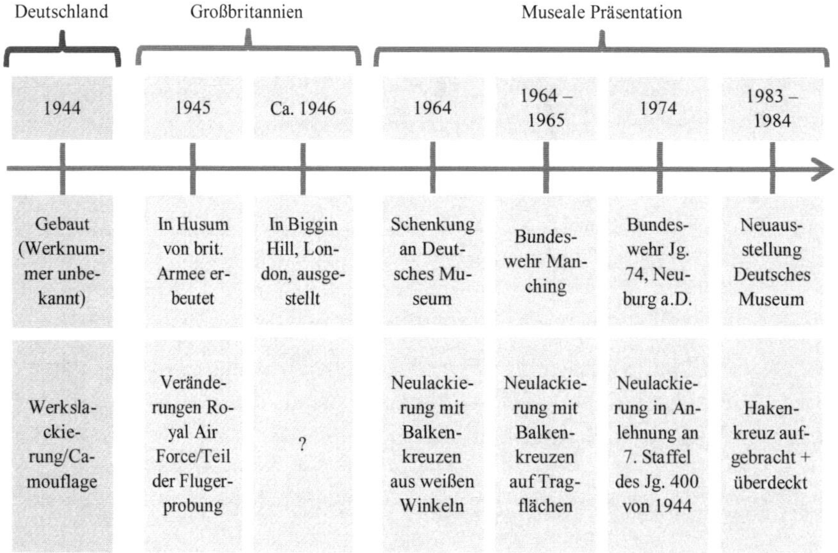

Abb. 4. Grobe Übersicht der Stationen der Me 163 des Deutschen Museums inkl. der bekannten Lackierungen.

3 Verwendete Methoden und Geräte

Um die ursprüngliche Gestaltung und die Lackicrungen während der Nutzungszeit der beiden Flugzeuge Bf 109 und Me 163 im Deutschen Museum in allen Punkten zweifelsfrei zu klären, ist eine einzige Untersuchungsmethode nicht ausreichend. Zu den Messungen, über die hier berichtet wird, wurden mehrere Verfahren ergänzend verwendet. Die mikroskopische Betrachtung von Beprobungen kann Farbe, Oberflächenbeschaffenheit und punktuelle Abfolge von Lackschichten identifizieren. Thermographie ist in der Lage zerstörungsfrei und großflächig Schichtdickenunterschiede und damit Kennzeichnungen abzubilden.

3.1 Licht-, Rasterelektronenmikroskopie und Schichtdickenmessung

Die mikroskopischen Untersuchungen erfolgten an Querschliffen, eingebettet in dem mit Blaulicht zu härtendem Technovit 2000 LC (Kulzer GmbH, Hanau).

Für die optische Mikroskopie wurde das Durchlichtmikroskop Leica DM LM (Leica Microsystems GmbH, Wetzlar), mit Beleuchtung VIS (Hellfeld, Halogenlampe mit Tageslichtfilter) und UV (UV-Lampe Mercury Short ARC HBO (Osram GmbH, München) mit Filter D (PB 390 – 440 nm) verwendet. Zur Dokumentation dienten die digitale Farbkamera Leica EC3 (Leica Microsystems GmbH, Wetzlar) und die Mikroskopkamera Axiocam 105 color (Carl Zeiss Microscopy GmbH, Jena).

Die Rasterelektronenmikroskopie (REM) und Röntgenmikroanalyse mithilfe von Energiedispersiver Röntgenspektroskopie (EDX) erfolgte mit dem Rasterelektronenmikroskop Phenom ProX G3 (Produziert von: Phenom-World, Eindhoven. Heute: Thermo Fisher Scientific Inc., Waltham, MA, USA) mit einer Röntenmikroanalyseeinheit bestehend aus einem Siliziumdriftdetektor (SDD-Detektor) mit Peltierkühlung und einer Energieauflösung von 140 eV. Die detektierbaren Elemente reichen dabei von Kohlenstoff $_{6}C$ bis Americium $_{95}Am$ nach ZAF-Korrektur (Korrektur der verschiedenen Wechselwirkungen der Röntgenstrahlung innerhalb der Probenmaterie für quantitative Ergebnisse). Die EDX-Messungen wurden unter der Einstellung 15 kV und Strahlstrom "point" oder "map" durchgeführt.

Zur Schichtdickenmessung wurde das Wirbelstrom-Schichtdickenmessgerät PCE-CT 28 (PCE Instruments vertreten durch PCE Deutschland GmbH, Meschede) mit einem Messbereich von 0 – 100 µm bei einer Auflösung von 0,1 µm und 100 – 1250 µm bei einer Auflösung von 1 µm. Das Gerät hat eine Genauigkeit von ±2 % oder 2,5 µm (größerer Wert) und die kleinstmögliche Messfläche beträgt 6 x 6 mm.

3.2 Aktive Thermographie

Für die Lock-in-Thermographie kam eine FLIR SC660 (FLIR Systems Inc., Portland, OR, USA) zum Einsatz. Der ungekühlte Mikrobolometerdetektor liefert eine Auflösung von 480x640 Pixeln und ist im Spektralbereich von 8 – 14 µm sensitiv. Für alle Untersuchungen wurde ein Objektiv mit einer Brennweite von 40 mm verwendet. Für die Messungen befanden sich sowohl die Kamera als auch die Anregungsquelle auf derselben Seite des Flugzeugs.

Als Anregung diente das System OTvis 2000 (edevis GmbH, Stuttgart) mit einem Halogenscheinwerfer H25s (Hedler Systemlicht GmbH, Runkel), einer maximalen Leistung von 2 kW und einem Borosilikatglas-Filter der Dicke 2 mm. Die Lock-in-Frequenz wurde bei den Messungen zwischen 0,1 Hz und 0,01 Hz variiert.

Für die Blitzthermographiemessungen wurde eine FLIR SC5000 (FLIR Systems Inc., Portland, OR, USA) im Halbbildmodus (Halfframe) mit einer Auflösung von 320x256 Pixeln, einer Integrationszeit von 2600 µs und einer Bildwiederholrate von 329 Hz verwendet. Die Kamera besitzt einen InSb-Detektor und einen Stirling-Kühler. Sie ist im mittleren IR-

Band von 2,5 – 5 µm sensitiv mit einer NETD von 20 mK. Für die Messungen befanden sich sowohl die Kamera als auch die Anregungsquelle auf derselben Seite des Flugzeugs.

Für die Blitzanregung wurden zwei Broncolor Grafit A4 (Bron Elektronik AG, Allschwil, Schweiz) fotografische Blitze mit Plexiglasfiltern (PMMA) und einer maximalen Leistung von 3,2 kJ genutzt. Diese besitzen eine Abschaltautomatik, wobei die Kondensatorentladung entkoppelt wird und man einen Blitz mit exakt der angegebenen Dauer erhält. Verwendet wurden die Blitze mit einer Leistung von 1298 J bei einer Blitzdauer von 1/375 s. Sie wurden außerdem symmetrisch um die Kamera positioniert, um eine gleichmäßige Ausleuchtung und Anregung zu gewährleisten.

4 Optische und mikroskopische Untersuchungen der Lackschichten

Für die mikroskopische Untersuchung von Lackierungen ist es notwendig, das Objekt zu beproben, da die Probengröße auf wenige Millimeter beschränkt ist. Auch wenn damit in die Substanz des Exponats eingegriffen wird, kann nur so die Farbe und Oberflächenbeschaffenheit einer Lackschicht feststellt werden.

4.1 Bf 109

An der Bf 109 sind nicht nur die Außen-, sondern auch alle Innenseiten lackiert. Vermutlich wurden 1960 in Sevilla alte Lackierungen großzügig entfernt, so dass in den größeren glatten Flächen vor allem die Lackierungen ab dieser Zeit, d.h. die Museumslackierungen, in den Querschliffen vorhanden sind. Kennzeichen und technische Beschriftungen der Museumslackierungen von 1960 und 1963 sind im Streiflicht weitgehend erkennbar, an den Tragflächen deutlicher als am Rumpf. Am Leitwerk zeichnet sich das 1984 abgedeckte Hakenkreuz ebenfalls im Streiflicht ab.

Farblich unterscheiden sich die Schichten wenig: Aus Gründen der Tarnung waren die Lackierungen der Nutzungszeit oberseitig in Grau- und/oder Grüntönen und unterseitig blau bzw. hellblau. Dieses Grundschema nehmen auch die Museumslackierungen auf. Durch die Charakterisierung der Schichten in den Querschliffen im sichtbaren Licht und der Fluoreszenz unter UV-Strahlung, unterstützt durch die Röntgenmikro-Elementanalysen (EDX), konnten die Schichten so weit unterschieden werden, dass eine chronologische Abfolge und eine Zuordnung zu verschiedenen Phasen möglich war. Eine grobe Übersicht der Lackschichten ist in Abb. 5 dargestellt.

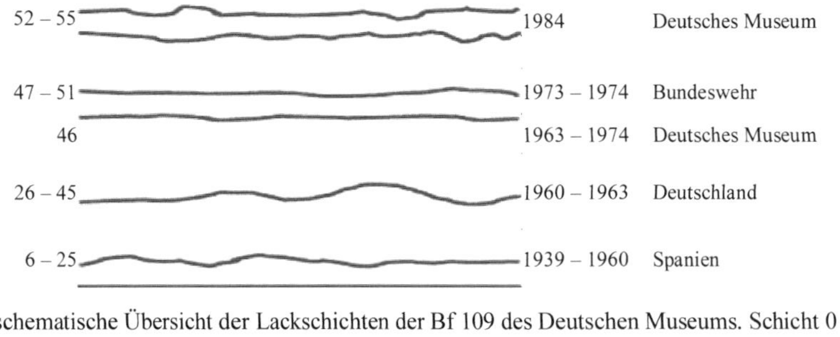

Abb. 5. Grobe schematische Übersicht der Lackschichten der Bf 109 des Deutschen Museums. Schicht 0 entspricht dabei dem Metallblech. Schichten 47 – 51 der Sichtfassung und Schichten 52 – 55 den überlackierten Hakenkreuzen. Genauere Informationen zu den einzelnen Lackierungen sind in Abb. 2 enthalten.

Nach Vergleich aller genommenen Proben, lassen sich die Lackschichten und einige „Zwischenschichten" aus Schmutz, dünnsten Aufträgen oder Oberflächenbehandlungen in 55 Ebenen ordnen. Die untersten neun Schichten stammen aus der Zeit der Herstellung und Nutzung in der Legion Condor. Reste davon fanden sich an allen beprobten Bauteilen sowohl auf der Außen- wie auf der Innenseite. Die Museumslackierungen bestehen aus mehr Schichten als sinnvollerweise auf ein Flugzeug im Flugbetrieb aufgebracht werden, vermutlich da Gewicht und Oberflächenstruktur nicht mehr relevant waren. Überwiegend sind die Lackaufträge gesprüht und bis zu 20 µm dick. Weiße und mit Pinseln aufgebrachte Schichten sind mit bis zu 70 µm deutlich dicker, schwarze teils deutlich dünner (<10 µm), was wahrscheinlich an der guten Deckkraft liegt. Weil immer wieder alte Schichten vor einer Neulackierung abgetragen wurden, liegt die Gesamtschichtstärke in glatten Flächen des Rumpfes jedoch meist unter 200 µm, wie auch in der mikroskopischen Aufnahme in Abb. 6 links von einer typischen Stelle mit vielen Schichten zu erkennen ist.

Im Bereich des Hakenkreuzes auf dem Seitenleitwerk wurden Gesamtschichtdicken von 150 bis 185 µm gemessen, von denen ca. 120 µm auf die Sichtfassung inkl. Hakenkreuz (1973 – 1984) entfallen. Dies bedeutet, dass nur wenige ältere Schichten vorhanden sind.

Im Bereich der mithilfe der Thermographie aufgefundenen Abschussmarkierungen (vgl. Abschnitte 5.1 und 6) ist die Gesamtschichtdicke nicht messbar, da der Untergrund nicht aus Metallblech, sondern aus einer Stoffbespannung besteht. Die Farbe ist hier in den Stoff eingedrungen, wodurch sich bei einer Beprobung nicht alle Schichten erfassen lassen. Es sind Schichten ab 1963 nachweisbar, was dafür spricht, dass das Seitenruder nicht mehr die ursprüngliche Bespannung von 1938 besitzt. Die Lackschichten der Abschussmarkierungen sind in Abb. 6 rechts zu sehen. Dabei wird auch eine Verbildung der Schichten deutlich. Die unterste, weiß-hellblaue Schicht war wohl noch nicht komplett trocken, als die darüberliegende Schwarze aufgetragen wurde, dadurch sind diese stark miteinander verbunden und eine Schichtdickenbestimmung ist nicht möglich.

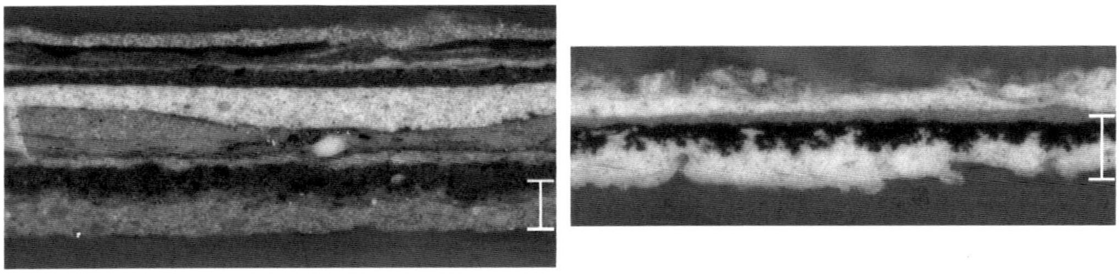

Abb. 6. Mikroskopische Aufnahmen der Lackschichtproben der Bf 109 des Deutschen Museums. Der Maßstab entspricht jeweils 50 µm. Links: Schichtprobe vom Rumpf des Flugzeugs mit hoher Schichtanzahl. Rechts: Schichtprobe vom Seitenruder links. Zu sehen sind die Lackschichten der Abschussmarkierungen.

4.2 Me 163

An der Me 163 wurden einzelne Partien des Rumpfhecks und der Tragflächen mittels Lupe begutachtet, jedoch bisher keine Proben genommen. An Kanten von Ausbrüchen sind nur wenige Lackschichten, oft über dicker, hellerer Spachtelmasse, zu erkennen. am Rumpf zeichnen sich im Streiflicht keine überdeckten Markierungen oder Kennzeichnungen ab. Das einzige aufgefundene Detail, das sich unter der erkennbaren Lackierung befindet, ist das Hakenkreuz von 1983 auf dem Seitenleitwerk. In den Unterlagen zur Me 163 im Archiv des Deutschen Museums ist vermerkt, dass der Rumpf im Laufe der Jahre einmal komplett von Farbe befreit wurde [10]. Da die Tragflächen im Gegensatz zum Rumpf der Me 163 nicht aus Metall, sondern aus Holz bestehen, wurden hier nicht alle alten Lackschichten entfernt. Ein vollständiges Abbeizen ist auf hölzernem Untergrund nicht möglich. Auf den Tragflächen sind die Balkenkreuze der Museumslackierungen unter der Sichtfassung dadurch nachvollziehbar.

5 Blitzthermographie

Normalerweise ist die Aufgabe von Blitzthermographie meist, quantitative Aussagen über Schichtdicken und Materialparameter zu liefern. Im Zuge dieser Versuche wurde sie jedoch als Untersuchungsmethode ausgewählt, da bekannt ist, dass sie geeignet für den Umgang mit dünnen Schichten ist und schnelle Wärmeleitprozesse gut abbilden kann. Des Weiteren ermöglicht die Blitzthermographie eine kontaktlose, zerstörungsfreie und großflächige Untersuchung verschiedenster Strukturen. So erhoffte man sich die Auffindung von alten und tieferliegenden Lackschichten bzw. Kennzeichnungen, die durch bloße optische Untersuchung und im Streiflicht nicht auffindbar sind. Die interessanten Bereiche wurden vor Messbeginn durch den Vergleich historischer Fotografien und bekannter Lackiermuster spezifischer Fluggruppen festgelegt. In die Überlegungen ging außerdem die Zugänglichkeit ein, weshalb eine Untersuchung der Tragflächen im montierten Zustand zunächst zurückgestellt wurde.

5.1 Bf 109

Für die Bf 109 in der Flugwerft Schleißheim wurde das Seitenleitwerk als Hauptuntersuchungsstelle ausgewählt (vgl. Abb. 7). Dort war durch Augenzeugenberichte und aus der Betrachtung im Streiflicht bereits das Hakenkreuz von 1983 bekannt (vgl. Abschnitt 2.1). Unklar war aber, ob sich darunter auch noch weitere Kennzeichnungen aus den vorhergehenden Stationen des Flugzeugs befinden. Besonderes Interesse galt dabei Kennungen aus der Zeit in der Spanischen Luftwaffe.

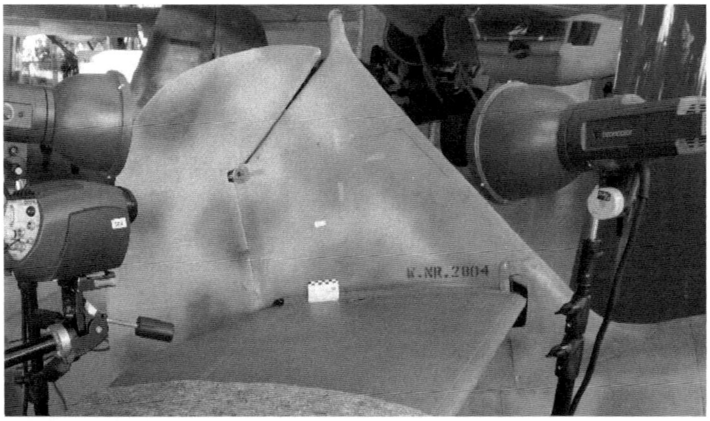

Abb. 7. Messaufbau zur Blitzthermographie am Seitenleitwerk rechts der Bf 109 des Deutschen Museums.

Abb. 9 zeigt die aufgenommenen Bereiche auf dem Seitenleitwerk rechts. Zu sehen sind neben dem deutlichen Hakenkreuz verschiedene Niet- und Schraubenreihen, sowie Lackabplatzungen in tieferen Schichten an den Lackierrändern, an denen vermutlich das zur Begrenzung aufgebrachte Klebeband den Lack der unteren Schichten beim Entfernen mit abnahm. Zusätzlich ist die Auswirkung der Entfernung des Zackenpatches auf die Lackschichten an der linken oberen Ecke des Leitwerks im Thermogramm erkennbar. Mit bloßem Auge ist nicht zu beurteilen, ob sich die Beschädigung der Schichten deutlich um den Ort des entfernten Patches ausbreitet. Bei näherer Betrachtung der Phasenbilder, ist außerdem die Struktur des Farbauftrags zu erkennen. Bei den Voruntersuchungen an einem Blech der Tragflächenunterseite wurden Pinselspuren deutlich, während am Seitenleitwerk die Farbe eindeutig gesprüht wurde.

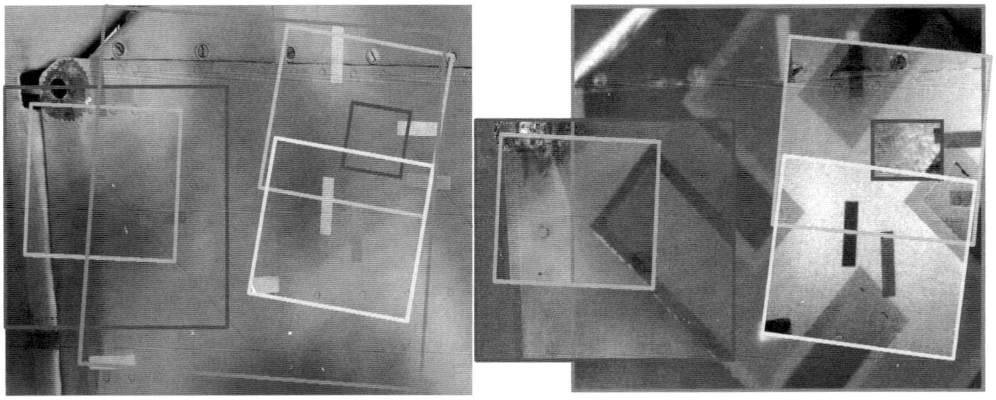

Abb. 9. Betrachteter Ausschnitt am Seitenleitwerk rechts der Bf 109. Vergleich der thermographischen Aufnahmen mit fotografischen. Verwendet werden je nach bester Sichtbarkeit Thermogramme und Phasenbilder bei verschiedenen Auswertungsfrequenzen.

Als weitere Untersuchungsstelle wurde die andere Seite des Seitenleitwerks ausgewählt. Dabei wurde ein Bereich untersucht, der sowohl Leitwerk als auch Ruder enthält. Die Ergebnisse der Blitzthermographie auf der linken Leitwerksseite sind in Abb. 8 zu sehen. Auch auf dieser Seite hebt sich das Hakenkreuz sehr deutlich vom Untergrund ab (Mitte). Außerdem sind deutlich vertikale Striche zwischen den einzelnen Streben des Seitenruders, auf dem sich Nähte des Bespannstoffes unter Zackenbändern befinden, zu erkennen (Mitte). Diese Striche sind so genannte Abschuss- oder Erfolgsmarkierungen. Für jeden erfolgreichen Abschuss durch den Piloten erhielt das Flugzeug eine solche Markierung. Im vorliegenden Fall sind es Striche, manchmal waren es aber auch Flaggen oder Silhouetten des abgeschossenen Objekts. Rechts im Bild erhält man einen Einblick in tiefere Schichten durch die Auswertung bei einer anderen Frequenz. Dabei sind verschiedene Nietreihen auf dem Leitwerk zu sehen. Am Ruder setzen sich die Zackenbänder dunkel ab, mit helleren Stellen, die auf ungleichmäßige Klebung hinweisen. Außerdem sieht man, schräg nach rechts oben verlaufend, die Unterkonstruktion des Ruders bzw. die schräge Verstärkung an der Stelle, an der das Ruder mit dem Leitwerk verbunden ist (vgl. auch Abb. 14 in Abschnitt 6) [13]. Sowohl die Abschussmarkierungen als auch die unterliegende Konstruktion des Seitenleitwerks werden im nachfolgenden Abschnitt 6 genauer betrachtet.

Abb. 8. Betrachteter Ausschnitt am Seitenleitwerk links der Bf 109. Vergleich der fotografischen Aufnahme (links) mit den thermographischen (Mitte, rechts). Die Phasenbilder zeigen durch Auswertung unterschiedlicher Frequenzen unterschiedliche Schichttiefen. Mitte: Lackschichten auf dem Seitenleitwerk und dem Seitenruder. Rechts: Blechstruktur und Nieten auf dem Seitenleitwerk, sowie Zackenbänder und Unterkonstruktion bzw. Mechanik des Seitenruders.

5.2 *Me 163*

Ähnlich wie bei der Bf 109 wurde bei der Me 163 in der Flugwerft Schleißheim das Seitenleitwerk zur Untersuchung ausgewählt. Aufgrund der Zugänglichkeit wurde hier nur die linke Seite betrachtet. Abb. 10 zeigt die Erwartungshaltung an die möglichen Kennzeichnungen am Seitenleitwerk der Me 163 und die Messausschnitte. Auf der Triebwerksverkleidung waren zumindest bei einem Flugzeug dieses Typs nach der Erbeutung durch die Royal Air Force 1945 während der Hochgeschwindigkeitserprobung in England (vgl. Abschnitt 2.2) Kennzeichen aufgebracht.

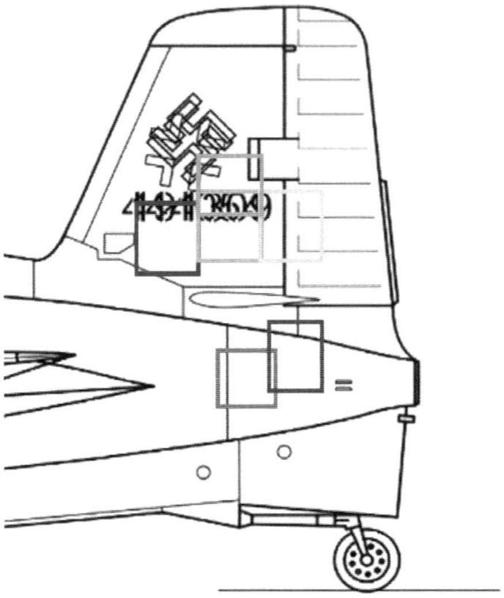

Abb. 10. Schematische Zeichnung des Flugzeughecks der Me 163 des Deutschen Museums mit rekonstruierten möglichen Kennzeichnungen sowie den betrachteten Ausschnitten. Adaptiert von Dr. Kaboldy, Péter via Wikimedia Commons, lizenziert unter CC BY-SA 3.0 (https://creativecommons.org/licenses/by-sa/3.0)

Abb. 11 zeigt die Ergebnisse der blitzthermographischen Untersuchungen am Seitenleitwerk. Dabei ist zu erkennen, dass in der Fotografie links quasi keine Details sichtbar sind. Sogar viele Nietreihen sind nicht auf der gesamten Fläche zu identifizieren. Die Thermogramme und Phasenbilder geben unter anderem Aufschluss darüber, wieso dies der Fall ist. Neben dem deutlichen unteren Eck des Hakenkreuzes sind sehr viele Dinge erkennbar: Es gibt horizontal und vertikal verlaufende Nietreihen und sogar Nietreihen in Zickzack, welche genutzt wurden, um auf eine kleine Fläche möglichst viele Nieten in das Blech zu bekommen, jedoch die Stabilität durch sehr nah beieinander befindliche Nieten (wie bei einer Doppelreihe) nicht zu beeinträchtigen [14].

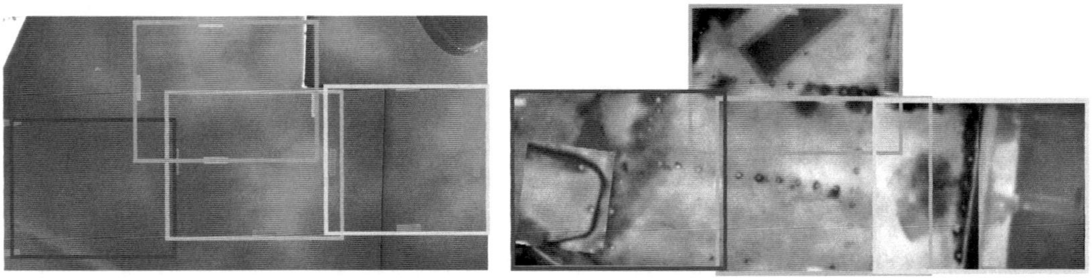

Abb. 11. Betrachteter Ausschnitt am Seitenleitwerk links der Me 163. Vergleich fotografischer Aufnahmen (links) mit den thermographischen (rechts). Verwendet werden je nach bester Sichtbarkeit Thermogramme und Phasenbilder bei verschiedenen Auswertungsfrequenzen.

Das interessanteste Detail ist ein Blechaufsatz, der sich im rot markierten Bereich links befindet. Zunächst wurde vermutet, dass dies eine Flickung ist. Bei der Betrachtung der originalen Zeichnungen des Seitenleitwerks der Me 163 der Messerschmitt AG von 1942 [15] zeigte sich jedoch, dass dies eine mit Schrauben angebrachte, sogenannte Handklappe ist [14]. Diese dient zur Montage und zur Reparatur innerhalb des Leitwerks und kann auch im späteren Verlauf des Flugzeuglebens geöffnet werden. Am Exemplar im Deutschen Museum wurde diese aber überspachtelt und ist somit nicht mehr zugänglich. Am auffälligsten im Vergleich zur Bf 109 sind die vielen dunklen Bereiche in den Aufnahmen. Diese entsprechen exzessiven Verspachtelungen. Die unterste Spachtelschicht wurde vermutlich aus ästhetischen Gründen von Lackierern aufgebracht und sollte wohl die Unebenheiten ausgleichen, die bei der Montage und bei der Vernietung entstehen [14]. Später wurden auch Reparaturen und Beschädigungen gespachtelt. Durch die Auswertung der Thermogramme bei verschiedenen Frequenzen und die dadurch entstehenden unterschiedlichen Phasenbilder scheint es so, dass teilweise sogar auf einer Schicht Spachtelmasse aus früheren Reparaturen genietet wurde.

Zusätzlich ist bei der richtigen Auswertungsfrequenz im Phasenbild, analog zur Bf 109, die Mechanik des Seitenruders im gelb markierten Ausschnitt rechts zu identifizieren.

Die Ergebnisse der Blitzthermographiemessung an der Triebwerksverkleidung auf der linken Seite des Hecks der Me 163 sind in Abb. 12 zusammengestellt.

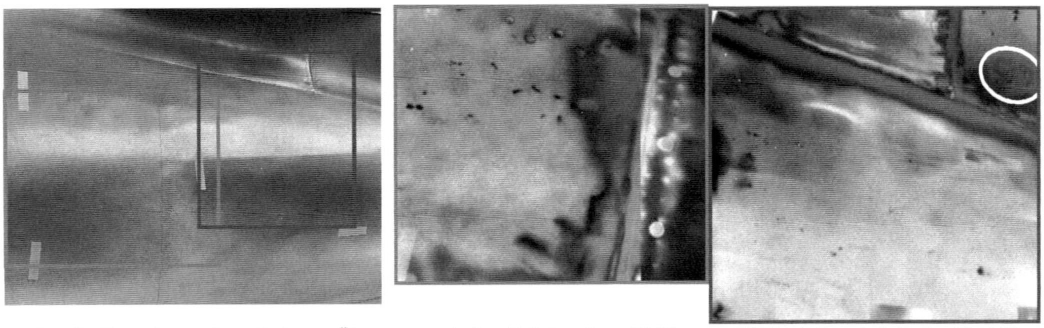

Abb. 12. Betrachteter Ausschnitt am Übergang zwischen Triebwerksverkleidung und Seitenleitwerk links der Me 163. Vergleich fotografischer Aufnahmen (links) mit den thermographischen (rechts). Die weiße Ellipse markiert eine aufgefundene Kennzeichnung („319“). Verwendet werden je nach bester Sichtbarkeit Thermogramme und Phasenbilder bei verschiedenen Auswertungsfrequenzen.

Sehr stark zeichnen sich die Blechstöße und Vernietungen ab. Dabei wird erneut deutlich, dass verschiedene Niet- und Nietreihenarten verwendet wurden. Schräg nach links oben laufend erkennt man eine Zickzack-Nietreihe und am Blechstoß ist eine doppelte Nietreihe aus kleinen Nieten sowie eine einfache Reihe großer Nieten auszumachen. Auch hier wurde am Blechstoß stark gespachtelt. Entlang des Übergangs zwischen Triebwerksverkleidung und Leitwerk ist außerdem eine helle Sichel zu sehen. Diese entsteht vermutlich durch eine Berührung an der Innenseite der Verkleidung mit dem Abgastrakt. Von Interesse sind aber vor allem die kleinen dunklen Überreste in der Mitte der Aufnahmen und das obere rechte Eck. Da die dunklen Flecken sehr klein und scharf abgegrenzt sind, ist die Wahrscheinlichkeit hoch, dass diese beim Abschleifen der Bleche übrig gebliebene Reste aus früheren Schichten sind. Möglicherweise handelt es sich um Vertiefungen, die durch das Aufbringen einer Kennzeichnung entstanden sind. Und in der rechten oberen Ecke (vgl. Abb. 12, weiße Ellipse) erscheint außerdem eine Kennzeichnung, die sonst völlig unsichtbar ist. Zu identifizieren ist nach dem ersten Charakter die Zahl „319“. Bisher ist noch nicht geklärt ob dies dem Ende einer Werknummer entspricht, oder ob es sich um die Teilenummer des Blechs handelt.

6 Lock-in-Thermographie

Die Ausgangssituation bei der Optischen Lock-in-Thermographie (OLT) war analog zur Blitzthermographie (vgl. Abschnitt 5). Im Unterschied zu dieser liegt das Augenmerk bei der OLT auf der Betrachtung eines größeren Bereichs und dickerer Schichten bzw. einer höheren Eindringtiefe (die Auflösung ist hier durch die verwendete Frequenz weniger auf dünne Schichten und schnelle Prozesse ausgelegt und zeigt deshalb weniger „Bildschärfe“).

Nach den Blitzthermographiemessungen war die Fragestellung, ob die entdeckten Abschussmarkierungen (vgl. Abschnitte 4.1 und 5) auch mit OLT auffindbar sind und man diese großflächig abbilden kann. Die Untersuchungen beschränkten sich hier auf die linke Seite der Bf 109 des Deutschen Museums. Als interessante Bereiche wurden das Seitenleitwerk und ein Teil des Rumpfes unterhalb der Pilotenkanzel ausgewählt. Abb. 13 zeigt exemplarisch den Messaufbau am Seitenleitwerk.

Abb. 13. Messaufbau zur Lock-in-Thermographie am Seitenleitwerk links der Bf 109 des Deutschen Museums.

Tatsächlich zeigen die gewonnenen Phasenbilder in Abb. 14 rechts bei einer Lock-in-Frequenz von 0,01 Hz, dass auch die Lock-in-Thermographie geeignet ist, die Abschussmarkierungen nachzuweisen, diese sich jedoch wesentlich weniger deutlich und scharf abzeichnen. Durch die Aufnahmen war es aber möglich, innerhalb von zwei Messungen die Erfolgsmarkierungen komplett festzuhalten. Nach deren Auswertung konnte eine schematische Darstellung auf dem Seitenriss der Bf 109 E-3 erstellt werden (vgl. Abb. 14 Mitte).

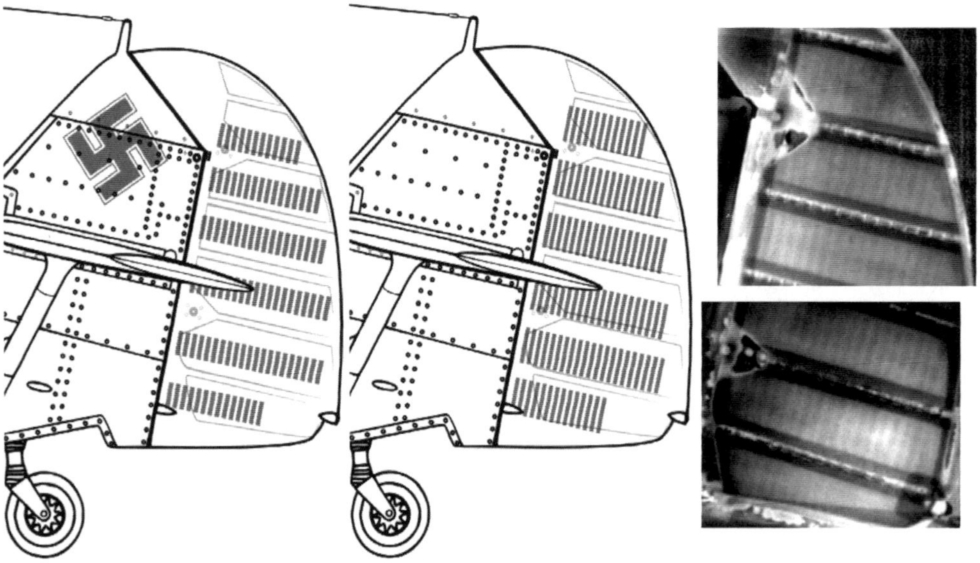

Abb. 14. Abschussmarkierungen auf dem Seitenruder der Bf 109, die 1973 bis 1974 durch die Bundeswehr hinzugefügt wurden (siehe Abschnitt 2.1). Links: Schematische Darstellung der realen 101 Abschussmarkierungen auf der Bf 109 F von Werner Mölders zum Ende seines aktiven Jagddiensts. Mitte: Schematische Darstellung der Abschussmarkierungen auf der Bf 109 des Deutschen Museums. Rechts: Phasenbilder der Abschussmarkierungen auf der Bf 109 des Deutschen Museums (Lock-in-Frequenz: 0,01 Hz).

Wie sich herausstellte, sind 101 Abschussmarkierungen aufgebracht. Mithilfe des bekannten Lebenslaufs der Maschine im Deutschen Museum (vgl. Abschnitt 2.1), historischer Fotografien und den mikroskopischen Untersuchungen (vgl. Abschnitt 4.1), konnte belegt werden, dass die Abschussmarkierungen durch die Bundeswehr zwischen 1973 und 1974 aufgebracht und wieder abgedeckt worden waren. Wie in Abschnitt 2.1 erwähnt, erfolgte die Gestaltung durch die Bundeswehr in Anlehnung an Werner Mölders Bf 109 F (vgl. Abb. 14 links), was sich durch die Anzahl der Abschussmarkierungen bestätigen ließ. Mölders hatte bis zu seinem Tod 1941 101 gemeldete Abschüsse [16]. Bei genauerer Betrachtung zeigen sich auch Abweichungen zwischen den Erfolgsmarkierungen vor allem in Breite und Höhe der Striche. Außerdem wurde 1974 kein Hakenkreuz aufgebracht.

Wie historische Fotografien von 1960 [17] zeigen, wurden bei der Neulackierung in Sevilla Abzeichen der deutschen Luftwaffe aus dem Zweiten Weltkrieg auf den Rumpf aufgebracht. Abb. 15 links zeigt einen Ausschnitt der Fotografie von 1960, rechts ist die Fotografie stilisiert dargestellt, um die Symbole besser identifizieren zu können. Die roten Rechtecke markieren den mit Lock-in-Thermographie untersuchten Bereich aus Abb. 16. Das „Schlageter“-Wappen und der Tigerkopf verweisen auf das Jg. 26, dessen Kommandant Adolf Galland war. In der Legion Condor war Galland Staffelkapitän der 3. Staffel der Jagdgruppe 88 (3.J/88), zu welchem die 6-106 gehörte [6]. Wappen und Tigerkopf wurden in Sevilla mit Pinseln aufgemalt und wichen im Detail von den tatsächlichen Abzeichen ab.

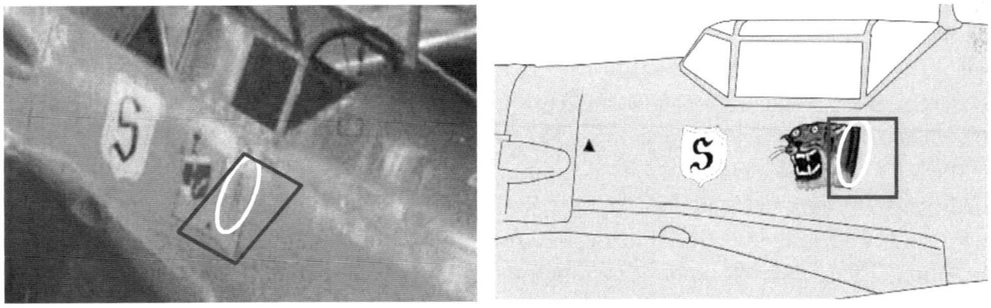

Abb. 15. Embleme auf der Rumpfseite der Bf 109. Links: Original Fotografie der linken Rumpfseite der Bf 109 des Deutschen Museums 1960 in Sevilla [17]. Rechts: Stilisierte Anordnung der Embleme zur erleichterten Identifikation. Die roten Rechtecke markieren den mit Lock-in-Thermographie betrachteten Bereich aus Abb. 16. Die weißen Ellipsen heben die Fellzeichnung des Tigers hervor.

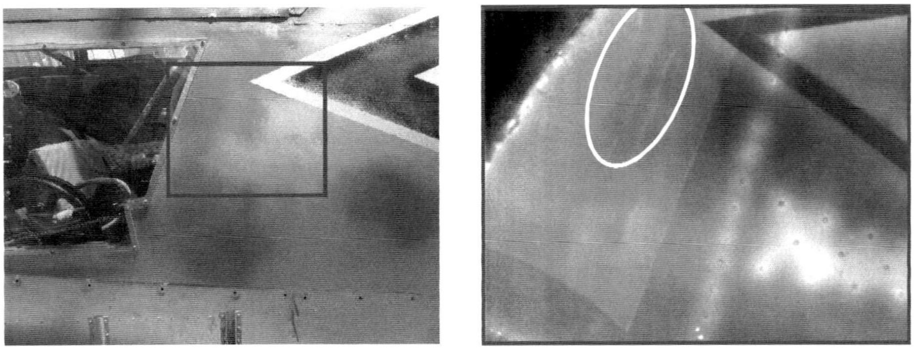

Abb. 16. Vergleich der fotografischen und thermographischen Aufnahmen der linken Rumpfseite der Bf 109 des Deutschen Museums. Links: Messausschnitt auf der linken Rumpfseite in Rot. Rechts: Phasenbild mit erkennbaren Überresten des Tigerkopfes von 1960 (Lock-in Frequenz: 0,1 Hz). Die weiße Ellipse markiert die aufgefundene Fellzeichnung des Tigerkopfes.

Abb. 16 zeigt links den relevanten Ausschnitt auf einer aktuellen Fotografie. Der Kopf des Tigers ist durch das Sichtfenster bis auf den Hals verloren. Der Tigerkopf war vermutlich gelb/orange mit aufgemalten schwarzen und weißen Strichen als Fellzeichnung. Erkennbar ist im Phasenbild rechts in Abb. 16, neben diversen Nietreihen, eine im optischen Bereich nicht sichtbare Fläche, die sich heller abzeichnet. Innerhalb dieser Fläche verlaufen parallel zu ihrem rechten Rand auf Höhe des weiß-umrandeten, schwarzen Winkels der Geschwader- und Staffelabzeichen (vgl. Abb. 1) drei schwach sichtbare wellenförmige Linien (vgl. Abb. 16, weiße Ellipse). Diese sind als Fellzeichnung am Hals des Tigerkopfes von 1960 zu deuten. Die sich hell abzeichnende Fläche kann man bei Vergleich der Form auf dem Phasenbild mit der Fotografie von 1960 (vgl. Abb. 15 links) dem gelb/orangen Grundfell des Tigers zuordnen.

7 Diskussion und Ausblick

Im Rahmen der hier beschriebenen Messungen wurden die beiden wichtigen Militärflugzeuge aus der Zeit vor 1945 in der Sammlung des Deutschen Museums, Bf 109 und Me 163 der Messerschmitt-Werke AG Augsburg, mithilfe von Lock-in- und Blitzthermographie untersucht. Beide Techniken konnten dabei verdeckte, historische Lackschichten unter der Sichtfassung auch großflächig und vor allem zerstörungsfrei sichtbar machen und ermöglichten so Rückschlüsse auf verschiedene Phasen der Objektgeschichte der beiden Flugzeuge.

Dabei konnten sowohl Kennzeichnungen, Abzeichen, lokale Reparaturen durch Spachtelmasse und Struktur des Farbauftrags als auch bautechnische Gegebenheiten wie Nietreihenanordnung und Stoffbespannung sowie die unter der Oberfläche liegende mechanische Konstruktion von Bauteilen dargestellt und nachgewiesen werden. In der Kombination mit Beprobung, mikroskopischen Untersuchungen und Materialanalyse ist somit eine ganzheitliche Inspektion überdeckter historischer Lackierungen möglich. Thermographie ist dabei für einen Aufbau aus Blech genauso geeignet wie für einen aus Stoff. Die beiden Techniken Lock-in und gepulst ergänzen sich dabei gut, da man zum einen die erhöhte Eindringtiefe ausnutzen kann und zum anderen sehr schnelle Prozesse (wie die Wärmeausbreitung in Metall) beobachten kann. Durch die Variation der Lock-in- bzw. der Auswertungsfrequenz und Betrachtung der zeitlichen Reihenfolge der Thermogramme kann außerdem bei partiellen Schichtdickenunterschieden eine grobe Abfolge der Schichten bzw. die ungefähre Schichttiefe angegeben und auf eine bestimmte Ebene fokussiert werden. So sind auch Überlagerungen von Kennzeichnungen kein Problem. Nach der Daumenregel für Blitzthermographie, dass die laterale Auflösung etwa der Schichttiefe des Merkmals entspricht, wäre es für das Verfahren wahrscheinlich ohne weiteres möglich, Kennzeichen zu erkennen, die sich auf der untersten von 55 Lackschichten (Summe aller aufgefundenen Schichten auf der Bf 109) mit einer durchschnittlichen Stärke von 25 µm befinden. Selbst dann könnte man noch Objekte mit einer Größe von etwa 1,4 mm identifizieren. Des Weiteren zeigen die mikroskopischen Untersuchungen, dass die Thermographie sehr sensitiv auf kleinste Schichtdickenunterschiede reagiert. Es ist nicht nur möglich, die Oberflächenbeschaffenheit der Lackschichten zu erkennen, auch schwarze Schichten mit weniger als 10 µm Stärke zeichnen sich in den thermographischen Aufnahmen deutlich ab.

Zusätzlich zu den wissenschaftlichen Erkenntnissen konnte auch bestätigt werden, dass Untersuchungen mit Thermographie am Flugzeug während der Öffnungszeiten des Museums durchführbar sind. Bei der Lock-in-Thermographie ist dies ohne Einschränkungen möglich, bei der Blitzthermographie ist eine Abschirmung der Blitzlampen in Richtung Besucher sinnvoll. Die komplette Aufnahme eines Flugzeuges ist, bei entsprechender Vorbereitung eines Aufbaus für schwer zugängliche Stellen, wie z.B. die Flügelunterseite, im Laufe eines Tages möglich.

Eine interdisziplinäre Zusammensetzung der Projektbeteiligten war für den Erfolg dieses Projekts von größter Wichtigkeit. Die Interpretation der Messungen und deren Deutung im Hinblick auf die Geschichte eines individuellen Flugzeugs war nur möglich, da neben den Experten für die verwendeten Messverfahren auch viel Fachwissen über die allgemeine Luftfahrtgeschichte und den Bau dieser Flugzeugtypen vorhanden war.

Mit dem jetzigen Stand ist zwar die Geschichte der Bf 109 des Deutschen Museums weitestgehend bekannt und neue Kennzeichnungen wie die Erfolgsmarkierungen konnten gefunden werden, bei der Me 163 sind jedoch noch viele Aspekte der Geschichte vor 1960 unbekannt. Weitere zerstörungsfreie Untersuchungen sind deshalb hier in Planung. Durchgeführt wurde in Zusammenarbeit zwischen dem Deutschen Museum und dem Fraunhofer Entwicklungszentrum Röntgentechnik (EZRT) des Fraunhofer IIS in Fürth bereits ein XXL-Computertomographiescan (vgl. Video-/Fernsehbeiträge [18, 19, 20]). Die ersten Ergebnisse in Abb. 17 sind vielversprechend und lassen auf eine Aufklärung der Lebensgeschichte der Me 163 des Deutschen Museums hoffen. Derartige Einblicke in das Innenleben eines Flugzeugs sind aber nicht nur aus historischer Sicht für Forscher interessant, sie werden auch in der neuen Luftfahrausstellung des Deutschen Museums ab 2020 die Besucher begeistern.

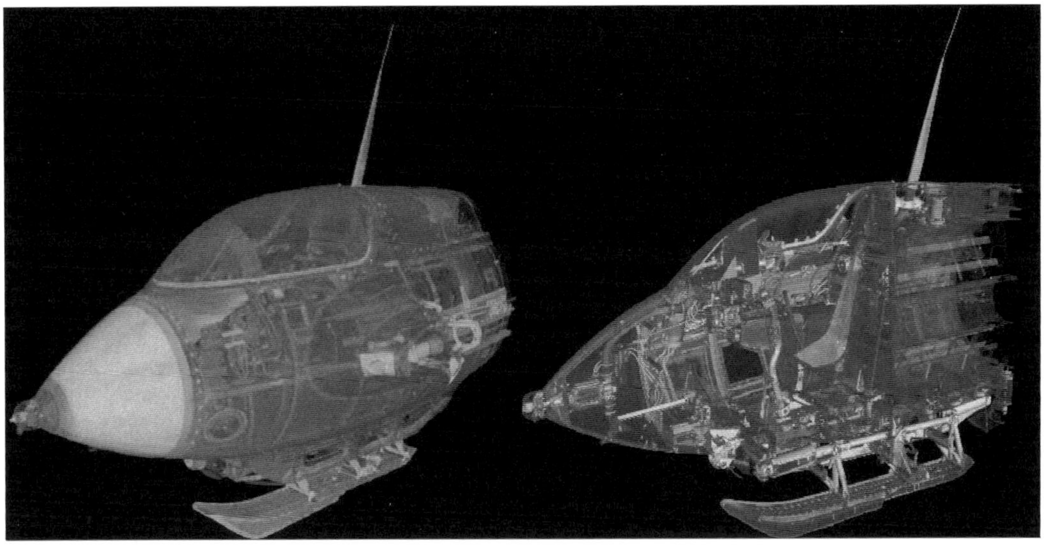

Abb. 17. XXL-CT-Aufnahmen des EZRT des Fraunhofer IIS. Durch die Rückrechnung der Röntgen-Projektionen wird das Innere der Me 163 bei der Rekonstruktion sichtbar [21]. Abb.: Fraunhofer IIS/EZRT, Deutsches Museum.

Danksagung

Wir bedanken uns herzlich bei allen Personen, die zum Gelingen dieses Beitrags beigetragen haben. Im Besonderen gilt unser Dank:

Reinhard Mücke und Mathias Winkler sowie allen beteiligten Mitarbeitern der Flugwerft Schleißheim für die tatkräftige Hilfe bei der Umsetzung der Messungen.

Dem Spanischen Luftwaffenarchiv Servicio Histórico y Cultural del Ejército del Aire (SHYCEA), Madrid (Spanien) für die historischen Fotografien der Bf 109 aus der Zeit in Spanien.

Hans-Ulrich Willbold als Head of Corporate Heritage von Airbus Group, Ottobrunn und José Luis González Serrano aus Spanien für die Hinweise auf die Geschichte der individuellen Flugzeuge des Deutschen Museums.

Klaus Frisch von Frisch Engineering + Aerotech (FEA), Gersthofen sowie Hans Hartmair, Hubert Hartmair und Stephan Völk von Hartmair Flugzeugbau, Tüntenhausen (Freising) für die technische Expertise und die Möglichkeit der Einsicht in die Zeichnungen der Flugzeuge der Messerschmitt AG.

Referenzen

[1] P. Schmoll, Die Messerschmitt-Werke im Zweiten Weltkrieg, Regensburg: Mittelbayerische Druck- und Verlags-GmbH, 1998.

[2] Deutsches Museum, „Deutsches Museum: Messerschmitt Me 109 E", 2019. [Online]. Abrufbar unter: https://www.deutsches-museum.de/sammlungen/verkehr/luftfahrt/propellerflugzeuge/ab-1918-bis-1945/messerschmitt-me-109/. [Zugriff am 25. Juli 2019].

[3] M. Wunderlich, Hrsg., Messerschmitt Bf 109. Vom Prototyp bis zur Bf 109 K, München: GeraMond Verlag GmbH, 2017.

[4] W. Radinger und W. Schick, Messerschmitt Me 109. Das meistgebaute Jagdflugzeug der Welt. Entwicklung, Erprobung und Technik. Alle Varianten: von Bf (Me) 109 A bis Me 109 E, Oberhaching: Aviatic Verlag GmbH, 1997.

[5] P. Schmoll, Messerschmitt Me 109. Produktion und Einsatz, 1. Ausgabe, Regenstauf: MZ-Buchverlag in der Battenberg Gietl Verlag GmbH, 2017.

[6] E. Mombeek, J. R. Smith und E. J. Creek, "Jagdwaffe. Attack in the west. May 1940", in *Luftwaffe Colours*, vol. One section 4, Sussex, Classic Publications, 2000.

[7] Deutsches Museum, „Deutsches Museum: Messerschmitt Me 163 B, 1944", 2019. [Online]. Abrufbar unter: https://www.deutsches-museum.de/sammlungen/verkehr/luftfahrt/strahlflugzeuge/messerschmitt-me-163/. [Zugriff am 25. Juli 2019].

[8] G. Lang, „Messerschmitt Me 163 Komet. Der erste einsatzfähige Raketenjäger", *Flugzeug Profile,* Nr. 52, 2013.

[9] W. Späte, Der strang geheime Vogel Me 163. Ihre Piloten. Ihre Konstrukteure. Ihre Einsätze, 2. Ausgabe, Eggolsheim-Bammersdorf: Dörfler Zeitgeschichte im Nebel-Verlag, 2003.

[10] Deutsches Museum, *Unveröffentlichte Archivunterlagen zu den Exponaten im Deutschen Museum,* [Archivunterlagen]. München, 2019.

[11] J. L. González Serrano, *Angaben aus der Lebenslaufakte der Bf 109 E Flugzeugnummer 106-6.* [Emailkorrespondenz]. München, 2015-2019.

[12] H. J. Ebert, J. B. Kaiser und K. Peters, Willy Messerschmitt - Pionier der Luftfahrt und des Leichtbaues, 3. Ausgabe, Bad Neuenahr - Ahrweiler: Bernard & Graefe in der Mönch Verlagsgesellschaft mbH, 2008.

[13] Messerschmitt AG, „Ersatzteil-Liste der Bf 109 E", Messerschmitt AG, Augsburg, 1941.

[14] H. Hartmair, H. Hartmair und S. Völk, *Gespräche über die Konstruktion und den (Nach-)Bau von Messerschmitt Flugzeugen.* [Korrespondenz]. Tüntenhausen (Freising), 2019.

[15] Messerschmitt AG, „Konstruktionszeichnungen der Me 163", Messerschmitt AG, Augsburg, 1942.

[16] R. F. Toliver und T. J. Constable, Das waren die deutschen Jagdflieger-Asse 1939 - 1945, Stuttgart: Motorbuch Verlag, 1972.

[17] Servicio Histórico y Cultural del Ejército del Aire (SHYCEA), *Fotografien des Spanischen Luftwaffenarchivs.* [Fotografien]. Madrid, 2019.

[18] Deutsches Museum, „Transport der Me 163 zum XXL-Scan", Deutsches Museum, München, 21. März 2019. [Online]. Abrufbar unter : https://www.youtube.com/watch?v=hfOoTbYXnlU.

[19] Fraunhofer IIS/EZRT, „Der Geschichte auf der Spur: XXL-Computertomographie des Raketenjägers Me 163", Fraunhofer IIS/EZRT, Fürth, 21. März 2019. [Online]. Abrufbar unter: https://www.youtube.com/watch?v=jG6fHxHflms.

[20] ServusTV Deutschland, *P.M. Wissen - Staffel 1, Folge 26. Erstausstrahlung 17.04.2019,* Wals bei Salzburg: Red Bull Media House GmbH, 2019.

[21] Deutsches Museum, „Deutsches Museum: Me 163. Ein Mythos wird durchleuchtet. Der Geschichte des Raketenjägers Me 163 auf der Spur - mit einem XXL-CT-Scan", 2019. [Online]. Abrufbar unter: https://www.deutsches-museum.de/presse/presse-2019/me-163/. [Zugriff am 25. Juli 2019].

Zerstörungsfreie Prüfung austenitischer nichtrostender Stähle mittels induktiv-angeregter Thermografie und Shearografie

Igor KRYUKOV [1], Eugen PRINTS [1], Rached TOUMIA [1], Stefan BÖHM [1]
[1] Universität Kassel, Fachgebiet Trennende und Fügende Fertigungsverfahren, Kassel

Kontakt E-Mail: i.kryukov@uni-kassel.de

Kurzfassung. Austenitische nichtrostende Stähle weisen eine erhöhte Beständigkeit gegenüber Korrosion, insbesondere der gleichmäßigen Flächenkorrosion, auf. Der Grund dafür liegt in der festanhaftenden und chemisch beständigen Passivschicht, die auf ihrer Oberfläche entsteht. Aufgrund ihrer Korrosionsbeständigkeit werden diese Werkstoffe in vielen Branchen wie Chemieanlagenbau, Schiffbau oder Luft- und Raumfahrttechnik eingesetzt. Austenitische nichtrostende Stähle sind nicht magnetisch und verfügen über wesentlich größere Wärmeausdehnung bei gleichzeitig geringerer Wärmeleitfähigkeit als ferritische Stähle.

Trotz der Passivschicht treten Korrosionserscheinungen auch bei nichtrostenden Stählen auf. Als häufigste und gefährlichste Korrosionsart der austenitischen nichtrostenden Stähle gilt die Lochkorrosion. Bei dieser Korrosionsart wird der Werkstoff unterhalb der Oberfläche im Volumen vollständig aufgelöst. Da die Lochkorrosion nur kleine Löcher auf der Oberfläche entstehen lässt, ist diese Korrosionsart ohne zerstörungsfreie Prüfung schwer zu detektieren.

Zur großflächigen Prüfung bieten sich für diese Stahlklasse die aktive Thermografie und die Shearografie an. Beide Prüfverfahren sind berührungslos und können Unregelmäßigkeiten bei großen Flächen innerhalb kurzer Zeit detektieren. Während bei der aktiven Thermografie das thermische Gleichgewicht des Prüfkörpers gestört und die thermische Diffusivität betrachtet wird, wird bei der Shearografie der Verformungsgradient der Oberfläche des Prüfobjekts als Reaktion auf eine Belastung ausgewertet. Aus einer lokalen Abweichung der thermischen Diffusivität, beziehungsweise des Verformungsgradienten, lässt sich auf Fehler im Stahl schließen. Hier spielt die geringe Wärmeleitfähigkeit bei gleichzeitig hoher Wärmeausdehnung der austenitischen nichtrostenden Stähle eine wichtige Rolle bei der Detektion der eingebrachten Unregelmäßigkeiten.

In diesem Beitrag wird die Detektionsfähigkeit beider Prüfverfahren zur Erkennung von inneren Unregelmäßigkeiten, wie Lochkorrosion, an austenitischen nichtrostenden Stählen vorgestellt. Die thermische Belastung wird bei beiden Prüfverfahren mittels Induktion erzeugt, wodurch die Prüfergebnisse miteinander vergleichbar sind. Zur Nachbildung der Korrosionsart werden Prüfkörper mit Sacklochbohrungen aus dem häufig eingesetzten nichtrostenden Stahl 1.4301 verwendet. Analysiert wird der Einfluss von Fehlergröße und -tiefe auf die Fehlerdetektierbarkeit beider Prüfverfahren.

1. Einführung

Nichtrostende Stähle korrodieren unter ungünstigen Bedingungen. Die Lochkorrosion zählt dabei als die kritischste Korrosionsart, die das Material im Inneren zersetzt. Da die im

Korrosionsprozess an der Oberfläche entstehenden Löcher sehr klein sind, können diese nur schwer ohne Hilfsmittel rechtzeitig erkannt werden. Um Lochkorrosion und andere Korrosionsarten aber auch herstellungs- beziehungsweise fügeprozessbedingte Unregelmäßigkeiten zu erkennen, wird die zerstörungsfreie Prüfung (ZfP) eingesetzt. [1]

Als wichtigste Unterklasse nichtrostender Stähle gelten die austenitischen nichtrostenden Stähle. Sie sind nicht magnetisch, leicht zu verarbeiten, sehr gut schweißgeeignet und haben ein hohes Verformungsvermögen. Sie können sowohl für tiefe als auch für hohe Umgebungstemperaturen eingesetzt werden. Aufgrund der Kaltzähigkeit und der guten Kerbschlagwerte bei tiefen Temperaturen werden austenitische nichtrostende Stähle bevorzugt bei niedrigen Temperaturen bis zu -200 °C und tiefer verwendet. [2, 3]

Die Prüfung der austenitischen nichtrostenden Stähle stellt die zerstörungsfreie Prüfung vor große Herausforderungen. So kann die Magnetpulverprüfung aufgrund der paramagnetischen Eigenschaften dieser Stahlklasse nicht eingesetzt werden. [1] Die Ultraschallprüfung kann aufgrund des groben, anisotropen Korns nur bei größeren Werkstoffdicken unter besonderen Voraussetzungen eingesetzt werden. Die Ursache hierfür liegt in der richtungsabhängigen Ausbreitung der Schallwellen im heterogenen austenitischen Gefüge. [4, 5] Zur Prüfung innerer Unregelmäßigkeiten bleibt somit nur die Durchstrahlungsprüfung mit ihren Sicherheitsvorschriften als klassisches ZfP-Verfahren übrig.

Die Thermografie und die Shearografie stellen zwei weitere berührungslose Verfahren zur ZfP dar. Beide Verfahren weisen kurze Messdauern auf und können größere Flächen in einer einzelnen Messung erfassen. Die negativen Eigenschaften der austenitischen nichtrostenden Stähle können beide Messverfahren aufgrund ihrer Messgrößen zu ihren Vorteilen ausnutzen. So misst die Thermografie die Wärmeabstrahlung der Oberfläche und kann die geringe Wärmeleitfähigkeit dieser Werkstoffe bei innerer Erwärmung zur einfacheren Fehlerdetektion verwenden. Die Shearografie hingegen erfasst durch Unregelmäßigkeiten hervorgerufene Änderungen der Oberflächenverformung. Beim Erwärmen austenitischer nichtrostender Stähle von Innen führt die vergleichsweise große Wärmeausdehnung dieser Werkstoffe zu einer erhöhten Detektion. [6, 7]

Im Folgenden werden für beide Prüfverfahren detaillierte Untersuchungsergebnisse der zu detektierbaren Fehlergrößen, sowie der Einfluss von Fehlergröße und -tiefe auf die Detektionsfähigkeit vorgestellt. Als Anregungsart wurde jeweils die induktive Anregung verwendet.

2. Prüfkörper

Lochkorrosion ist nicht nur die kritischste, sondern mit einem Anteil von 30% auch die häufigste Korrosionsart bei nichtrostenden Stählen. [2, 3] Zur Nachbildung dieser Korrosionsart wurden Prüfkörper mit diversen Sacklochbohrungen hergestellt und untersucht.

Die verwendeten Prüfkörper hatten die Abmaße 400 mm x 240 mm und eine Wandstärke von 3 mm. Als Werkstoff wurde der viel verwendete austenitische nichtrostende Stahl X5CrNi18-10 (1.4301) eingesetzt. Insgesamt wurden 4 Prüfkörper hergestellt. In 3 Prüfkörper wurden Sacklochbohrungen mit ebenem Grund (SEG) mit den Durchmessern 32 mm, 16 mm, 8 mm, 4 mm, 2 mm und 1 mm jeweils in den Bohrtiefen von 0,25 mm bis 2,75 mm in 0,25 mm Abständen eingebracht. Die technische Zeichnung eines beispielhaften Prüfkörpers kann Abbildung 1 entnommen werden.

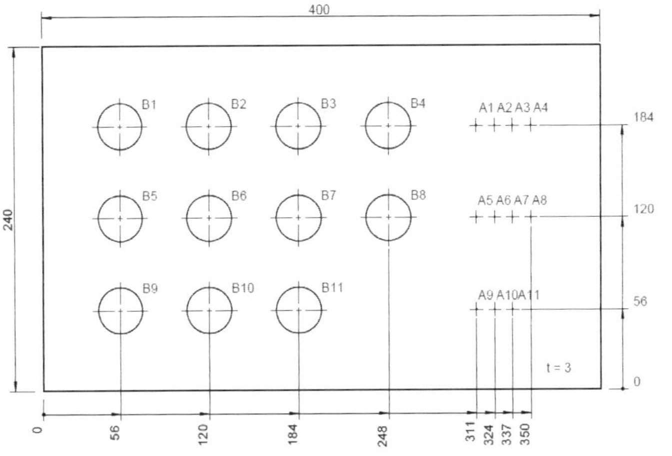

Bohrung	Durchmesser [mm]	Bohrtiefe [mm]
A1	1	0.25
A2	1	0.5
A3	1	0.75
A4	1	1
A5	1	1.25
A6	1	1.5
A7	1	1.75
A8	1	2
A9	1	2.25
A10	1	2.5
A11	1	2.75
B1	32	0.25
B2	32	0.5
B3	32	0.75
B4	32	1
B5	32	1.25
B6	32	1.5
B7	32	1.75
B8	32	2
B9	32	2.25
B10	32	2.5
B11	32	2.75

Abb. 1. Allgemeine Geometrie der SEG-Prüfkörper mit Bohrungen der Durchmesser Ø 32 mm und Ø 1 mm

Neben den Prüfkörpern mit Sacklochbohrungen mit ebenem Grund wurde ein weiterer Fehlertyp hergestellt und ausgewertet. Bei diesem wurden ebenfalls Sacklochbohrungen mit einem Durchmesser von 8 mm, 4 mm, 2 mm und 1 mm gesetzt, jedoch mit einem Bohrer mit einem 140°-Spitzenwinkel. Die Sacklochbohrungen mit konischem Grund (SKG) hatten bedingt durch die Geometrie des verwendeten Werkzeugs Bohrtiefen zwischen 0,5 mm und 2,75 mm. Anhand dieses Prüfkörpers sollte untersucht werden, inwiefern sich die Messergebnisse an realen Fehlstellen von den häufig verwendeten, idealisierten Sacklochbohrungen mit ebenem Grund unterscheiden. Ein Vergleich der Bohrgeometrien SEG und SKF am Beispiel 4 mm Durchmesser, 2,5 mm Bohrtiefe ist in Abbildung 2 dargestellt.

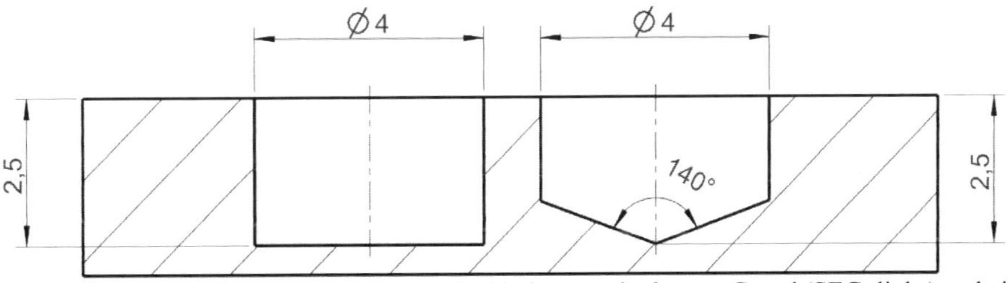

Abb. 2. Schematische Darstellung einer Sacklochbohrung mit ebenem Grund (SEG, links) und einer Sacklochbohrung mit konischem Grund (SKG, rechts) (je Ø 4 mm, 2,5 mm Bohrtiefe)

Die untersuchten Prüfkörper wurden zur Reduzierung der Reflexionen auf den Oberflächen mit weißem Lack beschichtet.

3. Prüfaufbau und Versuchsdurchführung

Für die vorliegenden Untersuchungen wurde für beide Prüfmethoden die Induktionsanregung verwendet. Durch die Induktion können elektrisch leitende Prüfkörper innerhalb von Sekunden im Volumen erwärmt werden, wodurch die für Thermografie bzw. Shearografie notwendige Temperaturänderung bzw. die damit einhergehende thermisch bedingte Deformation erzwungen wird. Die Prüfkörper wurden von unten mittels einem flächigen Induktor (homogene Wirkfläche von 150 mm x 150 mm) erwärmt. Der verwendete Induktionsgenerator hat eine Leistung von 5 kW.

Die Induktionsfrequenz für die folgenden Untersuchungen wurde aufgrund der höheren Eindringtiefe bei gegebener Systemkonfiguration auf die kleinste verwendbare

Frequenz von 12,5 kHz festgelegt. Die Eindringtiefe der Wirbelströme für den verwendeten austenitischen nichtrostenden Stahl liegt folglich im Bereich der Wandstärke der Prüfkörper. [8] Die Induktionsdauer betrug 1 s, die Pulsweitenmodulation (PWM) lag bei 300 ‰. Zur besseren Vergleichbarkeit der beiden Prüfverfahren wurden diese Parameter während der Untersuchungen nicht verändert.

Zur Shearografiemessung wurde ein SE2-Sensor mit einem 5 Megapixel CCD-Chip der Firma isi-sys GmbH verwendet. Die kohärente Beleuchtung wurde mit zehn Laserdioden mit einer Wellenlänge von 658 nm realisiert.

Die Thermografiemessung erfolgte mit einer FLIR SC5600-M. Die MWIR-Kamera (Spektralbereich 2,5 - 5,1 µm) weist einen NETD von < 20 mK bei einer Temperaturkalibrierung zwischen 5 °C bis 1500 °C auf.

Der verwendete Prüfaufbau ist in Abbildung 3 dargestellt. Die Prüfkörper wurden mit den Bohrungen nach unten jeweils über dem Induktor positioniert. Vier Spanner verhinderten eine Bewegung des Prüfkörpers während der Messungen. Die Thermografiekamera bzw. der Shearografie-Sensor wurden darüber, orthogonal zum Prüfkörper, positioniert.

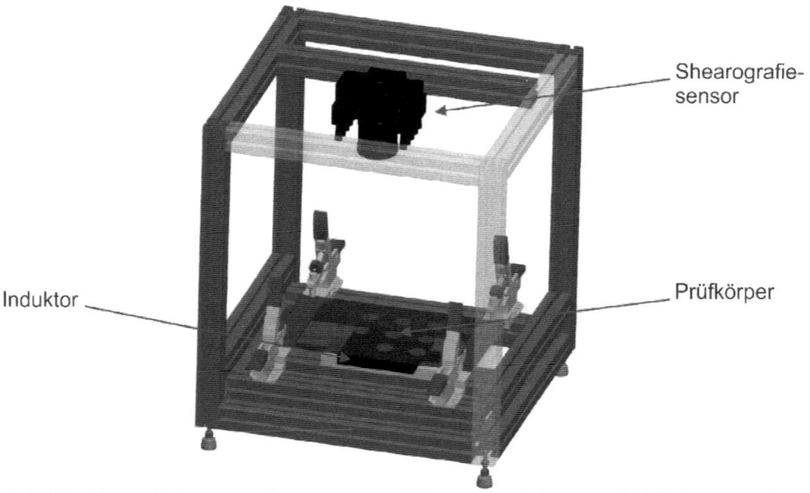

Abb. 3. Prüfaufbau mit Shearografiesensor bzw. Thermografiekamera, Prüfkörper und Induktor

4. Fehlerdetektion mittels induktiv angeregter Thermografie

Die Messung erfolgte bei der Vollbildauflösung (640 Pixel x 512 Pixel) mit einer Aufnahmefrequenz von 100 Hz und einer Integrationszeit von 2 ms. Für die Auswertung wurden die Phasenbilder bei einer Auswertefrequenz von 0,6 Hz verwendet.

Für eine objektive Bewertung der Messergebnisse wurde für jeden einzelnen Messpunkt das Signal-Rausch-Verhältnis gebildet. Dieses Verhältnis von Signalamplitude A zur Standardabweichung σ des Rauschens wird gebildet durch

$$SNR = \frac{A}{\sigma}.$$

Oswald-Tranta und Tuschl [9] definieren die Signalamplitude für die thermografische Phasenauswertung als die Differenz der Phase zwischen einer fehlerbehafteten Stelle $\Phi_{fehlerbehaftet}$ und einer fehlerfreien Stelle $\Phi_{fehlerfrei}$:

$$A = \Phi_{fehlerbehaftet} - \Phi_{fehlerfrei}.$$

Für die SNR-Bestimmung wurden die Phasenverläufe entlang der Fehlermittelpunkte gelegt und daraus die Amplitude bestimmt. Die beispielhafte Phasendarstellung des Fehlers mit ebenem Bohrgrund der Restwandstärke (RWS) 1,5 mm und dem Durchmesser von 4 mm ist in Abbildung 4 links dargestellt. Der dazugehörige Phasenverlauf ist der Abbildung 4 rechts zu entnehmen. Die Standartabweichung σ wurde jeweils aus derselben Messung an einem fehlerfreien Bereich des Prüfkörpers gleicher Länge bestimmt.

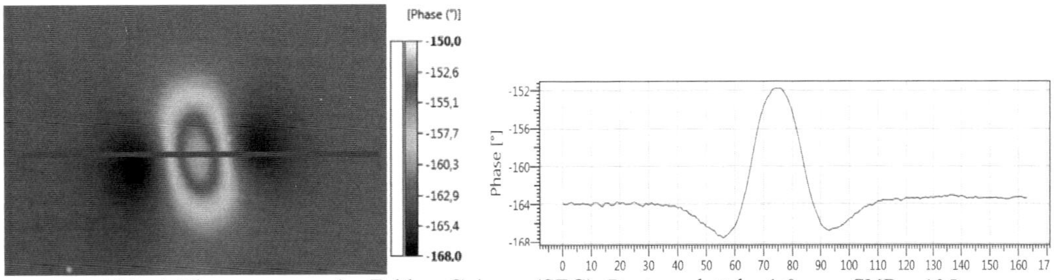

Abb. 4. Thermogramm des Fehlers Ø 4 mm (SEG), Restwandstärke 1,0 mm, SNR ≈ 135

Die ermittelten SNR-Werte für die untersuchten Fehler mit ebenem Grund sind in Abbildung 5 links dargestellt. Bis auf die Fehler mit 1 mm Durchmesser und der Restwandstärke ≥ 2,25 mm konnten alle simulierten Fehler bei SNR-Werten > 4 detektiert werden. Die Fehlergröße 1 mm konnte bis in eine Tiefe von 2 mm mit einem SNR-Wert von 4,46 erkannt werden, die Fehlergröße 2 mm bis hin zur maximalen Restwandstärke von 2,75 mm. Die SNR-Werte nahmen bei den Fehlergrößen 1 mm, 2 mm und 4 mm mit steigender Restwandstärke nahezu linear ab. Diese nahezu lineare Änderung der SNR-Werte konnte bei den größeren Fehlerdurchmessern (8 mm, 16 mm, 32 mm) nicht beobachtet werden. Die ermittelten SNR-Werte lagen teilweise in der Nähe, teilweise unter denen der Fehlerdurchmesser 4 mm bei gleicher RWS. In Abbildung 5 rechts sind die für den SNR-Wert bestimmten Amplituden dargestellt. Dieser Abbildung ist die nahezu lineare Abnahme der Amplitudenwerte bei steigender Restwandstärke deutlich zu entnehmen. Folglich ist die Abweichung zu den erwarteten SNR-Werten den hohen Standardabweichungen geschuldet, die insbesondere durch erhöhtes Rauschen bei den größeren Fehlern durch die Anregung hervorgerufen werden.

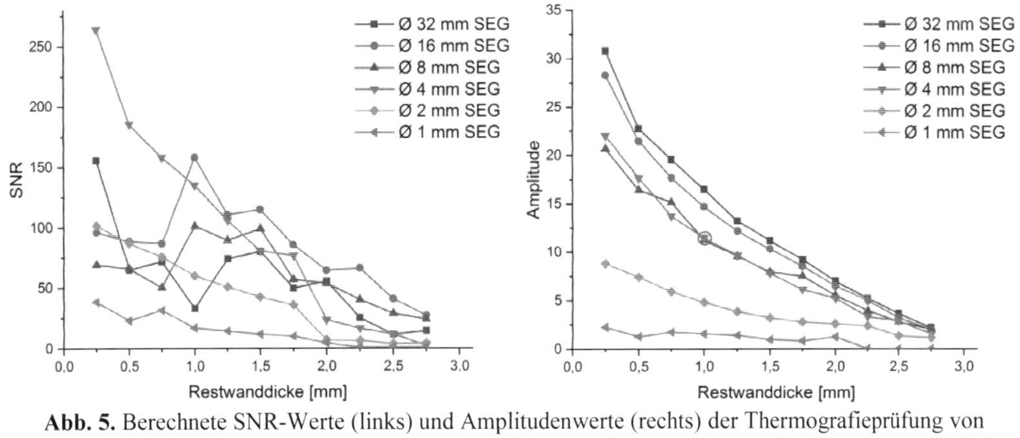

Abb. 5. Berechnete SNR-Werte (links) und Amplitudenwerte (rechts) der Thermografieprüfung von Sacklochbohrungen mit ebenem Grund unterschiedlicher Durchmesser bei verschiedener Restwanddicke

Die Amplituden-Werte der Fehlergrößen 4 mm und 8 mm unterscheiden sich trotz doppelter Fehlergröße nur sehr gering voneinander (siehe beispielsweise Markierung in Abbildung 5 rechts). Eine detaillierte Betrachtung der Phasenwerte zeigt, dass die Phasenverläufe der Fehler bis 4 mm Durchmesser bei ebenem Grund in der Fehlermitte den maximalen Phasenwert aufweisen (siehe Abbildung 4 rechts). Phasenverläufe der Fehler mit einem größeren Durchmesser zeigen währenddessen zwei Höchstwerte im Phasenverlauf, die ungefähr den Bohrungsdurchmesser als Abstand haben. Dazwischen verringern sich die Phasenwerte zum Fehlermittelpunkt hin (siehe Abbildung 6 links). Diese geometriebedingte Änderung der Phasenverläufe führt zu einer Reduzierung der Amplitude und damit der SNR-Werte an den untersuchten Bohrungen mit einem Durchmesser > 8 mm.

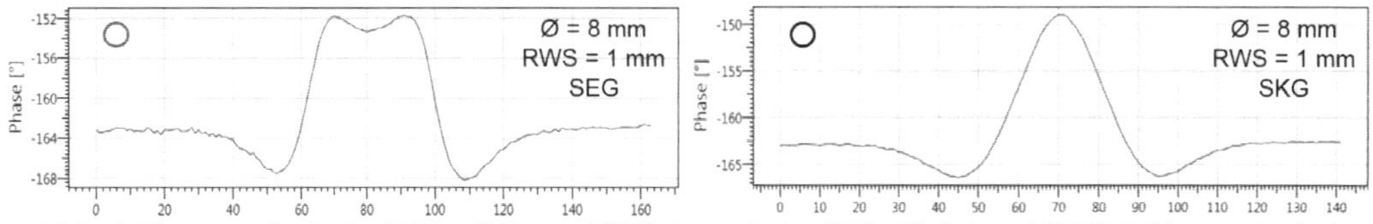

Abb. 6. Phasenverläufe der Fehler Ø 8 mm, RWS 1 mm beim SEG- (links) und SKG-Fehlertyp (rechts)

Die Gegenüberstellung der SNR-Werte (links) und Amplitudenwerte (rechts) von Sacklochbohrungen mit ebenem Grund (SEG) und Sacklochbohrungen mit konischem Grund (SKG) sind in Abbildung 7 dargestellt. Zu erkennen ist, dass die SNR-Werte für beide Bohrungstypen bei Fehlergrößen bis zu 4 mm im Durchmesser einen ähnlichen Verlauf aufweisen. Die Amplitudenwerte dieser Fehlertypen und -größen zeigen ebenfalls nur geringe Abweichungen (siehe Abbildung 7 rechts). Bei diesen Fehlerdurchmessern zeigt der Bohrungstyp keinen signifikanten Einfluss auf die Fehlerdetektion. Bei einem Fehlerdurchmesser von 8 mm weist der Phasenverlauf der SKG-Bohrungen einen maximalen Phasenwert in der Fehlermitte auf, wie bei den Fehlern bis 4 mm (siehe Abbildung 6 rechts). Hierdurch ist der vergleichsweise große Unterschied der Amplituden zwischen SEG und SKG bei 8 mm Durchmesser zu erklären.

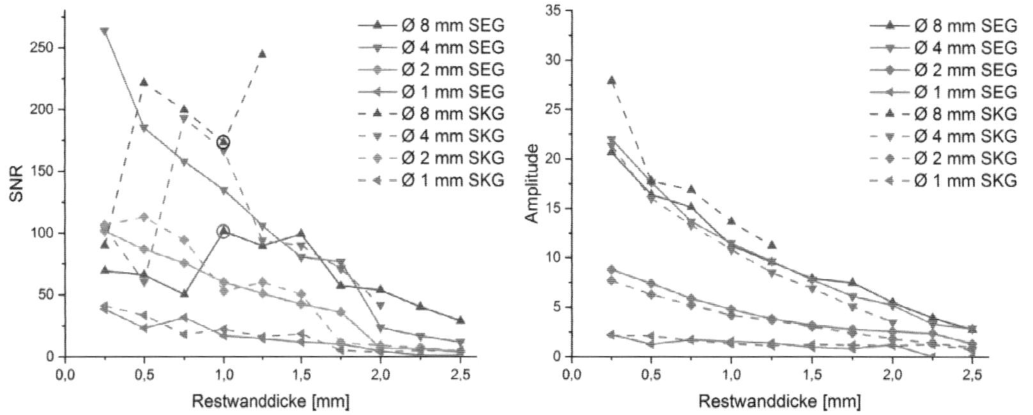

Abb. 7. Gegenüberstellung der SNR-Werte (links) und Amplitudenwerte (rechts) von Sacklochbohrungen mit ebenem Grund (SEG) und Sacklochbohrungen mit konischem Grund (SKG) der Thermografieprüfung der Durchmesser 8 mm, 4 mm, 2 mm und 1 mm

5. Fehlerdetektion mittels induktiv angeregter Shearografie

Der Scherbetrag wurde für die Messungen auf 2 mm festgelegt. Der Scherwinkel sollte aufgrund der runden Fehlergeometrie keinen Einfluss auf die Messungen haben und wurde entsprechend der reinen Scherung in x-Richtung auf 0° eingestellt. Die Auswertung erfolgte unter Einsatz von Tiefpassfiltern sowie der Demodulation. [6]

Ein beispielhaftes Shearogramm des Fehlerdurchmessers 16 mm und einer Restwandstärke 0,75 mm (SEG-Prüfkörper) ist in Abbildung 8 links dargestellt. Der Verlauf der Intensitätswerte des Shearogramms durch den Fehlermittelpunkt entlang der rot eingetragenen Linie ist rechts davon abgebildet.

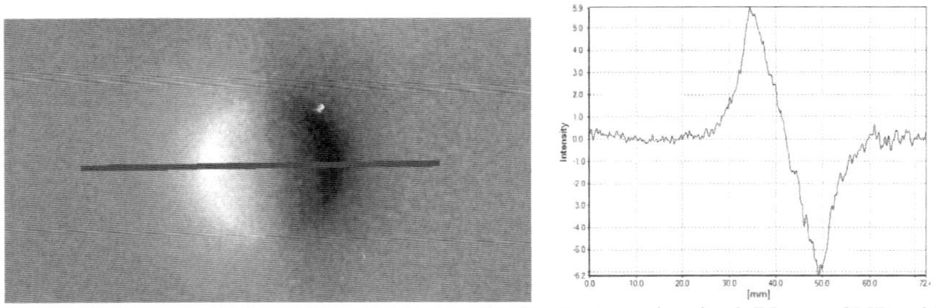

Abb. 8. Shearogramm des Fehlers Ø 16 mm (SEG), Restwandstärke 0,75 mm, SNR ≈ 33

Die Bestimmung der SNR-Werte erfolgte analog zu der Thermografieauswertung über das Verhältnis der Amplitude zur Standardabweichung. Die Signalamplitude wurde aufgrund des sinusförmigen Signalverlaufs in Anlehnung an Menner [10] berechnet durch

$$A = \frac{I_{max} - I_{min}}{2}.$$

Die Standartabweichungen σ wurden jeweils aus denselben Messungen wie die Signalamplitude, jedoch an fehlerfreien Bereichen des Prüfkörpers, bestimmt. So ergibt beispielsweise für die SEG-Prüfkörper das Signal-Rausch-Verhältnis des Fehlers Ø 16 mm, Restwandstärke 0,75 mm (siehe Abbildung 8) ein SNR-Wert von 33,4.

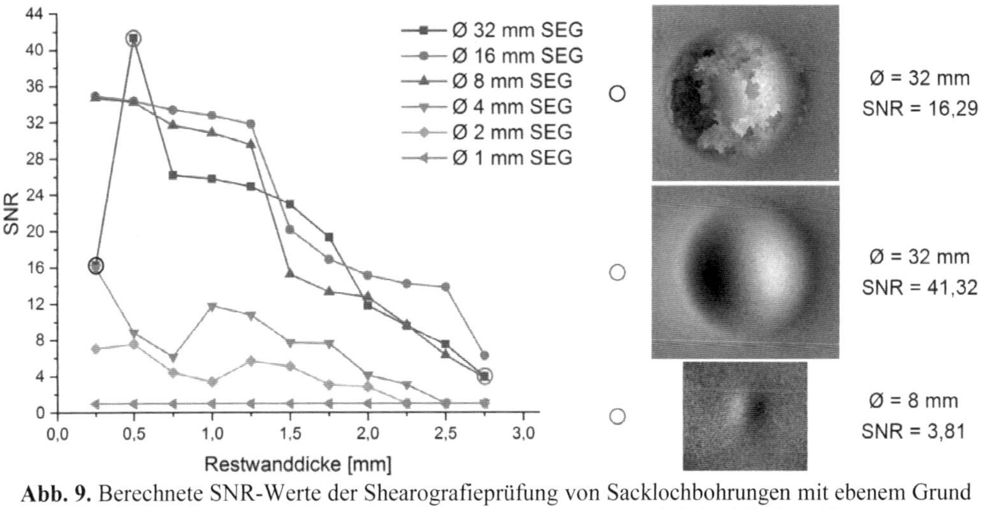

Abb. 9. Berechnete SNR-Werte der Shearografieprüfung von Sacklochbohrungen mit ebenem Grund unterschiedlicher Durchmesser bei verschiedener Restwanddicke mit beispielhaften Shearogrammen

In Abbildung 9 sind die SNR-Werte der Shearografiemessungen für Sacklochbohrungen mit ebenem Grund dargestellt. Innerhalb eines Fehlerdurchmessers nimmt der SNR-Wert mit größer werdender Restwandstärke nahezu linear ab. Die kleinsten SNR-Werte betrugen 2,83 bei einem Durchmesser von 2 mm und einer RWS von 2 mm. Insgesamt konnten alle eingebrachten Bohrungen mit einem Durchmesser > 8 mm bis zu der maximalen Restwandstärke von 2,75 mm detektiert werden. Durch eine lineare Extrapolation der SNR-Verläufe ist davon auszugehen, dass bei diesen Größen auch tiefer im Material liegende Unregelmäßigkeiten detektierbar sein könnten. Eingebrachte Unregelmäßigkeiten mit 4 mm Durchmesser konnten bis 2,25 mm Restwandstärke, bei Fehlern mit 2 mm Durchmesser bis 2 mm Restwandstärke sowohl im Shearogramm als auch anhand des Identitätsverlaufs detektiert werden. Die Bohrungen mit einem Durchmesser von 1 mm konnten nicht detektiert werden. Ob eine Detektion unter angepassten Mess- und Anregungsparametern noch möglich wird, soll in weiteren Messreihen untersucht werden. Zu beachten ist, dass insbesondere bei großen Fehlerdurchmessern bei den verwendeten Parametern eine so große

Oberflächenverformung erzwungen wurde, dass im Shearogramm Dekorrelationen auftraten (siehe Abbildung 9 oberes Shearogramm). Diese verringern den berechneten SNR-Wert erheblich, können jedoch ohne viel Aufwand im Shearogramm entdeckt werden.

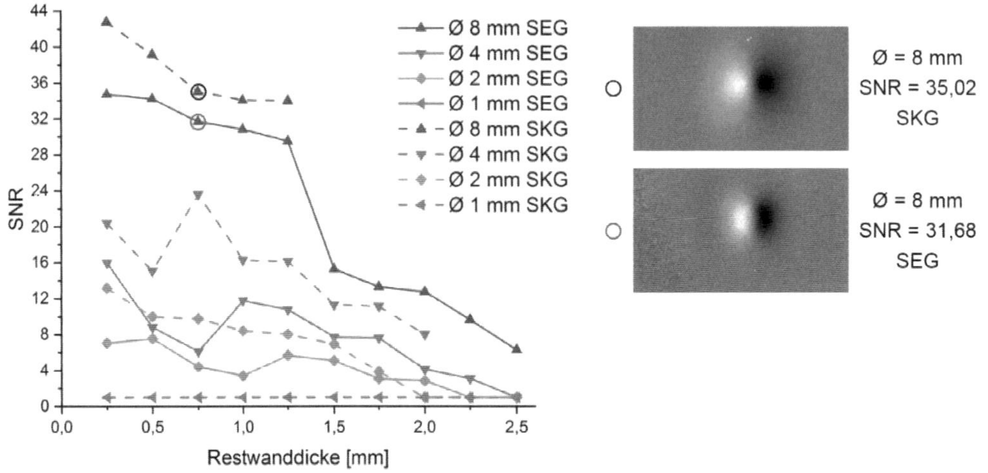

Abb. 10. Gegenüberstellung der SNR-Werte von Sacklochbohrungen mit ebenem Grund (SEG) und Sacklochbohrungen mit konischem Grund (SKG) der Shearografieprüfung der Durchmesser 8 mm, 4 mm, 2 mm und 1 mm mit beispielhaften Shearogrammen

Abschließend wurden ebenfalls die Prüfkörper mit Sacklochbohrungen mit konischem Grund (SKG) untersucht. Die resultierenden SNR-Werte sowie der Vergleich dieser Fehler mit den Sacklochbohrungen mit ebenem Grund (SEG) sind in Abbildung 10 dargestellt. Die nahezu lineare Abnahme der SNR-Werte mit steigender Restwanddicke konnte auch bei den SKG beobachtet werden. Allerdings zeigten die SKG-Fehler bei selber Restwandstärke einen höheren SNR-Wert als SEG-Fehler. Die leicht unterschiedlichen Shearogramme beider Fehlertypen bei 8 mm Durchmesser und 0,75 mm Restwandstärke sind in Abbildung 10 rechts zu sehen. Fehler mit 1 mm Durchmesser konnten bei keinem Fehlertyp detektiert werden.

6. Zusammenfassung

In dem vorliegenden Beitrag wurden die beiden Verfahren aktive Thermografie und Shearografie zur zerstörungsfreien Prüfung von austenitischen nichtrostenden Stählen vorgestellt. Die Anregung erfolgte für beide Verfahren mittels Induktionserwärmung, die verwendete Spule sowie die Anregungsparameter wie die Pulslänge waren bei beiden Messverfahren gleich. Untersucht wurden Prüfkörper mit idealisierten und realitätsnahen Fehlern, simuliert durch Sacklockbohrungen mit ebenem und konischen Grund. Eine objektive Bewertung der Fehlerdetektion konnte durch die Bestimmung der SNR-Werte erzielt werden. Diese wurden bei der Thermografie anhand der Phasenbilder nach erfolgreicher Fourier-Transformation errechnet. Für die SNR-Bestimmung der Shearografiemessungen wurden die demodulierten Shearogramme ausgewertet.

Mit Hilfe der Puls-Phasen-Thermografie konnten nahezu alle eingebrachten Fehler detektiert werden. Die erfassten SNR-Werte lagen dabei teils deutlich über dem Wert 4, welcher zur sicheren Detektion von Unregelmäßigkeiten gefordert wird [9]. Neben dem stärkeren Rauschen, insbesondere bei geringen Restwandstärken, zeigte die Fehlergeometrie einen messbaren Einfluss auf die SNR-Werte. Fehler mit einem Durchmesser von 1 mm und einer Restwandstärke > 2 mm konnten nur bei Sacklochbohrungen mit konischem Grund detektiert werden. Die Unterschiede zwischen den idealisierten und realitätsnahen Fehlern waren bei Durchmessern bis 4 mm vernachlässigbar. Bei größeren Fehlern hingegen können bei realen Prüfaufgaben höhere SNR-Werte erwartet werden.

Die Shearografieprüfung wurde ebenfalls erfolgreich durchgeführt. Bei den Messungen konnten ab einer Fehlergröße von 2 mm Durchmesser alle Fehler in einer Tiefe bis zu 2 mm detektiert werden. Ab einer Fehlergröße von 8 mm Durchmesser konnten alle Fehler bei der maximalen Restwandstärke von 2,75 mm erkannt werden. Mit größer werdenden Restwandstärke verringerte sich der SNR-Wert nahezu linear. Auftretende Dekorrelationen reduzierten die berechneten SNR-Werte, konnten jedoch schnell im Shearogramm detektiert werden. Der Vergleich der Fehlertypen SEG und SKG zeigt, dass bei realen Fehlern mit höheren SNR-Werten bei der Shearografieprüfung zu rechnen ist.

Referenzen

[1] Erhard, A.: Verfahren der zerstörungsfreien Materialprüfung. Grundlagen. 1. Auflage. DVS Media, Düsseldorf, 2014.

[2] Bargel, H.-J.; Schulze, G. (Hrsg.): Werkstoffkunde. 8., überarbeitete Auflage. Springer-Verlag, Berlin, Heidelberg, 2004.

[3] Schuster, J.: Schweißen von Eisen-, Stahl- und Nickelwerkstoffen. Leitfaden für die schweißmetallurgische Praxis. 2., überarbeitete und erweiterte Auflage. DVS Media, Düsseldorf, 2009.

[4] Matthies, K. (Hrsg.): Ultraschallprüfung von austenitischen Werkstoffen. 1. Auflage. DVS Media, Düsseldorf, 2009.

[5] Neumann, E.: Anleitung zur Prüfung von austenitischen Schweißverbindungen mit Ultraschall. DVS-Verlag, Düsseldorf, 1988.

[6] Steinchen, W.; Yang, L. X.: Digital shearography. Theory and application of digital Speckle pattern shearing interferometry. SPIE Optical Engineering Press, Bellingham, Wash, 2003.

[7] Maldague, X. P.; Moore, P. O.: Infrared and thermal testing. 3. Auflage. American Society for Nondestructive Testing, Columbus, OH, 2001.

[8] Rudnev, V.; Loveless, D.; Cook, R. L.: Handbook of Induction Heating. Second Edition. CRC Press, Boca Raton, Florida, 2017.

[9] Oswald-Tranta, B.; Tuschl, C.: Lock-in inductive thermography for surface crack detection in non-magnetic metals. In: Quantitative InfraRed Thermography Conference, Vol. 14, 2018.

[10] Menner, P.: Zerstörungsfreie Prüfung von modernen Werkstoffen mit dynamischen Shearografie-Verfahren. Dissertation, Stuttgart, 2013.

Modifizierte Algorithmen für die Puls-Phasen-Thermografie mit verbessertem Signal-/Rauschverhältnis

Udo NETZELMANN [1], David MÜLLER [2]
[1] Fraunhofer-Institut für Zerstörungsfreie Prüfverfahren IZFP, Saarbrücken
[2] Hochschule für Technik und Wirtschaft des Saarlandes htw, Saarbrücken
Kontakt E-Mail: udo.netzelmann@izfp.fraunhofer.de

Kurzfassung. Die Puls-Phasen-Thermografie (PPT) ist eine bewährte Technik für die Datenvorverarbeitung von thermografischen Bildsequenzen nach pulsförmiger Anregung. Sie bewirkt die Unterdrückung von Störungen durch räumlich inhomogene Erwärmung sowie durch Emissionsgradschwankungen der Oberfläche des Prüfobjekts und führt zu einer Verbesserung des Signal-/Rauschverhältnisses durch Mittelungseffekte. Die Stärke der Impulsthermografie, oberflächennahe und tiefer liegende Fehler gleichermaßen mit einer einzigen Messung zu detektieren, unterstützt die PPT dagegen nur teilweise. Die PPT stellt im Kern eine Frequenzanalyse des Zeitverlaufs des Signals an einem Pixel dar. Besonderheit der thermischen Abklingkurven in Reflexionsanordnung ist, dass die zeitlich schnellen Änderungen der Temperatur nur am Beginn der aufgezeichneten Thermografiesequenz auftreten. Auf Grund der Physik der Wärmediffusion gibt es in den späteren Teilen der Abklingkurve keine schnellen Temperaturänderungen mehr, die zu Frequenzanteilen mit hoher Frequenz beitragen könnten. Aufsummiert wird lediglich das Rauschen.

In dem Beitrag werden zwei modifizierte PPT-Algorithmen vorgeschlagen, die dem Rechnung tragen. Beide führen zu einer Verbesserung des Kontrast-/Rauschverhältnisses bei den höheren Analysierfrequenzen. Dies wird an simulierten Daten mit künstlichem Rauschen gezeigt. Unterschiede gibt es bei Rechenzeit der Algorithmen. Während der erste zu einer höheren Rechenzeit führt, kann der zweite nur unwesentlich langsamer als die klassische PPT realisiert werden, auf Kosten einer etwas geringeren Genauigkeit und geringerer spektraler Auflösung bei den hohen Frequenzen.

Experimentell wird die Wirkung der Algorithmen am Beispiel von Blitzlichtthermografie an Proben mit rückseitigen Flachbodenbohrungen demonstriert.

1. Einführung

Die Puls-Phasen Thermografie (PPT) [1] ist eine häufig angewandte Methode zur Verarbeitung von Wärmebildsequenzen in der aktiven Thermografie. Sie wird typisch eingesetzt bei Anregung durch eine Blitzlampe oder einen kurzen, durch einen Laser oder einen Induktor erzeugten Puls. Mit Beginn der Pulsanregung wird eine Bildsequenz der Länge N aufgezeichnet. Danach wird für jedes Pixel des Bildes die Zeitabhängigkeit über die Länge der Bildsequenz fouriertransformiert. Man erhält ein komplexwertiges Signal im Frequenzbereich, aus dem man für jede Frequenz eine Amplitude und eine Phase berechnet.

Aus den Amplituden- und Phasenwerten aller Pixel werden dann Amplituden- und Phasenbilder erzeugt.

Die Stärke der Phasenbilder liegt darin, dass sie idealerweise nur zeitabhängige Effekte darstellen und in ihnen multiplikative Einflüsse wie inhomogene Anregung und Aufheizung sowie lokale Variationen der Infrarotemissivität unterdrückt sind. Außerdem wurde gezeigt, dass man mit Hilfe des Phasensignals Information aus größeren Tiefen erhält als mit dem Amplitudensignal. Ein wesentlicher Vorteil der PPT liegt auch darin, dass man Bilder mit Signalen aus vielen Bildern erhält, was zu einer wesentlichen Verbesserung des Kontrast-/Rausch Verhältnisses (engl. contrast-to-noise ratio, CNR) von Fehlern führt. Aus den Bildern bei niedrigen und hohen Analysierfrequenzen erhält man Zugang sowohl zu den tiefliegenden Strukturen als auch den nahe an der Oberfläche liegenden Strukturen der Probe, und das mit einer einzigen Messung.

Die klassische PPT behandelt sowohl die frühen als auch die späten Teile der aufgezeichneten Infrarotbildsequenz in gleicher Weise. Bei periodischer Anregung, wie bei der Lock-in Thermografie, ist das nützlich und erforderlich. Das Nutzsignal wächst dann mit der Zahl der Perioden in der Sequenz, während das akkumulierte Rauschen nur mit der Wurzel aus der aufgezeichneten Zeit steigt. Insgesamt verbessert sich das Signal-/Rauschverhältnis mit wachsender Zeit [2]. Anders sieht es im Fall einer typischen Temperaturantwort nach Pulsanregung in Reflexionsanordnung (die beheizte Oberfläche befindet sich auf der Kameraseite) aus. Die zeitlichen Temperaturänderungen sind groß zu frühen Zeiten nach der Anregung, aber dann langsamer. Dies ist eine Folge der Physik der Diffusion und diese macht es unmöglich, das zu späteren Zeiten noch eine plötzliche schnelle Temperaturänderung auftritt. Daher gibt es zu späteren Zeiten auch keine weiteren Beiträge zu den höheren Frequenzkomponenten des thermischen Signals. Nur das Rauschen wird akkumuliert.

Ein früherer Ansatz um das Signal-/Rauschverhältnis der PPT zu verbessern bestand in der Kombination mit der Technik der thermografischen Signalrekonstruktion (TSR) [3]. In seiner Arbeit zur PPT stellte Ibarra Castanedo heraus, dass für Werkstoffe mit hoher Wärmeleitfähigkeit die Zahl der aufgezeichneten Bilder ohne Informationsverlust reduziert werden kann [4]. Im Fokus standen dabei die Eigenschaften der Fouriertransformation. Aus Ergebnissen von D´Accardi et al. [5], die sich auf Vergleiche unterschiedlicher Techniken der Datenvorverarbeitung konzentrierten, kann man sehen, wie sich das CNR verborgener Fehler bei der PPT verbessert, wenn der Aufzeichnungslänge verringert wird.

In diesem Beitrag wird gezeigt, dass man eine modifizierte PPT definieren kann, die das CNR bei hohen Analysierfrequenzen aus derselben aufgezeichneten Bildsequenz signifikant erhöht und bei niedrigen Analysierfrequenzen nicht verschlechtert. Nach einem kurzen Rückblick auf die klassische PPT (Abschnitt 2) wird eine modifizierte PPT definiert (PPT1) und auf Basis von analytisch berechneten thermischen Daten mit künstlich hinzugefügtem Rauschen untersucht (Abschnitt 3). Der PPT1-Algorithmus benötigt etwas höhere Rechenzeit als die PPT. Daher wird ein zweiter, schnellerer Algorithmus (PPT2) vorgeschlagen, der ebenfalls an den synthetischen Daten getestet wird (Abschnitt 4). Schließlich werden alle drei Algorithmen auf experimentelle Daten angewandt, und die Verbesserungen im CNR zusammen mit den nötigen Rechenzeiten quantifiziert (Abschnitt 5).

2. Klassische Puls-Phasen Thermografie

Eine thermografische Bildsequenz, die aus N Bildern besteht, wird Pixel für Pixel analysiert. Das Temperatursignal beim k-ten Bild, T_k, $k=0...N-1$, wird durch eine diskrete Fouriertransformation in den Frequenzbereich transformiert [1]:

$$F_n = \sum_{k=0}^{N-1} T_k e^{-2\pi ikn/N} = \mathrm{Re}_n + \mathrm{Im}_n \quad . \tag{1}$$

Aus dem Real- und dem Imaginärteil des Transformationsergebnisses für die n-te Frequenz, Re_n und Im_n, können die Amplitude A_n und die Phase φ_n berechnet werden:

$$A_n = \sqrt{\mathrm{Re}_n^{\,2} + \mathrm{Im}_n^{\,2}} \qquad \varphi_n = \arctan\frac{\mathrm{Im}_n}{\mathrm{Re}_n} \quad . \tag{2}$$

Nachdem dies für alle Pixel durchgeführt wurde, kann man jeweils ein Amplituden- und ein Phasenbild für diskrete Frequenzen f_n mit konstantem Frequenzabstand errechnen:

$$f_n = \frac{n}{T} \quad . \tag{3}$$

Hierbei ist T die gesamte aufgezeichnete Zeit der Bildsequenz und n der Frequenzindex (n=0,1,..., (N-1)). Üblicherweise wird Gleichung (1) mit Hilfe eines Fast Fourier Transform (FFT) Algorithmus berechnet, um die Rechenzeit für alle Bildpixel wesentlich zu verringern.

3. Modifizierte PPT mit diskreter Fouriertransformation (PPT1)

Um die gewünschte Verbesserung des CNR im Frequenzraum zu erzielen, wird die PPT durch eine frequenzabhängige gaussförmige Fensterfunktion modifiziert:

$$F_n^{\,1} = \sum_{k=0}^{N-1} \Delta T_k e^{-\left(\frac{k(n-1)}{N}\right)^2} e^{-2\pi ikn/N} \quad . \tag{4}$$

Hierbei ist ΔT die Temperaturänderung durch die Aufheizung. Das Ergebnis für die Frequenz mit Index n=0 ist in der aktiven Thermografie normalerweise nicht von Interesse. Es wird verändert, aber liefert in jedem Fall ein gewichtetes Zeitmittel. Für die häufig verwendete niedrigste Frequenz mit Index n=1 ist der Fensterterm eins. Das Ergebnis wird mit der klassischen PPT übereinstimmen. Je höher die Frequenz ist, um so mehr wird das Signal zum Ende der aufgezeichneten Sequenz unterdrückt, und nur die frühen Teile des Signals (mit den höheren Frequenzkomponenten) werden zu der Fourierkomponente beitragen.

4. Simulierter Kontrast von verdeckten Fehlern

Um den Algorithmus zunächst an realistischen Simulationsdaten zu testen, wird eine analytische Näherungslösung für das Signal über einem verborgenen, kreisförmigen Fehler mit endlichem Durchmesser D in einer ansonsten homogenen Platte betrachtet. Sowohl das thermische Signal an einer Referenzposition als auch das Signal über der Fehlerposition werden berechnet. Betrachtet man eine homogene Platte mit der Dicke L, die zur Zeit t=0 mit einem Deltapuls und homogen mit einer absorbierten Oberflächenenergiedichte Q_0 aufgeheizt wird, so kann die resultierende Temperaturänderung beschrieben werden durch

$$\Delta T_r = \frac{Q_0}{\sqrt{\pi}\sqrt{\lambda\rho c}\sqrt{t}}\left[1 + \sum_{n=1}^{\infty} R_p^{\,n} e^{-\frac{(nL)^2}{\alpha t}}\right] \quad . \tag{5}$$

Hierbei sind λ die Wärmeleitfähigkeit, ρ die Dichte, c die spezifische Wärmekapazität und $\alpha=\lambda/(\rho c)$ die thermische Diffusivität des Materials. R_p ist der thermische Reflextionskoeffizient an der Rückseite der Platte. Wenn ein kreisförmiger Fehler parallel zur aufgeheizten Oberfläche in einer Tiefe d unter der beheizten Oberfläche liegt, so kann nach [6] die Temperaturänderung über dem Mittelpunkt des Fehlers genähert werden durch

$$\Delta T_d = \frac{Q_0}{\sqrt{\pi}\sqrt{\lambda\rho c}\sqrt{t}}\left[1+\sum_{n=1}^{\infty} R_d^{\,n} e^{-\frac{(nd)^2}{\alpha t}} \cdot (1-e^{-\frac{(D/2)^2}{4\alpha t}})\right] \quad . \qquad (6)$$

R_d ist der thermische Reflexionskoeffizient des kreisförmigen Fehlers. Gleichung (6) berücksichtigt die Mehrfachreflexionen des Wärmepulses zwischen Fehler und Oberfläche und den lateralen Wärmeabfluss der Wärme aus diesem Bereich. Aus den Gleichungen (5) und (6) wurden mit Hilfe eines Programms in Mathematica zeitabhängige Signale unter Verwendung der Materialparameter in Tabelle 1 berechnet. Das Zeitsignal wird in Abb. 1 über einen Zeitraum von 6,7 s nach Anregung dargestellt.

Tabelle 1: Parameter für die Berechnung der Oberflächentemperatur

Parameter	**Symbol**	**Wert**
Absorbierte Heizenergiedichte	Q_0	10000 J/(m^2)
Fehlertiefe	d	500 µm
Fehlerdurchmesser	D	10 mm
Plattendicke	L	5 mm
Wärmeleitfähigkeit	λ	44,5 W/(mK)
Spezifische Wärmekapazität	c	475 J/(kgK)
Dichte	ρ	7850 kg/(m^3)
Thermischer Reflexionsfaktor	R_p, R_d	1

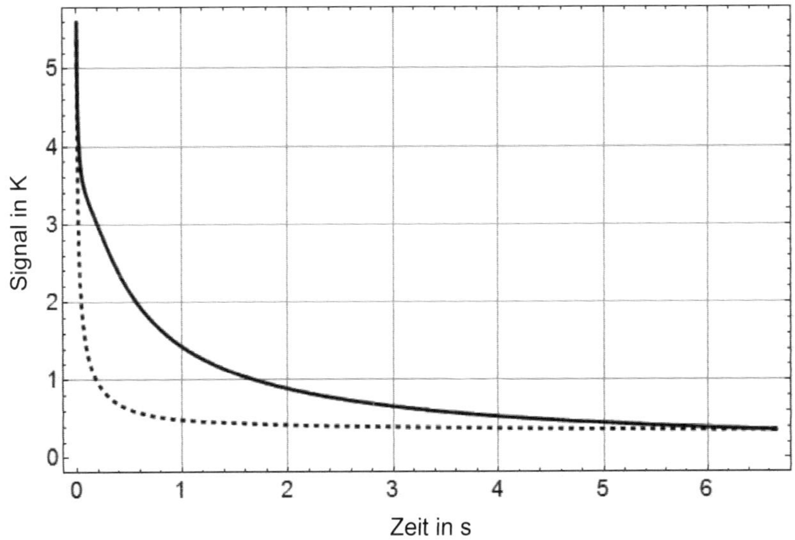

Abb. 1. Berechnete thermische Abklingkurven $\Delta T_d(t)$ an einem Punkt über dem Fehler (durchgezogene Linie) und $\Delta T_r(t)$ über einem Referenzbereich (gestrichelte Linie)

Für die Anwendung der PPT-Algorithmen wurden die analytischen Daten in 1000 äquidistanten Stützstellen über die Aufzeichnungszeit berechnet. Ein Zufallsrauschen von 0,01 K wurde sowohl zu $\Delta T_d(t)$ als auch zu $\Delta T_r(t)$ addiert.

Die klassische PPT und PPT1 wurden auf die Fehler- und Referenzsignale angewandt. Im Frequenzbereich wurde der absolute Phasenkontrast φ_d-φ_r zwischen Fehler und Referenz bestimmt, der in Abb. 2 dargestellt ist.

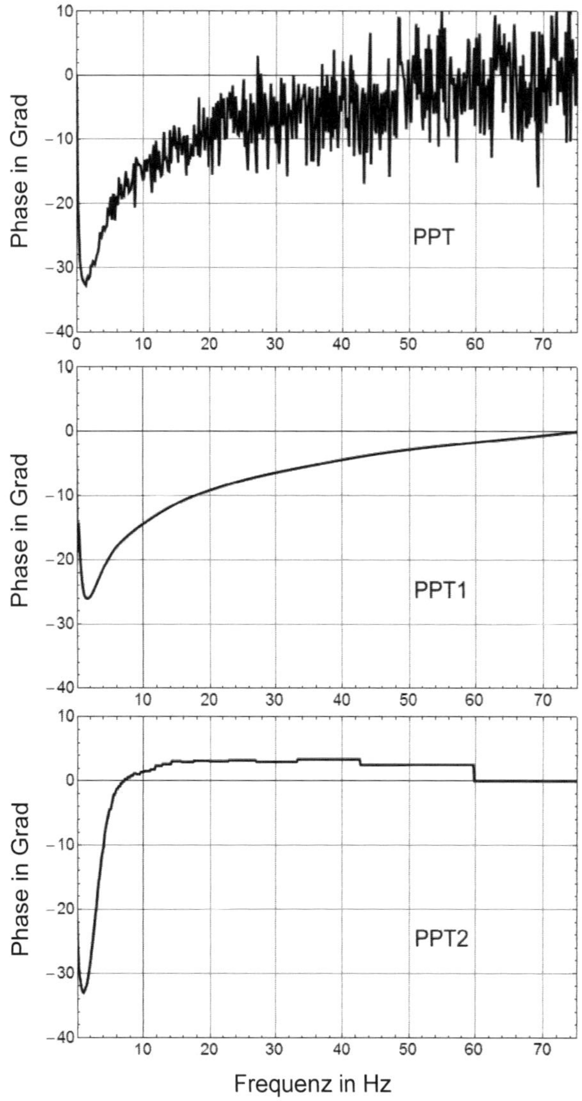

Abb. 2. Simulierter absoluter Phasenkontrast als Funktion der Frequenz über einer Flachbodenbohrung aus klassischer PPT (top), PPT1 (mitte) und PPT2 (unten)

Die Rauschunterdrückung bei PPT1 wird klar in den Daten sichtbar. Sie ist besonders groß bei den hohen Frequenzen bis zur Nyquistfrequenz (in diesem Fall 75 Hz). Bei niedrigen Frequenzen unter 10 Hz ist der absolute Phasenkontrast von PPT1 etwas niedriger als bei PPT, aber das CNR ist noch größer.

Ein Nachteil von PPT1 ist die etwas längere Berechnungszeit. Als Folge des eingefügten Modifikationsterms, der vom Summationsindex k abhängt, ist die Anwendung der FFT nicht mehr möglich und eine diskrete Fouriertransformation (DFT) muss berechnet werden. Das führt zu den längeren Rechenzeiten.

4. Modifizierte PPT mit schneller Fouriertransformation (PPT2)

Um den Nachteil längerer Rechenzeiten zu verringern, wurde eine zweite Modifikation der klassischen PPT implementiert, die im Gegensatz zu PPT1 die Verwendung des FFT Algorithmus erlaubt (PPT2). Die Idee des PPT2-Algorithmus ist, für jede Frequenz nur die erste Periode des Sinus-/Kosinus Kerns zu verwenden, und dadurch die späteren Teile des aufgezeichneten Signals nicht zu berücksichtigen. Damit reduziert sich die Länge des zu transformierenden Zeitdatenbereichs mit wachsender Frequenz n. Bei jedem Transformationsergebnis wird nur die erste Frequenz nach der Nullfrequenz verwendet. Die Rechnung ist durch Gleichung (7) beschrieben.

$$F_n^2 = \sum_{k=0}^{Round(N/n)-1} T_k e^{-2\pi ik/Round(N/n)} \qquad n>0 \quad . \qquad (7)$$

Bei der niedrigsten Analysierfrequenz (n=1) ist das Ergebnis identisch mit der klassischen PPT. Gleichung (7) kann über FFT berechnet werden. Obwohl bis zu etwa (N-1)/2 FFT-Transformationen für jedes Pixel benötigt werden, und von jedem Transformationsergebnis nur ein einziger komplexer Wert wirklich verwendet wird, ist die Gesamtrechenzeit schneller als für die DFT, die bei PPT1 nötig ist. Der Grund liegt darin, dass die FFT so schnell ist und dass die Länge des mit FFT zu transformierenden Datenbereichs schnell mit n abnimmt. Ein Nachteil liegt darin, dass durch die Rundungsfunktion besonders bei höhere Werten von n oft dieselben Werte von F_n^2 bei verschiedenen Werten n auftreten. Dies führt zu einem stufigem Verhalten in den Amplituden- und Phasenkurven als Funktion der Frequenz und verringert die tatsächliche spektrale Genauigkeit und Auflösung bei den hohen Frequenzen.

Der Effekt des PPT2 Algorithmus wurde ebenfalls unter Verwendung der in Abschnitt 4 verwendeten synthetischen Daten getestet. Ein Ergebnis ist in Abb. 2, unten, dargestellt.

Das Phasenminimum bei einer Frequenz von etwa 1 Hz wird gut sowohl in Lage als auch im absoluten Wert wiedergegeben. Bei höheren Frequenzen ist eine starke Abweichung im absoluten Phasenkontrast zu verzeichnen. Bei 7 Hz tritt sogar eine Inversion des Kontrasts auf, die man in der PPT nicht findet. Nichtsdestoweniger ist das CNR bei den höheren Frequenzen deutlich verbessert. Die Stufen in den Phasenkurven stammen von der Rundungsfunktion. Mit den vorliegenden Parametern kann man sinnvolle Daten bis etwa 50 Hz erhalten.

5. Experimente

Um die Wirkung der Algorithmen zu verifizieren, wurden Experimente durchgeführt. Plattenförmige Testkörper aus ferritischem Stahl und aus PVC mit Abmessungen von 100 mm x 100 mm und 5 mm Dicke waren mit Flachbodenbohrungen auf der Rückseite versehen, wie in Abb. 3 dargestellt [7]. Die Vorderseite war durch eine dünne Farbschicht geschwärzt.

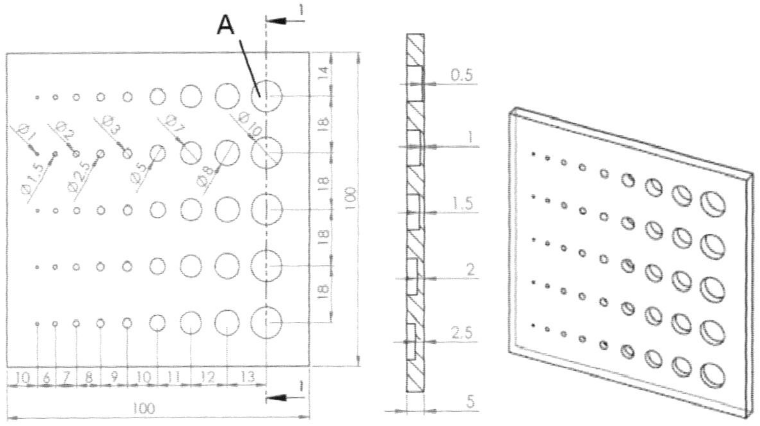

Abb. 3. Skizze der Testkörper (Rückseitenansicht). Einheiten in mm [7].

Die Proben wurden von der Vorderseite her mit Blitzlichtthermografie unter Verwendung zweier Blitzlampen, betrieben mit je 3,2 kJ Energie, geprüft. Dies war mit Absicht nur die Hälte der maximalen Ausgangsenergie, um einen ausreichenden Rauschpegel in den experimentellen Daten zu erhalten. Als Nebeneffekt wurde dadurch auch die Sättigung des Infrarotdetektors während der Aufheizung vermieden. Die Temperaturantwort wurde mit einer FLIR SC5200 Kamera bei einer Bildrate von 150 Bildern/s und 600 µs Integrationszeit aufgezeichnet. Für eine Untergrundsubtraktion wurden auch einige Bilder vor der Blitzauslösung aufgezeichnet, sowie N=1000 Bilder danach. Die Abkühlsequenzen wurden dann mit den PPT-, PPT1- und PPT2-Algorithmen basierend auf den Gleichungen (1), (4) und (7) mit Hilfe eines Programms in Matlab berechnet. Frequenzabhängige Amplituden- und Phasenkurven wurden dann auf einem zentralen Pixel über der Flachbodenbohrung A (Abb. 3) mit 10 mm Durchmesser und 0,3 mm Überdeckung ermittelt. Ein Pixel, das weit genug von den Flachbodenbohrungen und vom Probenrand entfernt war, diente als Referenz. Der relative Amplitudenkontrast A_d/A_r und der absolute Phasenkontrast φ_d-φ_r des Fehlers wurden dann als Funktion der Frequenz dargestellt. Abb. 4 zeigt den Amplitudenkontrast und Abb. 5 den Phasenkontrast an der Stahlprobe für die drei Algorithmen.

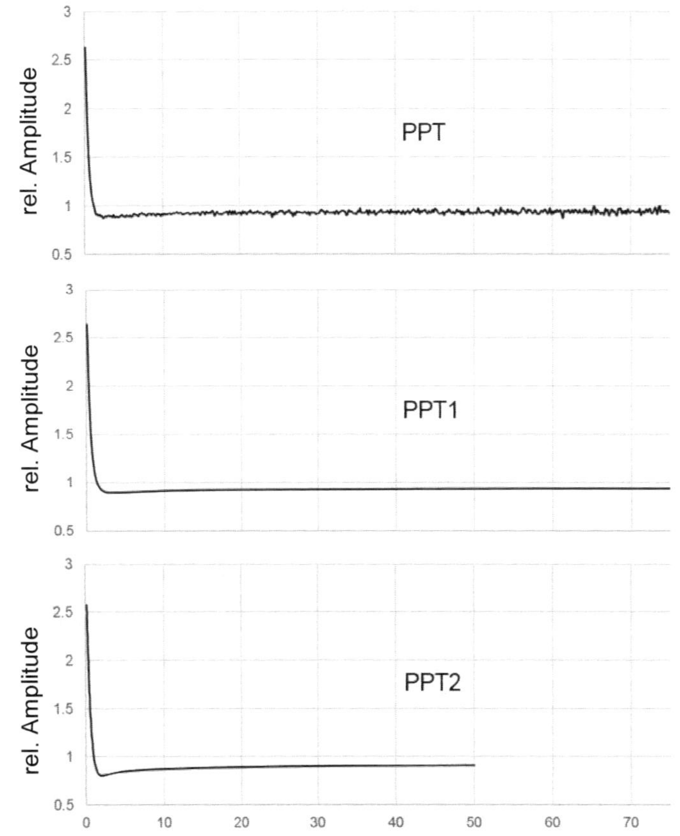

Abb. 4. Experimentell bestimmter relativer Amplitudenkontrast an einer Flachbodenbohrung als Funktion der Frequenz für PPT (oben) PPT1 (mitte) und PPT2 (unten).

Die relativen Amplitudenkurven für alle Varianten der PPT in Abb. 4 sehen sehr ähnlich aus. PPT zeigt ein höheres Rauschen als PPT1 und PPT2. Der experimentelle absolute Phasenkontrast (Abb. 5) zeigt bei PPT deutliches Rauschen, das mit der Frequenz zunimmt. Wie in der Simulation weisen PPT1 und PPT2 wesentlich weniger Rauschen als

PPT auf. Wie für verborgene Fehler mit niedriger Effusivität üblich, wird bei einer bestimmten Frequenz ein Phasenminimum beobachtet. Bei PPT2 tritt allerdings bei 2,7 Hz ein Vorzeichenwechsel im absoluten Phasenkontrast auf, der bei PPT und PPT1 nicht beobachtet wird.

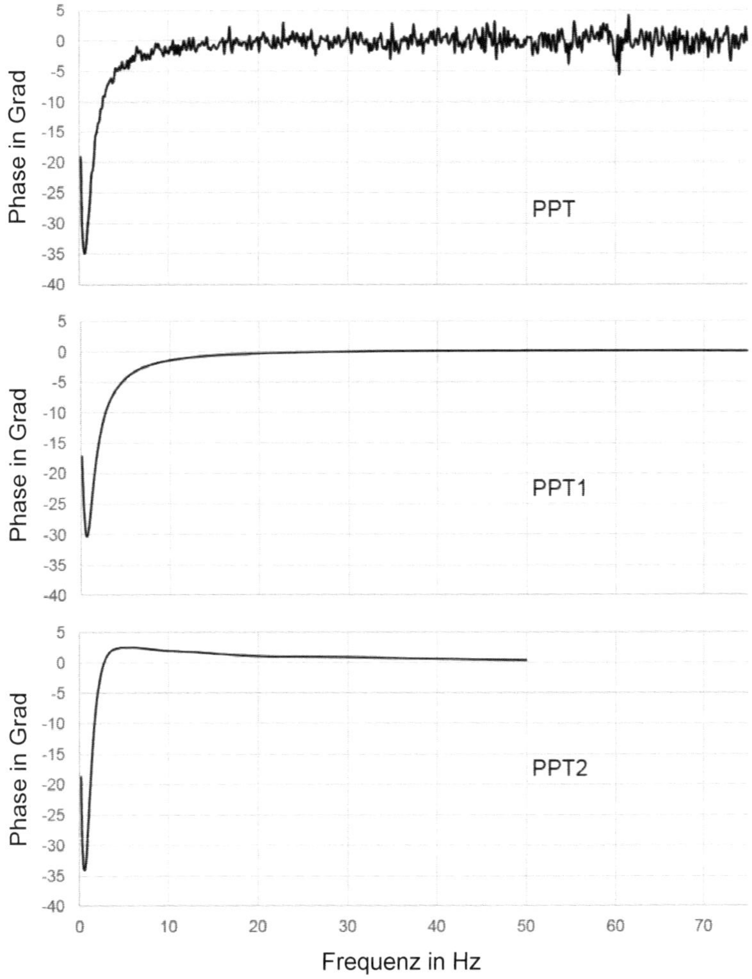

Abb. 5. Experimentell bestimmter absoluter Phasenkontrast an einer Flachbodenbohrung als Funktion der Analysierfrequenz für PPT (oben) PPT1 (mitte) und PPT2 (unten).

In Abb. 6, werden zum Vergleich Phasenbilder des Testkörpers aus Stahl aus PPT, PPT1 und PPT2 bei zwei unterschiedlichen Frequenzen gezeigt. Die Größe des in den Grauwerten dargestellten Phasenbereichs ist bei allen drei Varianten gleich. Die Flachbodenbohrung A mit 10 mm Durchmesser und 0,5 mm Überdeckung erscheint in den Abbildungen 3 und 6 in der oberen, rechten Ecke, aber die Probenansicht ist in Abb. 6 gespiegelt und rotiert.

Bei einer Frequenz von 0,6 Hz (nah am Phasenminimum) sehen die Bilder recht ähnlich aus, wobei PPT bereits etwas mehr Rauschen beinhaltet. Bei 9,9 Hz ist das PPT Bild viel verrauschter als die Bilder aus den modifizierten Versionen. Im PPT2-Bild werden zwei weitere Zeilen mit Fehlern größerer Überdeckung sichtbar. Allerdings sieht man auch die bereits erwähnte Kontrastinversion.

Einige Parameter, die aus den experimentellen Daten gewonnen wurden, werden in Tabelle 2 gezeigt, einschließlich des Absolutwerts des CNR der Phase.

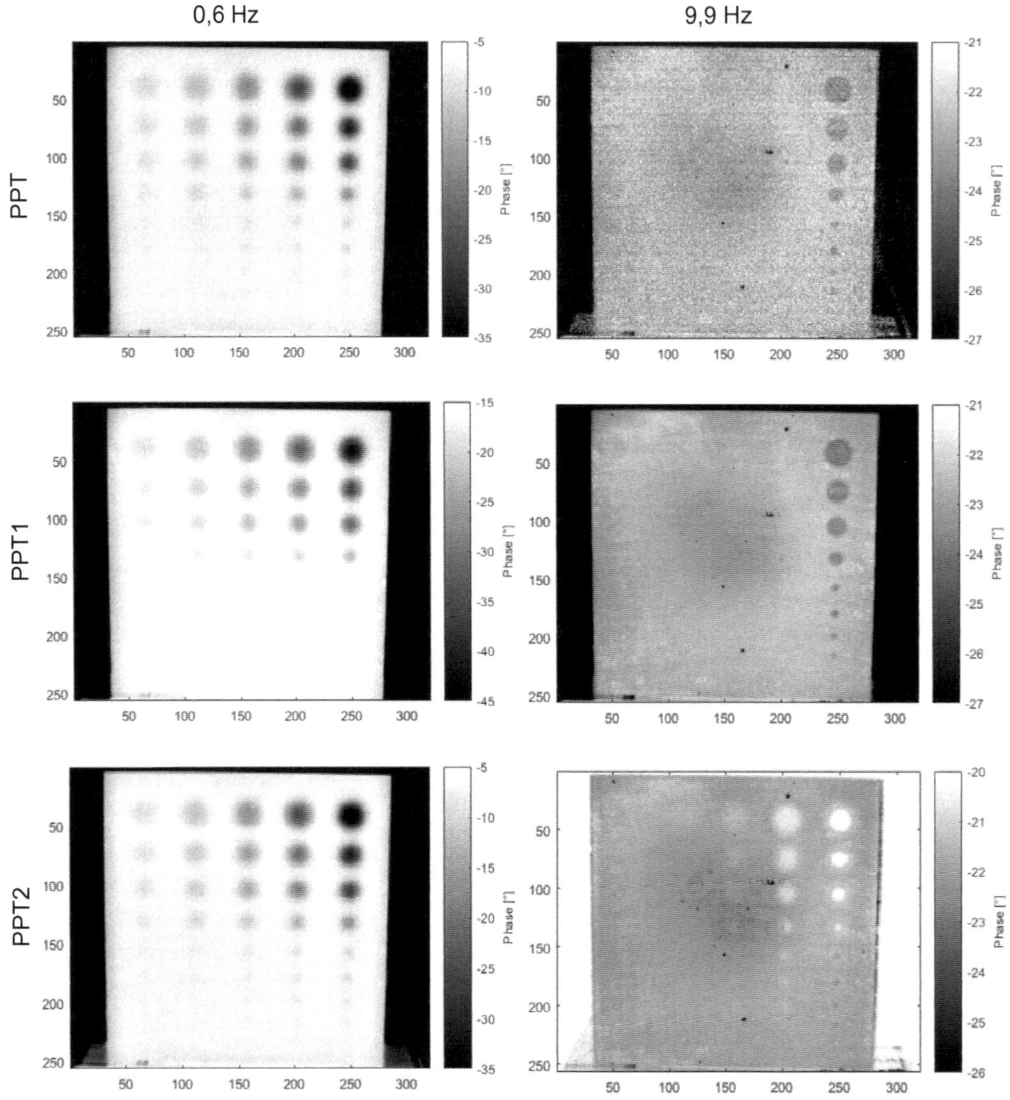

Abb. 6. Thermographische Phasenbilder bei 0,6 Hz (linke Spalte) und bei 9,9 Hz (rechte Spalte). Obere Zeile: Klassische PPT, mittlere Zeile: PPT1, untere Zeile: PPT2.

Es gibt Unterschiede bei den Werten des Phasenminimums und seiner Frequenzlage. Bei 0,6 Hz (nahe am Phasenminimum) ist eine Verbesserung des CNR bei PPT1 und PPT2 zu verzeichnen. Dieses ist bei 9,9 Hz (10 Hz bei PPT2) bei PPT1 und PPT2 erheblich verbessert gegenüber PPT. Bei 20,1 Hz (21,43 Hz bei PPT2) ist der Fehler A im PPT-Bild nicht sichtbar, aber kann mit ausreichendem CNR noch mit PPT1 und PPT2 nachgewiesen werden.

In Tabelle 2 sind auch die benötigten Rechenzeiten aufgeführt. Verarbeitet wurde eine Sequenz von 1000 Bildern mit 320 x 256 Pixeln unter Matlab auf einer Intel Xeon CPU E5-2665 bei 2,4 GHz (16 Kerne) und 128 GB RAM. In diesem Fall ist PPT der schnellste Algorithmus. PPT2 ist um einen Faktor 2,5 und PPT1 um einen Faktor 3,4 langsamer.

Tabelle 2: Parameter aus experimentellen Daten am Fehler A, die mit den drei Vorverarbeitungstechniken erhalten wurden.

Parameter	PPT	PPT1	PPT2
Frequenz des Phasenminimums	*0,6 Hz*	*0,71 Hz*	*0,54 Hz*
Phasenwert am Minimum	*-35,0°*	*-30,5°*	*-34,4°*
Frequenz, bei der die relative Amplitude eins ist	*1,28 Hz*	*1,42 Hz*	*0,95 Hz*
Minimum der relativen Amplitude	*0,85*	*0,85*	*0,80*
CNR bei 0,6 Hz	*82,8*	*134,4*	*102,0*
CNR bei 9,9 Hz	*3,21*	*19,3*	*26,3*
CNR bei 20,1 Hz	-	*4,4*	*15,5*
Rechenzeit	*3,7 s*	*12,6 s*	*9,3 s*

6. Diskussion

Die Unterschiede zwischen den Experimenten und der Simulation aus Abschnitt 4 können durch die unbekannte thermische Diffusivität des verwendeten Stahls zustandekommen. Weiterhin durch die Tatsache, dass die Näherung, die Gleichung (6) zugrunde liegt, die Rolle der dreidimensionalen Wärmediffusion bei längeren Zeiten nach der Anregung unterschätzt. Experimentell klingt daher der Fehlerkontrast schneller ab als in der Simulation.

Bei dem Rauschen, dass den Signalen in der Simulation hinzugefügt wurde, handelt es sich um weisses Rauschen, während das spektrale Rauschen von Infrarotkameras in der Regel zu niedrigen Frequenzen zunimmt.

Die Unterschiede bei der Position des Phasenminimums und seiner Tiefe stammen von den Abschneidefenstern bei den PPT1 und PPT2 Algorithmen. Dies wurde im Detail in [4] gezeigt. Selbst die klassische PPT wird durch solche Effekte durch die endliche Aufzeichnungslänge beeinflusst. Ein weiterer Einfluss besteht durch die endliche Länge des Anregungspulses im Experiment. Ein Nachteil von PPT2 besteht im Vorzeichenwechsel des Kontrasts, wodurch bestimmte Fehler bei dieser Frequenz eventuell nicht angezeigt werden.

Es sei erwähnt, dass der PPT1 Algorithmus im Gegensatz zu PPT und PPT2 vor seiner Anwendung eine Untergrundsubtraktion erfordert. Anderenfalls erzeugt die Fensterfunktion eine erhebliche Verzerrung des Phasenverlaufs.

7. Zusammenfassung

Die Simulationen und Experimente haben gezeigt, dass die zwei modifizierten PPT-Algorithmen das Kontrast-/Rauschverhältnis von Fehlern deutlich im Vergleich zur klassischen PPT verbessern können. Dies gilt besonders für die hohen Frequenzanteile im Signal. Vorteile bestehen, wenn Fehler aus unbekannten oder unterschiedlichen Tiefen zu erwarten sind. Beim Phasenkontrast als Funktion der Frequenz kann es Unterschiede zur klassischen PPT geben, die sich auf die quantitative Fehlercharakterisierung auswirken können. Für die niedrigste Frequenz ist das Ergebnis der Modifikationen identisch mit PPT.

Wegen der guten Rauschreduktion wurden Fehler nachgewiesen, die mit klassischer PPT nicht in Erscheinung traten. Die Algorithmen sollten zumindest für eine schnelle Überblicksanalyse hilfreich sein. Die etwas erhöhte Rechenzeit erscheint in vielen Fällen akzeptabel.

Referenzen

[1] Maldague X, Marinetti S, Pulse phase infrared thermography, J. Appl. Phys. 79, 1996, 2694-2898

[2] Breitenstein O, Langenkamp M, "Lock-in Thermography", (Springer-Verlag, Berlin 2003)

[3] Maldague X, Galmiche F, Ziadi A. Advances in pulse phase thermography, Infrared Phys. and Techn. 43, 2002, 175-181

[4] Ibarra Castanedo C, Quantitative subsurface defect evaluation by pulsed phase thermography: depth retrieval with the phase, PhD thesis, (Universite Laval, Quebec 2005)

[5] D´Accardi E, Palumbo D, Tamborrino R, Cavallo P, Galietti U, Pulsed Thermography: evaluation and quantitative analysis of defects through different post-processing algorithms, Quant. InfraRed Thermography Conference 2018, paper We.3.B.5

[6] Almond D and Pickering S, An analytical study of the pulsed detection limit, J. Appl. Phys. 111, 2012, 093510

[7] Rubert K, Master-Thesis, htw Saar and Fraunhofer IZFP, 2018

Einsatz der thermoelastischen Spannungsanalyse zur Detektion von fehlerbedingten Spannungskonzentrationen an Aluminiumknetlegierungen

Christian WOLF [1], Igor KRYUKOV [1], Stefan BÖHM [1]
[1] Universität Kassel, Fachgebiet für Trennende und Fügende Fertigungsverfahren, Kassel
Kontakt E-Mail: c.wolf@uni-kassel.de

Kurzfassung

Während des Fügeprozesses Schweißen können durch fehlerhafte Prozessparameter oder Verunreinigungen der Fügepartner Poren oder Risse in der Fügeverbindung entstehend, was zu Spannungskonzentrationen und damit einhergehend zu einem frühzeitigen Versagen der Bauteil führen kann. Da in einigen Anwendungsbereichen eine 100% Prüfung der Bauteile erforderlich ist, eignet sich die Anwendung der zerstörungsfreien Prüfmethode thermoelastische Spannungsanalyse (TSA), um die Spannungszustände zu ermitteln, die auf Fehlstellen im Bauteil zurückzuführen sind.

Die Thermografie bietet sich hier als optische, zerstörungsfreie Prüfmethode an, da so große Oberflächen schnell auf Fehlstellen geprüft werden können. Unter Anwendung einer zyklischen Belastung ist eine Sichtbarmachung von fehlerbedingten Spannungskonzentrationen durch Erfassen der damit einhergehenden lokalen Temperaturerhöhung möglich. Das Prinzip der TSA beruht auf dem thermoelastischen Effekt. Wird ein elastischer Festkörper durch mechanische Beanspruchung (z. B. zyklische Zug- oder Druckspannung) im reversiblen Bereich belastet, wird die mechanische Energie in thermische Energie umgewandelt. In den Bereichen in denen Fehlstellen vorliegen, treten durch Bündelung der Kraftlinien Spannungskonzentrationen auf, die zu lokalen Temperaturerhöhungen führen.

In diesem Beitrag wird die Eignung der thermoelastischen Spannungsanalyse zur Sichtbarmachung fehlerbedingter Spannungskonzentrationen für Aluminiumknetlegierungen am Beispiel einer EN AW 6082-Legierung untersucht.

Um reproduzierbare Aussagen zu erhalten, wurden Proben mit simulierten Fehlern hergestellt, um die Fehlerarten Poren (simuliert durch Bohrungen) oder Risse (simuliert durch Nuten) nachzubilden. Die eingebrachten Bohrungen wurden hinsichtlich ihres Durchmessers und ihrer Tiefe und die eingebrachten Nuten hinsichtlich ihrer Länge und ihrer Position variiert.

Einsatz der thermoelastischen Spannungsanalyse zur Detektion von fehlerbedingten Spannungs-konzentrationen an Aluminiumknetlegierungen

Christian WOLF[1], Igor KRYUKOV[1], Stefan BÖHM[1]

[1] Universität Kassel, Fachgebiet Trennende und Fügende Fertigungsverfahren (tff), Kassel

Motivation:

- Erkennung von Spannungskonzentrationen, die zu einem vorzeitigen Versagen der Bauteile führen können
- Detektion von Fehlstellen (Poren, Risse), die durch fehlerhafte Prozessparameter oder Verunreinigungen der Fügepartner in Schweißverbindungen entstehen

Zielsetzung und Lösungsansatz:

- Prüfung der Eignung der thermoelastischen Spannungsanalyse (TSA) zur Erkennung von Spannungskonzentrationen in Aluminiumknetlegierungen am Beispiel der EN AW-6082
- Simulation von Spannungskonzentrationen durch Einbringen von Fehlstellen in Form von Bohrungen (Poren) bzw. durch Erodieren von Nuten (Risse)

Thermoelastische Spannungsanalyse

- Die thermoelastische Spannungsanalyse nutzt den thermoelastischen Effekt (mechanische Energie wird in thermische Energie umgewandelt)
- Anregung durch mechanische, zyklische Belastung des Prüfkörpers im elastischen Bereich
- An Geometrieänderungen bilden sich Spannungskonzentrationen aus, die zu lokalen Temperaturänderungen führen und mittels Thermografie erfasst werden
- Elastische Dehnung führt zur Temperaturabnahme, elastische Kompression zur Temperaturerhöhung

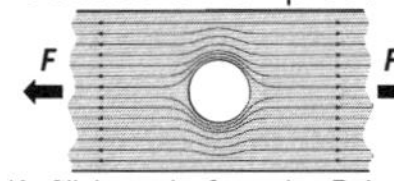

Kraftlinienverlauf um eine Bohrung

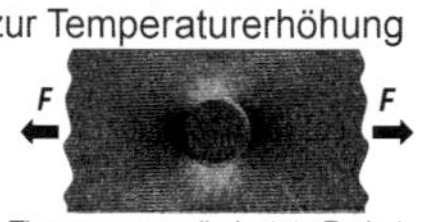

Thermogramm (belastete Probe)

Vorgehensweise und Probenparameter

- Prüfkörper: 220x25x5 mm; Werkstoff: EN AW-6082
- Prüfkörper wurden zur Steigerung des Emissionsgrades Schwarz lackiert
- Simulation Poren: Bohrungen ∅ 2 mm, 6 mm, 10 mm; t = 1 mm, 2 mm, 3 mm, 4 mm, 5 mm
- Simulation Risse: erodierte Nuten 5 mm, 10 mm, 15 mm; einseitig/zweiseitig
- Zug-/Druckprüfmaschine: Schenck Hydropulser 63 kN
- Thermografiekamera: FLIR SC 5600-M

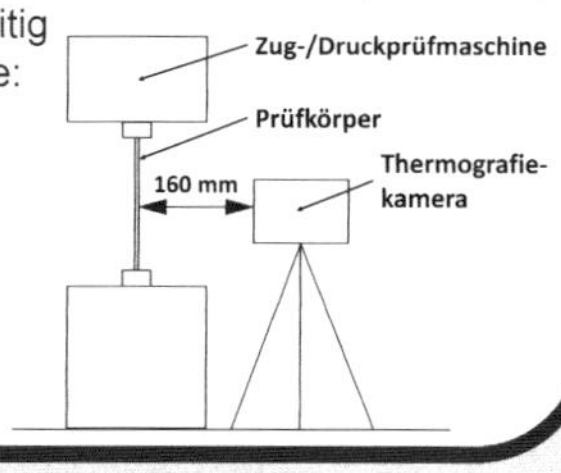

Ergebnisse

Fehlerart Poren: Durchgangsbohrung: ∅ 10 mm

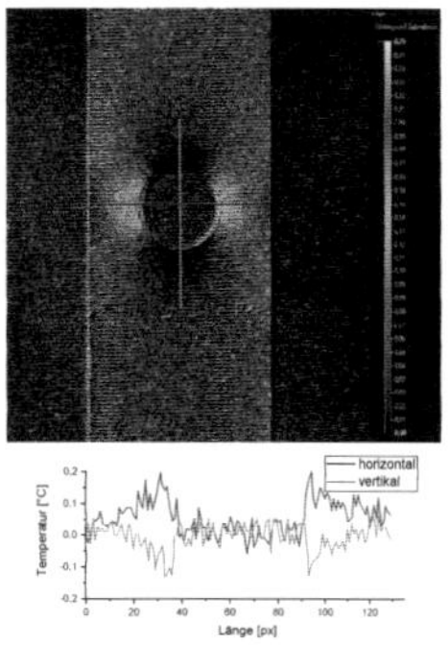

Fehlerart Risse: erodiert; Tiefe: 10 mm; Breite: 0,3 mm

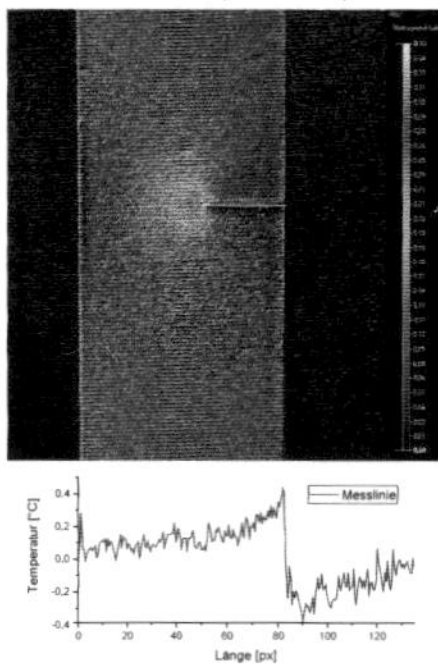

Fehlerart Risse: beidseitig erodiert; Tiefe: 5 mm; Breite: 0,3 mm

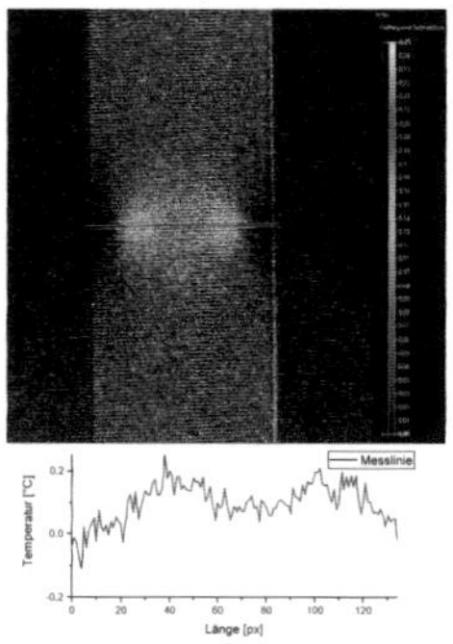

- Die lokalen Temperaturerhöhungen lagen zwischen 0,1 – 0,3 °C (Bohrungen) bzw. 0,15 - 0,5 °C (Nuten)
- Die Größe der Fehlstelle hat einen Einfluss auf die Temperaturdifferenz
- Auf Grund der hohen Wärmeleitfähigkeit von Aluminium nimmt die lokale Temperaturerhöhung sehr schnell ab
- Es konnten verdeckte Fehlstellen mit einer Restwandstärke von bis zu 2 mm erkannt werden

➢ Die thermoelastische Spanungsanalyse eignet sich zur Detektion von fehlerbedingten Spannungskonzentrationen an Aluminiumknetlegierungen

FACHGEBIET TRENNENDE UND FÜGENDE FERTIGUNGSVERFAHREN

Kontakt: Christian Wolf M.Sc.
Telefon: +49 561 804 3175 Email: c.wolf@uni-kassel.de

UNIKASSEL VERSITÄT

In-situ Temperaturüberwachung beim Laser-Pulver-Auftragschweißen

Dieter TYRALLA [1], Thomas SEEFELD [1], Claus THOMY [1],
Nils BROCKE [2], Michael SCHNICK [2]
[1] BIAS - Bremer Insitut für angewandte Strahltechnik GmbH, Bremen
[2] Oscar PLT GmbH, Bremen
Kontakt E-Mail: tyralla@bias.de

Kurzfassung. Die laserbasierte Fertigung ist zu einem etablierten Verfahren der Industrie geworden. Dabei hat sich die laserbasierte additive Fertigung (LAM) mittels Laser-Pulver-Auftragschweißen (LPA) durch ihre hohe geometrische Gestaltungsvielfalt als besonders interessant herauskristallisiert. Die Qualität der so produzierten Bauteile hängt dabei stark von den Prozessbedingungen während der Herstellung ab. Insbesondere sind konstante Parameter kein Garant für eine optimale Bauteilqualität. Schon kleinste Abweichungen können sich durch den lagenweisen Aufbau der Bauteile potenzieren. Eine besonders wichtige Quelle für Informationen zu solchen Fehlstellen bildet das Temperaturfeld, welches daher in besonderem Interesse bei der Überwachung solcher Prozesse steht.

In der vorliegenden Arbeit wird eine neuartige 2-Kanal-Pyrometer-Kamera genutzt, die die ortsaufgelöste Temperaturmessung der Prozesszone und eine Einordnung des jeweiligen Prozesszustandes anhand charakteristischer Indikatoren erlaubt. Die Bilder der Kamera wurden mittels LabView-basierter Algorithmik ausgewertet, um die Schmelzbadbreite im Prozess zu bestimmen. Die so gewonnen Daten wurden mit metallografischen Schliffen verglichen, um die Genauigkeit der Messung zu überprüfen. Die Abweichung lag dabei bei unter 4%, sodass sich das Messsystem zur Überwachung von Auftragschweißprozessen eignet. Bei der anschließenden Fertigung typischer Testgeometrien für die additive Fertigung, wie einer Wandstruktur oder eines Hohlzylinders konnte die typische Wärmeakkumulation im Bauteil nachgewiesen werden, die sich durch den Aufbau mit konstanten Parametern ergibt.

1. Einführung

Das Laser-Pulver-Auftragschweißen (LPA) ist nach der DIN ISO 8580 der Gruppe 5, dem „Beschichten" zugeordnet. Dabei wird eine festhaftende Schicht aus formlosem Stoff aufgetragen. Das LPA kann zum Auftragen von Funktionsschichten, zur Reparatur verschlissener Bauteile oder zum Generieren neuer 3-dimensionaler Bauteile genutzt werden. Die Energie eines Lasers wird genutzt, um in der Prozesszone ein Schmelzbad auf der Oberfläche des Substrates zu erzeugen. Über eine Pulverdüse wird der pulverförmige Zusatzwerkstoff mittels Trägergas in das Schmelzbad geblasen. Das Pulver dringt in das Schmelzbad ein und vermischt sich mit dem Substrat. Meist werden Laser und Pulverstrom koaxial angeordnet, sodass das Pulver vor dem Eintritt in das Schmelzbad den Laserstrahl passiert und bereits vorgewärmt wird. Durch die Relativbewegung zwischen Bearbeitungskopf und Werkstück bildet sich durch das zusätzliche Material eine Schweißraupe auf der Werkstückoberfläche.

Werden mehrere solcher Schweißraupen nebeneinander plaziert, ergibt sich eine zusammenhängende Schicht des Zusatzwerkstoffes. Wird im Anschluss auf der bereits vorhandenen Schicht eine weitere aufgetragen, können 3-dimensionale Bauteile Schicht für Schicht aufgebaut werden [1].

Für das Auftragschweißen sind die wichtigsten Qualitätsmerkmale das Aspektverhältnis, also das Verhältnis von Breite zu Höhe der Oberraupe, der Aufmischungsgrad, der ein Indikator für die Durchmischung einerseits und die Haftfestigkeit der Schicht andererseits ist, und die Anzahl der Imperfektionen, wie Fehlstellen und Poren. Beeinflusst werden diese Größen vor allem durch die Energiebilanz aus verfügbarer Laserenergie und benötigter Energie zum Schmelzen der beteiligten Materialien. Sie können durch die Parameter Laserleistung, Schweißgeschwindigkeit und Pulvermassenstrom variiert werden [2]. Sind die Werte aufeinander abgestimmt, ergibt sich ein thermisches Gleichgewicht und eine homogene Schichtqualität. Eine Variation in der Energiebilanz äußern sich daher vor allem in einer Änderung der Temperatur oder einer Umverteilung des Temperaturfeldes [3]. Anhand der Temperatur und deren Verteilungen kann somit auf die Energiebilanz und auf den Prozesszustand rückgeschlossen werden. Deshalb sind diese Größen von besonderem Interesse bei der Prozessüberwachung.

Die Temperaturbestimmung ist aufgrund der Prozessabläufe beim LPA eine besondere Herausforderung. Die hohen Temperaturen und die Relativbewegung machen taktile Messungen mittels Thermoelementen nahezu unmöglich [4]. Sie werden eher im wissenschaftlichen Bereich unter idealen Bedingungen genutzt und haben für den praktischen Anwendungsfall fast keine Relevanz.

Eine weitere Möglichkeit zur Temperaturbestimmung bieten die optischen Messmethoden. Jeder Körper gibt abhängig von seiner Temperatur eine charakteristische Strahlung ab. Wird die Strahlung gemessen, erlaubt sie unter bestimmten Voraussetzungen Rückschlüsse auf die gemessene Temperatur [4]. Es gibt verschiedene Methoden zur optischen Temperaturbestimmung, die sich hauptsächlich durch die Art der Messung, durch den beobachteten spektralen Bereich und durch den Detektortyp unterscheiden. Die Art der Messung bestimmt die Informationsdichte, indem die Temperatur an bestimmten Punkten (0-dimensional), Linien (1-dimensional) oder in ganzen Feldern (2-dimensional) gemessen wird. Die verwendeten Detektoren unterscheiden sich hinsichtlich der Interpretation der Strahlungsintensität in photoelektrisch, pyroelektrisch oder bolometrisch. Außerdem sind sie in verschiedenen spektralen Bereichen aktiv, die in den sichtbaren Bereich (VIS), den nahen Infrarot-Bereich (NIR), den kurzwelligen Infrarot-Bereich (SWIR), den mittleren Infrarot-Bereich (MWIR) und den fernen Infrarot-Bereich (LWIR) eingeteilt sind [5].

Für das Auftragschweißen und artverwandte Verfahren werden heute häufig 0-dimensionale Sensoren genutzt [6], die als Bandpyrometer die Strahlungsintensität in einem bestimmten Spektralbereich integrieren. Um einen möglichst geringen Fehler durch Abweichungen des Emissionsgrades zu erzeugen, werden Detektoren im langwelligen IR-Bereich genutzt [7]. Das aufgenommene Signal korreliert mit der Wärmemenge in der Prozesszone, sodass anhand des Prozessleuchtens eine Regelung der Laserleistung vorgenommen wenden kann [7].

Die Beobachtungsrichtung hat aufgrund der Abstrahlcharakteristik der Wärmestrahlung einen erheblichen Einfluss auf das Messergebnis. Um Prozessstrahlung verzerrungsfrei beobachten zu können, wird eine möglichst senkrechte Messung angestrebt oder die Integration des Messsystems in den Strahlengang des Lasers forciert [8]. Vor allem für die Additive Fertigung ergibt sich dadurch ein Vorteil, da damit prinzipiell richtungsunabhängig gemessen werden kann [9]. Die Integration in den Strahlengang erfordert in diesen Fällen jedoch entsprechende Detektormaterialien, sodass hier häufiger die kurzwelligen Detekoren im Wellenlängenbereich des Bearbeitungslaser genutzt werden [10].

Aufgrund der hohen Prozessdynamik werden verstärkt Sensoren mit photoelektrischem Prinzip genutzt, da pyroelektrische und bolometrische Sensoren meist eine hohe Signaländerungszeit und damit geringe Abtastraten aufweisen. Gerade für Schweißprozesse mit hoher Vorschubgeschwindigkeit werden Sensoren auf Germanium- oder Siliziumbasis genutzt [11]. Im kurzwelligen spektralen Bereich treten allerdings zunehmend nicht-thermische Strahlungsanteile auf, die das Temperatursignal verfälschen und aus dem Signal gefiltert werden müssen, um eine hinreichend genaue Messung zu ermöglichen [12].

Die Informationsdichte kann durch den Einsatz von 2-dimensionalen Detektoren deutlich erhöht werden. Während bei Punktmessungen nur eine Gesamtstrahlungsintensität oder eine Maximaltemperatur bestimmt werden kann, ermöglichen Kamerasysteme die Beurteilung geometrischer Formen, wie der Schmelzbadbreite, -länge oder –fläche. Außerdem können Temperaturgradienten und die Abkühlgeschwindigkeit im Nachlauf bestimmt werden [13]. Da die Datenmenge durch die Vervielfachung der Information steigt, muss an dieser Stelle auch die Geschwindigkeit der Weiterverarbeitung bedacht werden [12]. Im Bereich der 2-dimensionalen Temperaturmessung werden häufig Sensoren im NIR-Bereich oder VIS-Bereich genutzt.

Im spektralen Bereich bis ca. 1,5 µm ist der Emissionsgrad stark wellenlängenabhängig, sodass eine Kalibrierung für jeden Prozessparameter erfolgen muss, um Temperaturen exakt messen zu können [14]. Um die starke Abhängigkeit vom Emissionsgrad in diesem Bereich von Wellenlänge und Temperatur sowie Oberflächenbeschaffenheit und Aggregatszustand zu vermeiden, werden quotientenpyrometrische, 2-Kanal-Pyrometer-Kamerasysteme angewendet [15]. Besonders für Prozesse bei denen die Prozesszone abgeschattet wird, wie es für das Laser-Pulver-Auftragschweißen typisch ist, konnten solche Kamerasysteme über weite Parameterräume mit derselben Kalibrierung verwendet werden [16] und zur Validierung von numerischen Simulationen herangezogen werden [17].

2. Versuchsaufbau und Methoden

Für die Versuche zum LPA wurde ein direktstrahlender Diodenlaser (Oscar PLT) mit einer maximalen Leistung von 1000 W benutzt. Dieser zeichnet sich durch die Integration mehrere Diodenstapel in den Bearbeitungskopf aus. So ist die Fokussierung des Laserstrahles in einem Ring koaxial zur zentrischen Zusatzwerkstoffzufuhr möglich, wie Abbildung 1 zeigt. Die Strahlung wird bei einer Wellenlänge von 916 nm und 980 nm emittiert. Der Arbeitsabstand zwischen Pulverdüse und Substratoberfläche wurde auf 11 mm eingestellt. Als Schutz- und Trägergas wurde Argon verwendet. Bei einem Trägergasstrom von 2 l/min und einem Schutzgasstrom von 10 l/min wurde ein Restsauerstoffgehalt von unter 200 ppm in der Prozesszone erzielt. Der Pulverstrahl ist leicht divergent und ergibt einen Pulverfokus von 4 mm in der Bearbeitungsebene. Ein Endoskop ist im 5 °-Winkel in den Bearbeitungskopf integriert, um eine nahezu koaxiale Beobachtung der Prozesszone zu ermöglichen, wie Abbildung 1 andeutet.

Für die Untersuchungen werden Substratplatten aus 1.0038 (S235) mit dem Zusatzwerkstoff 1.4006 (410l) beschichtet. Der Durchmesser des Pulvers liegt im Wesentlichen zwischen 53 µm und 150 µm. Die Platten weisen eine Dicke von 10 mm bei einer Länge und Breite von 150 mm x 50 mm auf und können somit als halbunendliche Wärmesenke für die Auftragschweißung angesehen werden.

Zur Temperaturüberwachung ist eine 2-Kanal-Pyrometer-Kamera, die PyroCam (IMS Chips GmbH), am Endoskop angeschlossen. Die Kamera zeichnet sich durch eine schachbrettartige Anordnung von Pixelpaaren aus, die eine unterschiedliche spektrale Empfindlichkeit haben und dadurch eine Intensitätsmessung von zwei verschiedenen spektralen

Bereichen mit Schwerpunktwellenlängen um 649 nm und um 656 nm ermöglichen. Die spezielle HDR-CMOS Struktur des Sensors erlaubt Bildraten von bis zu 5 kHz bei einem dynamischen Bereich von 140 dB. Dadurch können Intensitäten über mehrere Dekaden aufgenommen und Temperaturen im Bereich zwischen 600 °C und 1900 °C bestimmt werden [18]. Um Fehler durch nicht-thermische Strahlung zu vermeiden, wurden Kurzpass-Filter, Langpass-Filter und ein Neutraldichte-Filter (ND-Filter) vor der Kamera angebracht.

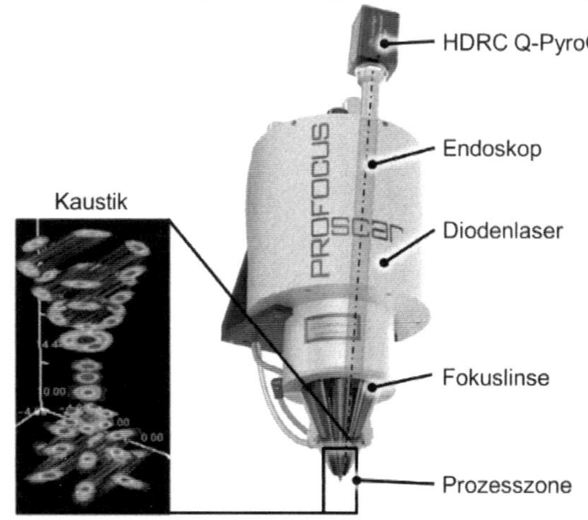

Abb. 1. Bearbeitungskopf mit schematischer Darstellung der Laserstrahlen aus den Einzelemittern und deren Kaustikmessung. Schematisch dargestellt ist das integrierte Endoskop für die Prozessbeobachtung.

In der vorliegenden Arbeit wurden Untersuchungen zur Sensitivität der Kamera durchgeführt. Dafür wurden Einzelspuren mit verschiedenen Schweißgeschwindigkeiten bei einem Pulvermassenstrom von 4,1 g/min auf den Substratplatten unter Beobachtung der PyroCam aufgetragen. Um die Ergebnisse abzusichern wurden jeweils 3 Einzelspuren desselben Parameters angefertigt. Metallographische Querschliffe wurden in der Mitte der Spur angefertigt, um die Breite der Schweißraupen vermessen zu können. Abbildung 2a zeigt schematisch die Testgeometrie.

In einem weiteren Teil der Untersuchung wurden Wand-Strukturen auf die Substratplatten aufgeschweißt. Dafür wurden 10 Lagen mit einem Höhenversatz von 0,33 mm bei einer Schweißgeschwindigkeit von 4,5 mm/s, einer Laserleistung von 552 W und einem Massenstrom von 5,5 g/min angefertigt und mit der PyroCam überwacht. Die Einzelspuren für die Wand-Struktur wurden dabei unidirektional erzeugt, sodass zwischen den Lagen eine Verzögerung von 5 s durch Verfahren des Bearbeitungskopfes in die Ausgangsposition entstand. Abbildung 2b zeigt schematisch die Geometrie.

Des Weiteren wurden für die Untersuchungen Hohlzylinder mit einem Durchmesser von 75 mm aufgeschweißt. Für die 10 Lagen wurden Kreisbahnen mit einer Schweißgeschwindigkeit von 1,5 mm/s, einer Laserleistung von 552 W, einem Massenstrom von 2 g/min und einem Höhenversatz von 0,33 mm angefertigt und mit der PyroCam beobachtet. Die Kreisbahn wurde dabei nicht spiralförmig aufgeschweißt, sondern von einem Startpunkt aus, an dem nach der Kreisbewegung ein Halt von 10 s zwecks Höhenverstellung eingelegt wurde. Abbildung 2c zeigt schematisch die Geometrie.

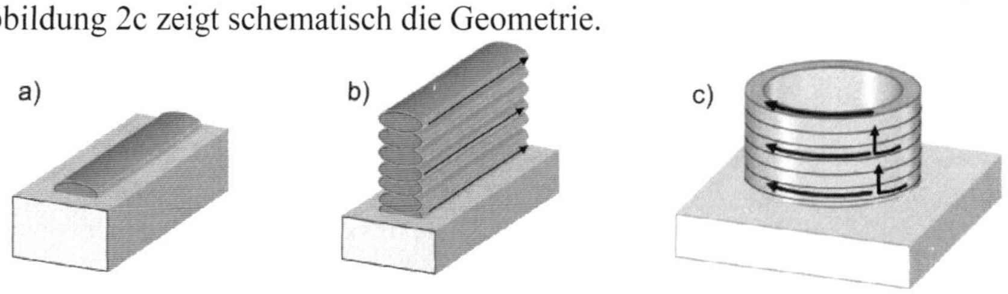

Abb. 2. Die Abbildung zeigt schematisch die Testgeometrien. Es werden a) Einzelspuren, b) Wandstrukturen und c) Hohlzylinder auftraggeschweißt.

3. Ergebnisse

Die gemessenen Bilder der PyroCam werden mit Hilfe eines eigens entwickelten LabView-basiertem Algorithmus online ausgewertet. Der Algorithmus benötigt dafür lediglich die Schmelztemperatur des verwendeten Materials und durchsucht damit das PyroCam-Bild. Werden zusammenhängende Bereiche von mehr als 10 Pixeln mit Pixelwerten oberhalb des Schwellenwertes gefunden, erkennt der Algorithmus diese als Schmelzbad. Für das Prozess-monitoring werden die Schmelzbadausdehnung in x-Richtung, in y-Richtung und die Fläche des Schmelzbades aufgezeichnet. Je nach Schweißrichtung entsprechen die Werte der Schmelzbadlänge oder Schmelzbadbreite, während die Fläche richtungsunabhängig ist, wie Abbildung 3 zeigt.

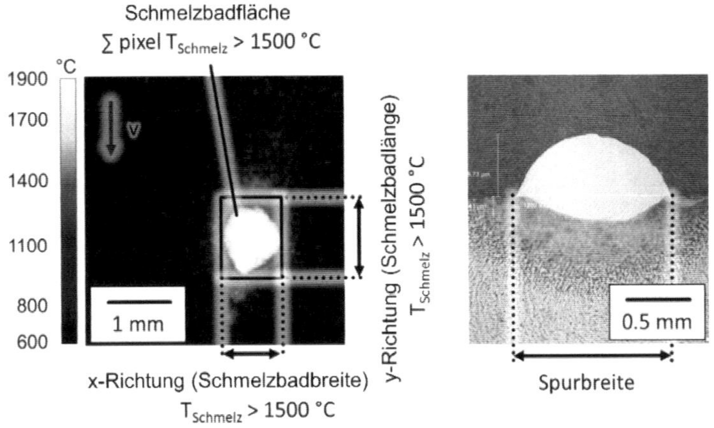

Abb. 3. Das linke Bild zeigt eine PyroCam-Aufnahme und die erkannte Schmelzbadgeometrie des LabView-Algorithmus und die Zuordnung von x- und y-Richtung mittels Schweißrichtung zur entsprechenden Schmelzbadlänge und -breite. Auf dem rechten Bild wird der metallografische Querschliff gezeigt.

Mit Hilfe des vorgestellten Algorithmus wurden die Untersuchungen zur Sensitivität durchgeführt. Abbildung 4 zeigt die berechnete Schmelzbadbreite für verschiedene Schweiß-geschwindigkeiten. Die Prozesszeiten werden mit zunehmender Geschwindigkeit kürzer, der jeweils die gleiche Strecke geschweißt wurde. Mit zunehmender Schweißgeschwindigkeit ergeben sich geringere Schmelzbadbreiten. Die Standardabweichung der Versuche beträgt im Mittel 5 % und begünstigt damit die Auswertung der Schmelzbadbreite für unterschiedliche Schweißgeschwindigkeiten.

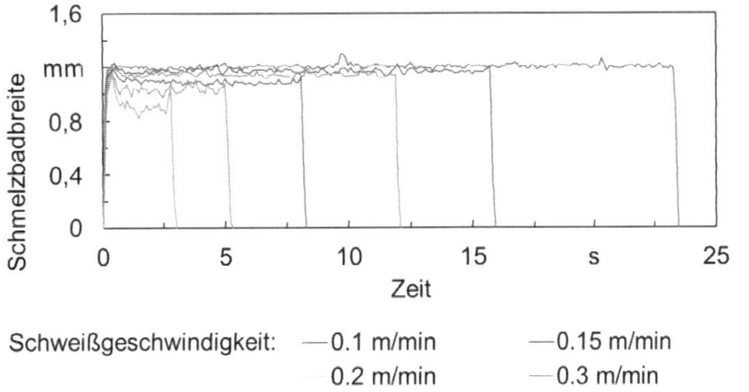

Laser-Leistung	500 W	Pulver	410L (4,1 g/min)
Vorschub	0,15 m/min	Substrat	S235
Spot-Ø	+2 mm	Filter	ND, Kurzpass und Langpass
Schutzgasstrom	10 l/min		

Abb. 4. Auf Basis der PyroCam-Aufnahmen berechnete Schmelzbadbreite für verschiedene Schweißgeschwindigkeiten.

Werden die aufgezeichneten Werte aus den Versuchen gemittelt und mit den entsprechenden Querschliffen aus den metallografischen Untersuchungen verglichen, ergibt sich das Diagramm in Abbildung 5. Das Diagramm zeigt, dass die Übereinstimmung hoch ist. Es ergibt sich eine Abweichung von im Mittel 4 %.

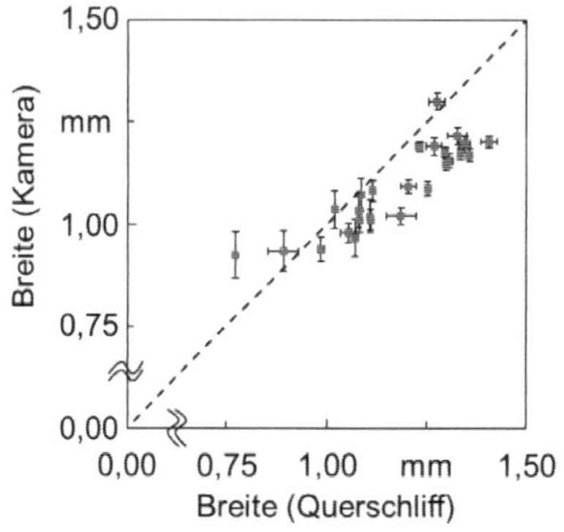

	[%]
Standardabweichung	± 2
Mittlere Abweichung Querschliff - Kamera	4

Abb. 5. Gegenüberstellung der berechneten Schmelzbadbreite der PyroCam mit der Referenzmessung, die die Schmelzbadbreite am metallografischen Querschliff ermittelt hat.

Abbildung 6 zeigt die aufgezeichnete Schmelzbadbreite und -fläche bei der additiven Fertigung der Wand-Struktur. Die Lagen lassen sich klar voneinander unterscheiden, da die Schmelzbadbreite und -fläche in den Pausen auf 0 mm bzw. 0 mm² zurückfällt. Mit zunehmender Lagenzahl steigend die Werte für Schmelzbadbreite und Schmelzbadfläche stetig an. Ein größerer Sprung ergibt sich zwischen der ersten und der zweiten Lage. Die Standardabweichung liegt mit fast 20 % deutlich höher als bei den Einzelspuren.

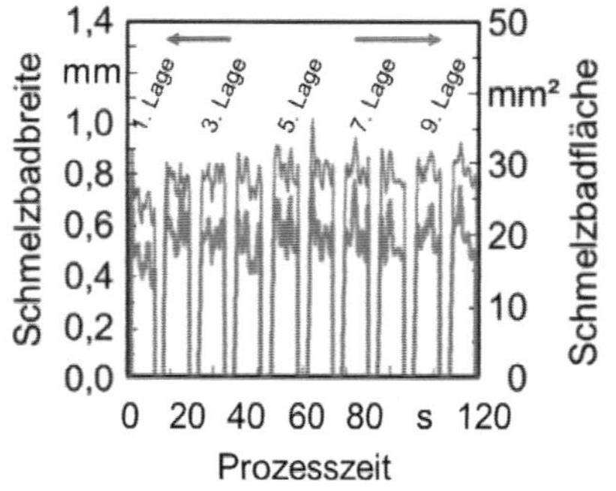

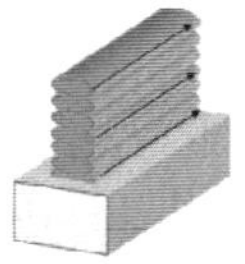

Laserleistung	552 W
Spot-Ø	2,6 mm
Pulver	410L
Massenstrom	5,5 g/min
Substrat	S235
Vorschub	4,5 mm/s
Höhenversatz	0,33 mm
Schutzgasstrom	10 l/min

Abb. 6. Schmelzbadbreite und die Schmelzbadfläche für die Wand-Struktur.

Abbildung 7 zeigt die Schmelzbadbreite und die Schmelzbadfläche für den Hohlzylinder. Im Mittel steigen die Werte mit zunehmender Lagenzahl deutlich an. Außerdem fällt innerhalb einer Lage ein starker Unterschied zwischen niedrigster und größter Schmelzbadbreite bzw. -fläche auf. Die Auswertung der Schmelzbadfläche ergibt hier weitaus geringere Streuungen. Im Fall des Hohlzylinders ist die Standardabweichung mit 35 % auffällig hoch im Vergleich zur Einzelspur.

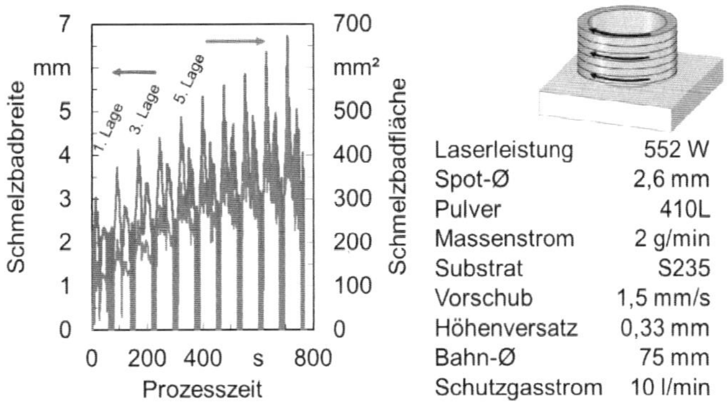

Abb. 7. Schmelzbadbreite und Schmelzbadfläche für den Hohlzylinder. Ein deutlicher Trend zu größeren Schmelzbädern mit steigender Prozesszeit ist erkennbar.

4. Diskussion

Die Einordnung des Prozesszustandes mit Hilfe einer geeigneten Prozessüberwachung setzt eine hohe Genauigkeit der Temperaturmessung voraus. Im Fall der PyroCam konnte die Temperaturmessung am Laser basierten Prozess durch die Verwendung von Filtern stark verbessert werden. Pulverabschattung und Streulicht nehmen kaum Einfluss auf die Ergebnisse. So kann die Abweichung zwischen metallografischer Referenzmessung und dem Ergebnis der Kamera auf im Mittel unter 4 % gesenkt werden.

Eine leichte Überhöhung der Schmelzbadbreite am Anfang der Versuche zur Einzelspur geht wahrscheinlich auf den Bewegungsablauf des Bearbeitungssystems zurück. Da das System nicht „on the fly“, sondern aus dem Stand beginnt, entstehen anfangs breitere Schmelzbäder.

Bei der additiven Fertigung einer Wand-Struktur und eines Hohlzylinders ist die Standardabweichung höher als bei den Einzelspuren. Eine manuelle Sichtung der aufgezeichneten PyroCam Bilder hat gezeigt, dass dieser Effekt größtenteils auf die Auswertung zurückgeht. Auch Spritzer, die groß genug sind, werden als Schmelzbad erkannt und ausgegeben. Da der Algorithmus Zeilenweise durch das Bild läuft, wird das Feature ausgegeben, das auf dem Bild den geringsten Zeilen-Wert hat. Während bei den Einzelspuren in y-Richtung geschweißt wurde, Spritzer also eher in x-Richtung aufgetreten sind, wurde die Wand in x-Richtung geschweißt. In diesem Fall kommt es häufiger dazu, dass Spritzer in y-Richtung auftreten und niedrigere x-Werte als das Schmelzbad annehmen. Dieser Fehler kann in folgenden Untersuchungen durch Anpassung des Algorithmus leicht vermieden werden, indem die Mindestgröße für das Erkennen des Schmelzbades angehoben oder unter den erkannten Bereichen nur das Größte weiterverarbeitet wird.

Wie erwartet, zeigen die Ergebnisse der additiven Fertigung einer Wand einen leicht steigenden Trend mit zunehmender Lagenanzahl. Dies geht auf die Wärmeakkumulation in der Wand zurück, die durch den Übergang von der 3-dimensionalen zur 2-dimensionalen Wärmeleitung entsteht. Während in den ersten Lagen die Wärme aus dem Beschichtungsprozess in alle Richtungen in das Substrat abgeleitet werden kann, muss die Wärme in höheren Lagen erst durch die Wand selbst abfließen, um in das Substrat zugelangen. Der Wärmetransport dauert durch die begrenzte Fläche wesentlich länger. Dadurch entsteht der große Unterschied zwischen der ersten und zweiten Lage. Auch die Vorwärmung des Materials durch die vorherige Beschichtung spielt eine Rolle. Dabei ist der Effekt relativ gering, was womöglich auf die hohe Prozessgeschwindigkeit und die lange Pause des Bearbeitungssystems zwischen den Lagen zurückzuführen ist.

Bei den Untersuchungen der Hohlzylinder kam es zu einem starken Anstieg der Schmelzbadgröße über die Dauer der Schweißung. Hier wurde anders als beim Aufbau der

Wand mit geringer Geschwindigkeit geschweißt. Mit zunehmender Aufbauhöhe kommt es wie bei der Wand zu einem langsameren Wärmeabfluss in das Substrat. Dadurch staut sich die Wärme in der Struktur. Da das Material keine Zeit zum Abkühlen hat, sorgt der konstante Energieeintrag durch den Laser zu höherer Wärmeakkumulation, die sich in höheren Werten für die Schmelzbadbreite, -länge und –fläche zeigt.

5. Zusammenfassung

Eine Quotienten-Pyrometer-Kamera wurde in einen Diodenlaser integriert, um eine nahezu koaxiale Beobachtung der Prozesszone beim Laser-Auftragschweißen und der additiven Fertigung realisieren zu können. Die Kamera misst die Prozessemissionen im sichtbaren Spektralbereich und gibt Temperaturen zwischen 600 °C und 1900 °C aus. Die aufgenommenen Bilder wurden hinsichtlich der Geometrie des Schmelzbades mit einem LabView-basierten Algorithmus ausgewertet. Mit diesem Messsystem wurden einzelne Schweißraupen beobachtet und die Ergebnisse mit metallografischen Schliffen verglichen. Außerdem wurde die additive Fertigung von Wandstrukturen und Hohlzylindern beobachtet.
Es konnte gezeigt werden, dass Mithilfe des quotientenpyrometrischen Messprinzips eine hohe Messgenauigkeit erzielbar ist. Die Abweichung zwischen den berechneten und den metallografisch ausgewerteten Schmelzbadbreiten lag bei 4 %. Bei der additiven Fertigung konnte der verfahrenstypische Wärmestau Mithilfe der PyroCam im Prozess nachgewiesen werden. Aufgrund der Richtungsunabhängigkeit eignete sich die Schmelzbadfläche am besten für eine Schmelzbadüberwachung

Danksagung

Die Autoren bedanken sich für die Förderung des AiF ZiM Kooperationsprojektes (ZF4063002DF5). Gefördert durch das Bundesministerium für Wirtschaft und Energie aufgrund eines Beschlusses des Deutschen Bundestages.

Gefördert durch:

Bundesministerium für Wirtschaft und Energie

aufgrund eines Beschlusses des Deutschen Bundestages

ZIM Zentrales Innovationsprogramm Mittelstand

Referenzen

[1] Poprawe, R.: Lasertechnik für die Fertigung, Grundlagen, Perspektiven und Beispiele für den innovativen In-genieur, Springer-Verlag Berlin Heidelberg 2005.

[2] Bliedtner, J.; Müller, H.; Barz, A.: Lasermaterialbearbeitung: Grundlagen-Verfahren-Anwendung-Beispiele, Fachbuchverlag Leipzig im Carl Hanser Verlag 2013.

[3] Stehen, W. M.; Mazumder, J.: Laser Material Processing, 4. Aufl., Springer-Verlag London 2010.

[4] Bernhard, F.: Handbuch der Technischen Temperaturmessung, 2. Aufl., Springer-Verlag Berlin Heidelberg 2014.

[5] Purtonen, T.; Kalliosaari, A.; Salminena, A.: Monitoring and adaptive control of laser processes, Physics Procedia 56, 2014, 1218 – 1231.

[6] Schöpp, H.; Sperl, A.; Kozakov, R.; Gött, G.; Uhrlandt, D.; Wilhelm, G.: Temperature and emissivity determination of liquid steel S235, J. Phys. D: Appl. Phys. vol. 45 no. 23, 2012, 1-9.

[7] Weller, D.; Simon, J.; Stritt, P.; Weber, R.; Graf, T.; Bezencon, C.; Bassi, C.: Temperature controlled laser joining of aluminium to galvanized steel, Physics Procedia 83, 2016, 515 – 525.

[8] Bi, G.; Gasser, A.; Wissenbach, K.; Drenker, A.; Poprawe, R.: Investigation on the direct laser metallic powder deposition process via temperature measurement, Applied Surface Science 253, 2006, 1411–1416.

[9] Bi, G.; Gasser, A.; Wissenbach, K.; Drenker, A.; Poprawe, R.: Characterization of the process control for the direct laser metallic powder deposition, S. & C. Techn. 201, 2006, 2676–2683.

[10] Bi, G.; Sun, C.N.; Gasser, A.: Study on influential factors for process monitoring and control in laser aided additive manufacturing, Journal of Mat. Processing Techn. 213, 2013, 463–468.

[11] Borhanian, J.M.: Dissertation & Forschungsbericht des IFSW: Kamerabasierte In-Prozessüberwachung beim Laserstrahlschweißen, Herbert Utz Verlag 2009.

[12] Doubenskaia, M.: Ph. Bertrand, I. Smurov, Pyrometry in laser surface treatment, Surface & Coatings Technology 201, 2006, 1955–1961.

[13] Doubenskaia, M.; Pavlov, M.; Grigoriev, S.; Smurov, I.: Definition of brightness temperature and restoration of true temperature in laser cladding using infrared camera, Surface & Coatings Technology 220, 2013, 244–247.

[14] Bonß, S.: Laser transformation hardening of steel, Advances in laser materials processing, 2010, 291–326.

[15] Köhler, H.; Hutter, F.: HDRC®-Quotienten-PyroCam-Anwendung in der lasergestützten Materialbearbeitung, Proc. Verfahren und Geräte in der Temp.- u. Feuchtemesstechnik, 2013.

[16] Volpp, J.; Hohenäcker, V.; Tyralla, D.; Freiße, H.; Brocke, N.; Silze, F.; Schnick, M.; Thomy, C.: Observing melt pool temperature fields for process characterization, Lasers in Manufacturing (LIM17) eds.: L. Overmeyer, U. Reisgen, A. Ostendorf, M. Schmidt, 2017.

[17] Köhler, H.; Jayaraman, V.; Brosch, D.; Hutter, F.X.; Seefeld, T.: A novel thermal sensor applied for laser ma-terials processing, Lasers in Manufacturing (LIM17), Phys. Proc. 41, 2013, 495-501.

[18] Hutter, F.X., Brosch, D., Graf, H.G., Klingler, W., Strobel, M., Burghartz, J-N.: A 0.25µm Logarithmic CMOS Imager for Emissivity Compensated Thermography, IEEE International Solid-State Circuits Conference,2009, 354-355

AUTHOR INDEX